まずはこの一冊から
意味がわかる
統計解析

●●● 涌井貞美 著
Sadami Wakui

はじめに

「統計解析って、統計学とどう違うんだろう？」──そんな疑問をもっている方が多いのではないでしょうか。

実際、『統計学がわかる』といった本を読んで、なんとなく理屈がわかったとしても、そのあと、現実の場で統計の知識を活かして使っている方はほとんど見あたりません。それは「統計解析の知識が不足しているから」といってよいでしょう。

統計解析というのは、**統計学の知識を応用しつつ、実際に統計データの分析を行なえるようにすること**──なのです。

ですから、統計解析を身につけることは統計の知識を実践的に使うことであり、また、特別な準備も不要です。本書では統計をイチから説明していますし、その使い方がわかるよう具体的な事例を通して伝えていきます。ただ、あなたに一つだけ用意しておいてほしいのは「統計学とは何か？」「統計学はどう利用されるのか？」という好奇心だけです。

情報化時代といわれて久しいですが、最近ではツイッター、ブログなども含め、日々新しく生まれるデータがますます巨大化し、それらのデータが互いに融合し、複雑化しています。それを「ビッグデータの時代」などとも呼んでいます。このような時代にあって、統計的分析能力の素養を身につけておくことは、ますます重要さを増しています。それには二つの理由があります。

一つ目の理由は、統計解析を活用する立場から見たものです。IT社会であふれるデータの活用法を知らないと、データは単にゴミの山にしか見えません。けれども、ほんの少しでも統計解析の素養を持っていると、それは情報の宝の山にも変容します。データに対して、「こんな見方もでき

る」「そんな解析もしてみたい」と、好奇心が刺激されます。

　二つ目の理由は、統計解析を受け止める立場の話です。猛烈に発信されるデータは、現在、さまざまに解釈されながらマスコミ等で発表されています。困ったことは、その解析は必ずしも正しいとは限らないことです。しかし、ほんの少しの統計解析の素養さえ持っていれば、その誤りを見抜くことができます。

　統計の扱いを評した有名な言葉があります。

There are three kinds of lies: lies, damned lies, and statistics.
（世の中には3つのウソがある。ウソと大ウソ、そして統計だ。）

　これは19世紀後半のイギリスの首相ベンジャミン・ディズレーリの言葉です。ディズレーリは、「統計のウソ」はウソの中でも最大級だとしているわけですが、それだけに、「統計のウソ」を見抜くには統計解析の素養が必要なのです。

　さて、その統計解析ですが、具体的にはどんなものなのでしょうか。次のA君の話からイメージが得られると思います。

　工場の製品管理部門に回された新入社員のA君は次のように上司から命じられました。

　「当社の人気商品のスナック菓子Sの内容量が100ｇずつ正確に入っているかどうか、調べなさい」

　そこでA君は製造ラインから100袋を**無作為**（アットランダム）に抜き出し調べました。その平均値を計算すると99.7ｇとなりました。この値から、A君はどうやってラインで製造される菓子の平均内容量を知ることができるでしょうか。

　このようなケースに対処する統計解析法が**推定**（**統計的推定**ともいう）

です。「一を聞いて十を知る」という諺がありますが、「1を調べてすべてを知る」ことが統計的推定の極意なのです。

翌日、A君は「平均値が99.7gである」という事実を上司に報告しました。すると、今度は次のように命じられました。

「なるほど……。原因としては、製造ラインの機械が狂っているのかもしれないし、単なる誤差かもしれないな。確かめてみなさい」

確かに、たまたま検査した100袋の平均値が99.7gにすぎず、1万袋を検査してみれば100gだったかもしれません。とすると、製造誤差の許容範囲内ともいえますが、もしこれが99.5gだったらどうなのか……。「さて、どう対応すればよいものか」と、またまたA君は悩みました。

このような問題に応えるのが**検定**（**統計的検定**ともいう）です。得られた少ないデータから、「製品の内容量は100gで正しい」という仮定が正しいか否か、それを判定する手段を提供してくれます。

こうしてA君は上司に対してどうにか報告を済ませたところ、数か月後、再び難題が降りかかりました。スナック菓子Sの製造ラインの効率を上げるために3案 X、Y、Z が出されたのですが、それらの優劣を確かめるためのチーム主任に任命されたのです。

そこで、A君は実験用ラインを設け、従来方式も含めて各案をテストすることにしました。各案を採用したラインから1分間に製造される製品数を5回に分けて計測すると、次の結果が得られました。

	1回目	2回目	3回目	4回目	5回目	平均
従来	30	29	31	33	32	31.0
X案	31	32	30	33	32	31.6
Y案	31	33	29	33	33	31.8
Z案	32	33	31	33	34	32.6

X〜Zの各案はすべて、従来方式よりも1分間当たりの製造数は増えています。その中でもZ案が最も優れた結果を出しています。しかし、たった5回しかテストしていないのですから、誤差の範囲とも思えます。A君の報告書しだいでは、会社は製造ラインの変更という大きな投資を決定するかもしれないのでA君は心配です。

　A君はこの場合、「改善の効果はあった」という報告書を書くべきなのでしょうか。それとも「従来方式に比べ、どの案も新規に採用するほどの効果は見いだせなかった」と報告すべきなのでしょうか。

　このA君の疑問に応えるのが**分散分析**です。分散分析は得られたデータから、効果の有無を検証してくれます。「改善案の違いの効果はあった」などという結論を勘（カン）ではなく、統計的に導き出してくれるのです。

　報告書作成に疲れたA君は、週末、山に行くことにしました。ホームページで週末の天気予報を調べると、雨の確率が30%と表示されています。
A君「雨の確率が30%か」
　それを聞いた同僚のB子さんは、A君に質問しました。
B子「雨の確率が30%ってどう意味かしら？」
A君「同じ条件の日が100日あったなら、そのうちの30日に雨が降る、
　　　という意味だと思うけど」
と、教科書的に応えました。するとB子さんは次のように反論したのです。
B子「気象って複雑でしょ、同じ条件の日が100日もあるわけはないでしょう」
　そういわれると、もっともな話です。A君は確率に関する知識が不足していることを知り、困惑してしまいました。
　A君のこの困惑に応えるのが**ベイズ統計学**です。気象予報には気圧配置

などの統計データとともに、予報官の経験やカンが蓄積としてあるわけです。ベイズ統計はこれらの個人的な蓄積も情報として取り入れて確率を算出できます。人間味のある統計学なのです。

　以上のA君の例で、統計解析の日常性と重要性、そして面白さが垣間見えたと思います。

　最初に示したように、統計学のアイデアや、それを実現する解析法をマスターするのにむずかしい準備は不要です。面倒な計算はExcel等の統計解析ツールが実行してくれるからです。大切なことは、**何が問題で、どうやってその結論が出るのか**──その過程を理解しておくことです。本書はそのために、例題を通してそれらが身につくように詳述してあります。例題の意図と解決の流れをゆっくり追っていけば、統計解析のエッセンスがつかめるはずです。

　本書の解説には、中学までの数学しか利用していません。代わりに、統計学で訴えたいアイデアはグラフに示しています。掲載したグラフを眺めながら、本文の意味を確認していただければと思います。

　本書によって、情報化社会においてデータの山に呑まれず、情報の海に染まらず、それらを活用する素養が提供されることを深く希望します。今後、私たちの周りはますますネットワーク化され、データ、情報が氾濫していくでしょう。それに対応するためにも、この社会を楽しめる武器として統計解析の力を身につけてください。

涌井　貞美

《まずはこの一冊から　意味がわかる統計解析◎目次》

はじめに……………………………………………………………………… 3

1章　「統計学」にもいろいろある

1. 統計学を2つに分類すると　～一部から全体を推し量る ……………… 14
2. 従来的な統計学vsベイズ統計学　～正統派か、それとも現代派か？ …… 18
3. 多変量解析と数理統計　～実践的なツールとしての統計学 …………… 20
   《統計メモ》　意外なほど現実的なベイズ統計学 ……………………… 22

2章　統計は「資料の整理」から始まる

1. 統計データとは　～統計学で大切なのは「個票データ」……………… 24
2. 変量とはどういうものか？　～資料の「調査項目名」こそ変量 ……… 26
3. データの分類　～データごとの性格を知っておく ……………………… 28
4. 度数分布表　～データをうまく整理する方法 …………………………… 31
5. 度数分布表をグラフ化する　～直感的な理解に役立つヒストグラム …… 34
6. 「平均値」は代表値の中の代表　～平らに均した値 ……………………… 36
7. 最頻値と中央値　～平均値より実態を反映する？ ……………………… 39
8. 分散・標準偏差　～データの「散らばり具合」を表わす指標 ………… 41
9. 偏差値の役割　～「全体での位置」が直感的にわかる ………………… 46
   《統計メモ》　最大値・最小値・レンジ ………………………………… 48

3章　確率がわかれば、統計に強くなる！

1. 確率とは何か　～偶然から最良の結論を導き出すツール ……………… 50
2. 確率と確率変数　～統計学のキホンは確率変数の理解から …………… 52
3. 確率の加法定理　～（Aの確率＋Bの確率）でOK？ …………………… 56
4. 続けて起こる確率　～独立試行の定理と反復試行の定理 ……………… 58

| 分布-A   二項分布とは何か？ ……………………………………… 62
5. 確率分布と確率密度関数　〜統計解析は「確率分布」から結論を導く …… 64
6. 確率変数の平均値・分散　〜推定・検定で最も基本となる統計量 ………… 67
7. 確率変数の平均値と分散の公式　〜統計公式の黒子として活躍 …………… 71
| 分布-B   変量の変換公式と標準化 …………………………………… 75
8. ガウスの発見した正規分布　〜統計学で最も重要な確率分布 ……………… 77
| 分布-C   2つの一様分布 ……………………………………………… 81
9. パーセント点　〜棄却域決定に不可欠な確率変数の値 ……………………… 83
10. p値とは　〜仮説の「棄却・受容」を判定する ……………………………… 89
11. 正規分布のパーセント点の意味　〜1.96、2.58など、よく見かける数の意味は？ …… 92
| 分布-D   正規分布のパーセント点とp値の一般的な求め方 ……… 94
12. 確率変数の標準化　〜数表を用いていた時代の変換法 ……………………… 96

4章　統計のスタートは「母集団と標本」から

1. 母集団と標本　〜標本抽出が統計調査のキホン ……………………………… 98
2. 母集団分布と母平均、母分散　〜統計学の目標になるもの ………………… 102
3. 標本分布と標本平均　〜標本から算出される量は確率変数になる ………… 105
4. 不偏分散と自由度　〜母分散を推定する不偏分散 …………………………… 108
5. 中心極限定理　〜標本平均と正規分布の深い関係 …………………………… 112
《統計メモ》　優れた推定量の条件 ……………………………………………… 114

5章　「推定」という方法で、偶然から真の値を見つけ出す

1. 「推定」とは何か　〜真の値を探すのが「推定」 …………………………… 116
2. 点推定と最尤推定法　〜たった1つの値でズバリ推定する ………………… 118
3. 区間推定の考え方　〜幅をもって推定する方法のしくみ …………………… 122
4. 区間推定のキホン　〜「分散が既知」の場合 ………………………………… 127
5. t分布を用いた区間推定　〜「分散が未知」の場合 ………………………… 132
| 分布-E t分布でパーセント値、p値を求める …………………… 136

6. 大きな標本の母平均の推定　～母集団分布が不明のときの推定法……………140
7. 母比率の推定　～比率も標本から推定できる………………………………143
　　分布-F　ベルヌーイ分布………………………………………………………146
8. 母分散の推定　～χ^2分布を用いて母分散が推定できる…………………147
　　分布-G　χ^2分布と自由度…………………………………………………150

6章　「検定」によって「仮説の真偽」を判定する

1. 「検定」とは何か　～標本から仮説の真偽を判定する……………………156
2. 母平均の検定　～最もキホンとなる検定法…………………………………166
3. t検定とは　～t分布を用いた現実的な検定法……………………………172
4. t検定を用いた「差の検定」　～2標本による母平均の差の検定………178
5. ウェルチの検定　～等分散を仮定しない母平均の差の検定………………183
6. 母比率の検定［大きな標本のとき］　～母比率を正規分布で検定する……189
　　分布-H　二項分布の正規分布近似……………………………………………193
7. χ^2検定　～χ^2分布を用いた母分散の検定法…………………………194
8. F検定　～F分布を用いた「等分散の検定」………………………………198
　　分布-I　F分布と不偏分散……………………………………………………203

7章　「相関分析」でデータの関係を見つけ出す

1. クロス集計表　～2項目をまとめた度数分布表……………………………208
2. 相関図と正の相関・負の相関　～2者の関係をビジュアルに……………210
3. 共分散　～2つの変量の相関関係を「正負」で判断する…………………212
4. 相関係数　～共分散の値を標準化する………………………………………216
5. スピアマンの順位相関係数　～ノンパラメトリックな相関係数…………219
6. 単回帰分析　～2変量の関係の最も有名な分析法…………………………222
7. 回帰方程式の精度と決定係数　～回帰分析の信頼性の指標………………227
8. 偏相関係数とは　～ニセの相関を見抜く優れもの…………………………230
　　《統計メモ》　部分相関係数……………………………………………………233

8章 「分散分析」は統計解析のシンボルだ！

1. 分散分析の威力　～「実験結果は偶然か」に答える……………236
2. 分散分析とt検定の違い　～繰り返す検定は「甘くなる」…………239
3. 分散分析のしくみ　～データを要因の効果と統計誤差に分離………242
4. F検定で何ができる？　～分散で表わされた効果を比較する………251
5. 一元配置の分散分析　～その分析手順は公式化されている…………255
   《統計メモ》　分散分析に固有な言葉を覚えよう………………260

9章 もう一歩進んだ「分散分析」をマスターする

1. 繰り返しのない二元配置の分散分析　～「一元配置」の簡単な応用……262
2. 繰り返しのある二元配置の分散分析　～交互作用がわかる解析術…………270
3. 対応のある分散分析　～「一元配置のデータ」を「二元配置で解析」………280

10章 「ベイズ統計」は人間の経験も取り入れる統計学

1. ベイズ統計のための確率論　～「条件付き確率」がベイズの特色………288
2. 乗法定理　～「条件付き確率」に活躍の場を提供…………………292
3. ベイズの定理　～ベイズの理論の出発点となる定理…………………295
4. 人間的なベイズの理論？　～数学的に厳密ではない？………………303
5. ベイズ統計学の考え方　～母数を確率変数と解釈してみる……………309
6. ベイズ統計学を使ってみる　～「母数が確率変数」の意味……………313
7. ベイズ統計学の有名な問題に挑戦　～典型問題をベイズ統計で解く……320

　　索　引………………………………………………326

1章
「統計学」にも
いろいろある

1. 統計学を２つに分類すると
～一部から全体を推し量る

世の中では「統計学」という言葉がいろいろな意味に使われているけれど、大きく分けると記述統計学と推測統計学に。

■記述統計学は見やすくまとめること

　統計学の狙いを一言でいえば、「データの裏にある本質を理解すること」にあります。そのアプローチの方法によって、統計学は**記述統計学**と**推測統計学**の２つに大きく分類することができます。

　調査や実験で集めたデータをまとめて整理し、表にしたりグラフ化するのが記述統計学です。得られたデータをビジュアルにして直感的に理解できるようにすることで、データの裏にある本質に迫ろうとするわけです。

　たとえば、次のグラフを見てみましょう。

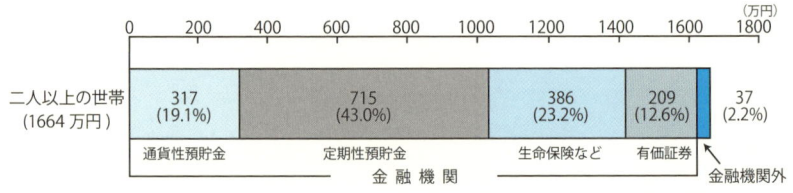

（出典）総務省統計局（http://www.stat.go.jp/）

　これは１世帯あたり（２人以上）の平均貯蓄額1664万円（平成23年）が預金や株など、どのような形で保有されているかを示したもので、**帯グラフ**です。帯グラフは、このように、「全体に占める構成の割合」を示すのに優れています。

　次ページのグラフは、２人以上の勤労者世帯の平均可処分所得の月額420,500円（平成23年）がどのような構成かを表わしたグラフです。帯グラフに加え、中央に**円グラフ**が載せられています。円グラフも帯グラフ同様、全体に占める構成の割合を示すのに優れています。

14　　1章 「統計学」にもいろいろある

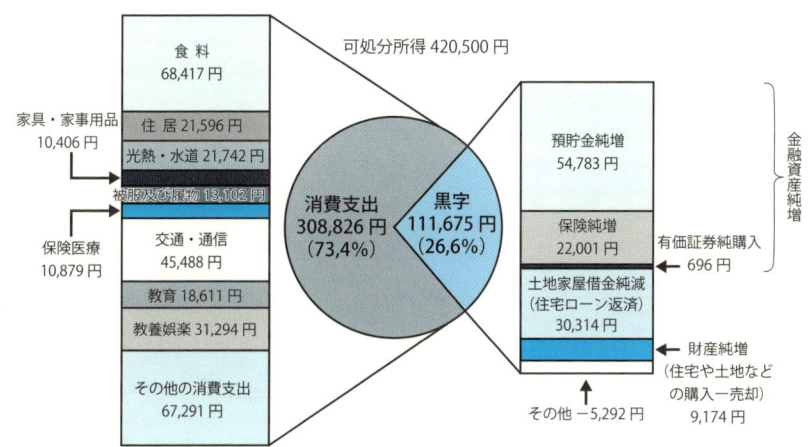

（出典）総務省統計局（http://www.stat.go.jp/）

　さらにまた、次のグラフは**棒グラフ**です。これは2人以上の世帯がどれくらいの貯蓄額があるかを示したグラフです（平成23年調べ）。帯グラフ以上に、データの特性を細かく表示するのに向いています。

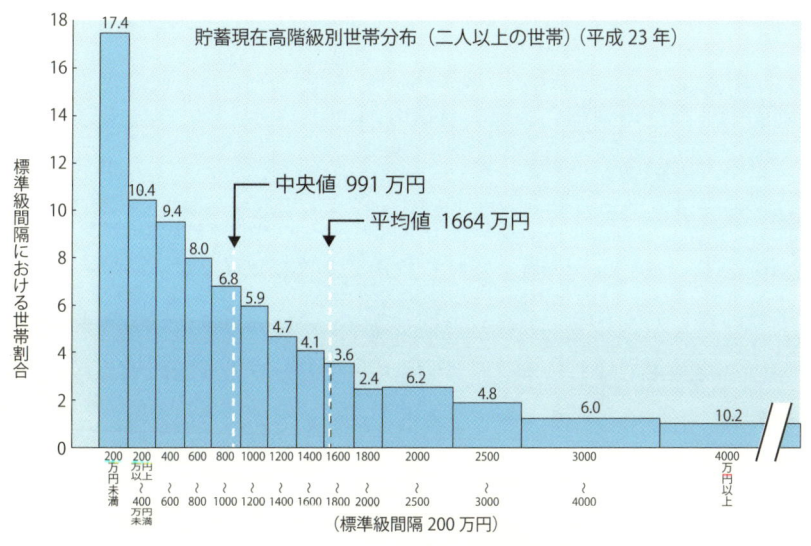

（出典）総務省統計局（http://www.stat.go.jp/）

　さて、この最後のグラフには中央値、平均値という言葉が記入されています。これらは資料の**代表値**と呼ばれる数です。集めた膨大なデータを整

1. 統計学を2つに分類すると　　15

理し、「大まかな数」として表現します。そうすることで、細部に入り込みすぎると見えにくくなる大きな全体の姿が見えるようになります。「木を見て森を見ず」という表現がありますが、そうならないために不可欠な表現法です。グラフ表示だけでなく、このような数値化も記述統計学の大切な仕事です。

■推測統計学は「一部から全体を推し量る」

　統計学のもう一つの分野である**推測統計学**を見てみましょう。次の2つの統計的な記述を見てください。

・警察庁の発表によると、2011年の女性の運転免許保有者数の割合は44％である。
・「平成24年全国たばこ喫煙者率調査」（JT）によると、約2万人を対象にした調査の結果、日本人成人の平均喫煙率は21.1％であった。

　前者の「女性の運転免許保有者数の割合は44％」という数値は、警察庁が日本全国からデータを収集して算出した結果です。日本人すべての運転免許保有者数を対象にしていますから、これを**全数調査**と呼びます。全数調査は多くの手間と時間、そして予算が必要になります。
　それに対して後者の「喫煙率が21.1％」という数値は、日本人すべてを対象にした結果ではありません。1億人余りの日本人成人の中から2万人を**無作為**（むさくい）に選び出し、喫煙実態を調査した結果です。このように、たくさんの中から一部を取り出して調査する方法を**標本調査**と呼びます。標本調査の良い所は対象が小さい分、時間と手間と予算が節約できることです。
　推測統計学が本領を発揮するのは、この標本調査により得られた資料の分析です。ただし、標本調査には常に、次のような疑念が伴います。
　「一部から得られた結果を全体にあてはめて大丈夫か？」

たとえば、上記の喫煙率の例でいうと、「たかだか2万人から得た『喫煙率21.1%』というデータから、1億人以上の日本人成人全体の喫煙率が本当にわかるのか？」という疑問が生まれます。わずか0.02％の人から取ったアンケート結果（標本調査）なのですから、当然です。この疑念、難問に応えようとするのが推測統計学の仕事なのです。

我々の目にする資料の多くは標本調査によるものです。アンケート調査、品質調査、実験結果などは、ほとんどが全数調査ではなく、ほんの一部を抜き出して調査します。そこで、推測統計学の出番は非常に多いことがわかります。

■統計数字に惑わされてはならない

統計学というのは、資料を扱う幅広い分野を指します。その1分野に**統計解析**があります。統計解析は、最初に述べた記述統計学（グラフ表示など）ではなく、あとで説明した「推測統計学」を中心とする、実用的な統計分析の手法を提供します。統計的な推定、検定、分散分析、相関分析などが具体的なテーマなのです。

ところで、統計学の対象となるデータは人が集めるものであり、統計学の結果を発表するのも人、発表された結果を受け止めるのも人です。したがって、扱い方によって解釈はさまざまで、誤用され、意図して悪用されます。それを言い表わしたのが、「はじめに」にも示した次の言葉です。重要な言葉ですので、もう1回、掲載してみました。

There are three kinds of lies: lies, damned lies, and statistics.
（世の中には3つのウソがある。ウソと大ウソ、そして統計だ。）

統計学の分析結果は単純に数値であり、それを**解釈するのは人間**です。そのことを常に肝に銘じ、統計学の結果に対して公平無私の態度で対峙する習慣をつけることが最も大切なことなのです。

2. 従来的な統計学vsベイズ統計学
〜正統派か、それとも現代派か？

統計学というキーワードでネット検索をすると、頻度論、ベイズ論という言葉がヒットします。これらはどういう関係なのでしょうか？

■「頻度論」は伝統的な考え方

　統計学は大きく分けて「記述統計学と推測統計学に分類される」と述べました。ところで、後者の推測統計学はさらに2つの大きな流れに分類されます。1つは**頻度論**（または**標本理論**）と呼ばれる潮流で、従来からの統計学です。もう1つ、最近の潮流が**ベイズ統計論**です。

　頻度論は統計学の伝統の論理です。**標本**というアイデアが出発点となります。たとえば、前項で日本人の喫煙率を調べるときに、2万人分のデータを集めましたが、その2万人のデータが1つの標本となります。

　頻度論の考え方の基本は、その2万人のデータはいくつでも採取できるという仮定があることです。その中で偶然に得た1つの標本データを用いて、調査対象の全体の知識を導き出す、というスタンスをとるのです。

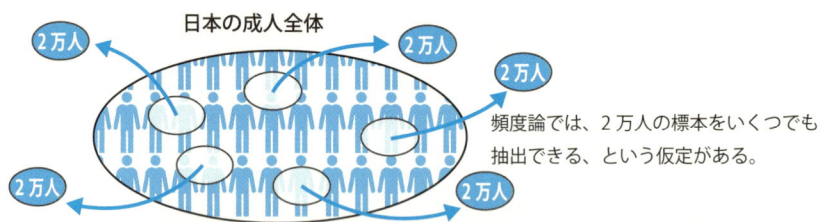

頻度論では、2万人の標本をいくつでも抽出できる、という仮定がある。

　通常、統計学というと、この頻度論を指します。実際、大学の「統計学入門」といった講座で教えられている統計学のほとんどは、この頻度論です。本書も、この頻度論を中心に説明していきます。

　頻度論は日本の産業の発展に大きく寄与してきました。たとえば、**品質**

管理の分野で、多大な業績を残しています。「日本の製品の品質が良い」といわれ出したのは、そう遠い昔ではありません。その製品の良さをアピールできるようにした立役者の一人が頻度論と呼ばれる統計学なのです。

■「ベイズ統計論」は新しい統計理論

頻度論は、データを標本と考え、何度でも取り出せるという仮想的な操作を前提としています。それに対してベイズ統計論では、得られたデータは他に代えられない「唯一無二のもの」と考えます。2度とは得られない一期一会のデータと捉えるのです。そのデータに対して、**ベイズの定理**と呼ばれる確率の定理をあてはめ、分析していきます。

たとえば「今年大学を卒業するA君が、X社の新入社員試験で合格する確率は70%」という表現を考えてみましょう。このとき、頻度論的な解釈では、「同一のA君が何人もいた場合、彼らがその入社試験に合格するのは100人中70人の割合（すなわち70%）」となります。

しかし、A君は実際には1人しかいませんし、入社試験も1回しか受けられないはずです。このような場合、頻度論的な解釈は現実には合致しません。このような頻度論の矛盾を解決するものとして、ベイズ統計論が脚光を浴び始たのです。

ベイズ統計の良い点は「**事前確率**」と呼ばれる**主観**を取り入れることができる点です。それにデータを加味することで、新たな統計的情報（「**事後確率**」と呼ばれます）を生み出します。

くわしいことはあとの10章で説明するとしても、このような考え方ならば、最初は「A君は並の学生だから合格する確率は50%」だったとしても、最近よく勉強して模擬試験で好成績をあげてきていれば「合格確率は70%になる」と、合格確率が変わっていくことも説明できます。

ベイズ統計が日本で脚光を浴びだしたのは20世紀の終わり頃からです。これからの発展が期待される統計学です。

3. 多変量解析と数理統計
～実践的なツールとしての統計学

書店の統計学のコーナーに行くと、「多変量解析」という本が並んでいます。これは統計学とどういう関係があるのでしょうか。

■ビッグデータを解析する「多変量解析」とは？

多変量解析も「資料を数学的に解明し、情報を得る」という意味では統計学の一つです。この多変量解析や推測統計学など、数学を武器として統計解析する学問をまとめて**数理統計学**と呼びます。

多変量解析とは「多変量の資料」を数学的に解明する解析法です。つまり、1つの調査項目（変量）ではなく、複数の調査項目があるケースのことです。一番わかりやすい例は「身体測定の資料」でしょう。下図のように、身長や体重などの項目が複数並んでいます。

番号	身長
1	147.9
2	163.5
3	159.8

1変量の資料

番号	身長	体重
1	147.9	41.7
2	163.5	60.2
3	159.8	47.0

多変量の資料

多変量解析はこれら複数の項目間の関係を解き明かすことができます。「身長が増えると、体重も増える」といった関係を数理的に明らかにします。もっと一般的にいうと、「そのデータと次のデータとは、これくらいの強さで結びついている」「これらのデータの原因としては、次のようなものが考えられる」などという情報を提供してくれます。

感覚的にはわかるとしても、それを**数値的に教えてくれる**ので、他の人を説得するときや報告書を書くときには有効です。

多変量解析はIT社会の華です。近年、ITの分野では、「**ビッグデータ**」

と呼ばれる巨大なデータの塊について語ることが増えています。情報技術がクラウド化し、無限とも呼べるようなデータがサーバーに集まっています。Googleの管理するサーバーはその代表でしょう。そのビッグデータを分析する代表的な技法の1つが多変量解析なのです。

■多変量解析と推測統計学との違いは？

　同じ数理統計学といっても、推測統計学と多変量解析とでは数学的に大きな違いがあります。

　推測統計学は「得られたデータから出された結論は正しいか」「得られたデータから、真の情報はどれくらいの範囲におさまるか」ということを確率的に議論します。

　それに対して、**多変量解析は「データ間の関係を調べ、資料の裏に潜む構造をあぶり出す」という手法**をとります。

　本書では推測統計学を中心に議論を進め、多変量解析についてはその考え方を回帰分析の項で調べていきます。

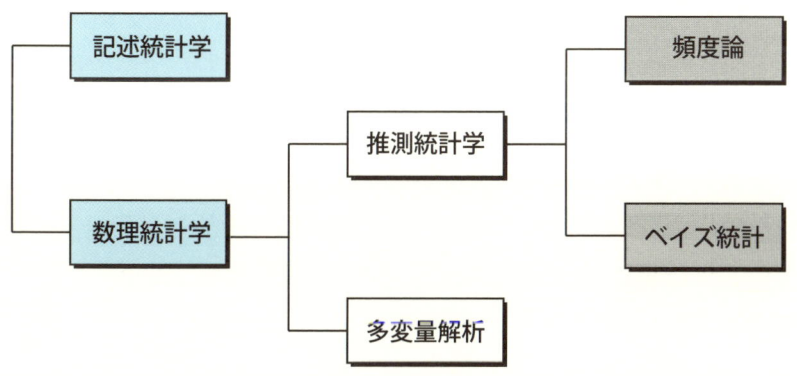

＊近年、多変量解析は頻度論やベイズ統計の中でも研究されるようになっています。この図に示す関係はあくまで概要ということで参考程度に捉えてください。

3. 多変量解析と数理統計　21

意外なほど現実的なベイズ統計学

　受験生が偏差値を見ながら、「P大学に合格する確率は50％か」と困惑しているときの「確率」とは、どう考えればよいのでしょうか。どうも、高校時代の数学の授業で教えてもらった「サイコロを振った時、2の目が出る確率」というのとはかなり違うように感じます。他にも、「はじめに」でも述べた次の例はどうでしょうか。

　「あした、雨の降る確率は30％」——この確率30％について、気象庁は次のような説明をしています。

　　降水確率が30パーセントというのは「30パーセントの予報が
　　100回出されたとき、およそ30回は1ミリ以上の降水がある」
　　ということを意味しています。

　　　　　　　　＊http://www.jma.go.jp/jma/kishou/know/faq/faq10.html より。

　でも、よく考えてみると、ちょっとヘンですね。「予報が100回出されたなら」の100回とは、本当は同一条件で出されなければ確率としては意味がないはずです。ところが、気象というのは非常に複雑な現象ですから、おそらく「同じ条件の日」なんてものはないでしょう。つまり、同一条件を前提とした普通の確率の話は使えないことになります。

　ということは、気象予報で利用される確率には、人間のカンや経験が活かされた、数学を超えた確率論が背景にあるのです。

　このように経験やカンが活かされる確率を数学の土俵に載せるのが**ベイズ確率論**で、それを統計学に応用したのが**ベイズ統計論（ベイズ統計学）**です。その起源は案外古いのですが、1990年以降、コンピュータの発達とともに発展した統計学です。人間のカンとか経験が数学に入ってくるなんて、珍しい数学ですね。

2章
統計は「資料の整理」から始まる

1. 統計データとは
～統計学で大切なのは「個票データ」

データ収集から解析まで、さまざまな手作業が加えられていますが、統計解析ではどのようなデータが不可欠なのでしょうか。

■個票データはなかなか入手できない？

　実験や調査は、資料を得るために調査票を用いて行なわれるのが一般的です。たとえば、社員の健康調査をする場合、会社は健康に関する質問が記載された用紙を社員に配布し、回収します。この用紙が調査票です。

　しかし、回収されたままの調査票の束を渡されても、統計解析の現場は困ってしまいます。統計解析を実行する前には、整理作業が必要なのです。その整理作業の結果として得られた資料が、統計解析の「本当の対象になる資料」となります。それを**個票データ**と呼んでいます。

　注意しなければならないことは、個票データを得るための整理作業の中に過度な「集計」作業が含まれていては困ることです。集計作業には往々にして情報の欠落が伴うからです。たとえば、2012年内閣府の発表に次の資料があります。

> 男女共同参画に関する意識調査の結果、「家事は主に妻にしてほしい」とした男性は49.7％、「家事は主に自分がした方がいい」との女性は61.3％だった。

　この49.7％、61.3％は**集計データ**です。調査票から集約された情報です。このような集計データだけを見せられても、統計学（推測統計学）は何も

できません。**統計学の本来の仕事は、検定や推定にあります**。つまり、これらアンケート数値と実際の日本人全体との間で「本当に差があるのか」を**検定**したり、「どれくらいの差が実際にあるのか」を**推定**したりすることだからです。その検定や推定を行なう際には、集計される前の元情報である「個票データ」が必要になります。

マスコミや行政機関等の報道から容易に入手できる情報の多くはすでに集計データになっていて、元の個票データはなかなか入手困難です。資料収集者が手間と費用をかけて収集した貴重な情報の宝庫だからです。

■1次データと2次データの区別はどうする？

いま説明したように、個票データはなかなか手に入れることができません。調査を行なった会社にとっては、それなりの手間と費用がかけられて収集されているからです。

けれども最近では、「せっかく収集したデータを自分だけで利用するのはもったいない」という考えが広まってきました。皆で共有すれば、資料分析の結果を多くの人が再確認できます。また、資料収集者が求めたかった情報以外にも、そこから新たな情報を得られるかもしれません。

そこで、集めた個票データを公開しようという機運も高まっています。たとえば、次に示すホームページは東京大学が中心になって個票データを公表しようと呼びかけています。

http://ssjda.iss.u-tokyo.ac.jp/ssjda/about/

ちなみに、ある人が収集したデータを他者が利用する場合、他者はそのデータを本来の主旨とは異なる目的で利用する場合もあります。このとき、データは2次的な意味で利用されるので、**2次データ**と呼ばれます。本来の目的で収集したデータは**1次データ**と呼ばれ、「2次データ」と区別されますが、データの内容が変わるわけではありません。

2. 変量とはどういうものか？
～資料の「調査項目名」こそ変量

統計解析の対象である「個票データ」はどのようなデータで構成されているのでしょうか。

■個票データの構成は？

　個票データは1枚1枚の調査票のデータが横方向（すなわち行方向）にまとめて並べられているのが普通です。この1行のデータの集まりを個票データの**個体**（または**要素**）といいます。

　各個体には、他と区別するための名前や番号がつけられているのが普通です。それを**個体名**（または**要素名**）と呼びます。

　さて、個票データの1行目には、「性、年齢……」など、調査項目の名称が配置されていることが多く、それらの調査項目名を**変量**（英語でvariate）と呼んでいます。なぜ「変量」というかといえば、個体（Aさん、Bさん、Cさん……）によって、性、年齢などの値が変わるためです。変量のことを「変数」（英語でvariable）と呼ぶこともありますが、あとで調べる確率変数と紛らわしくなるので、「変量」という言葉を使ったほうが区別しやすくてよいでしょう。

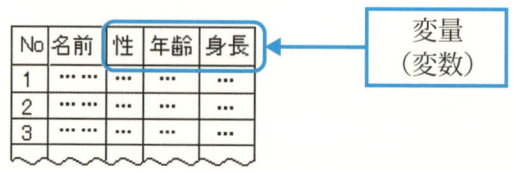

なお、統計学的に処理する際には、変量は x、y などと、小文字のアルファベットで表示されるのが一般的です。ちょっとむずかしく見えますが、慣れると「性、年齢……」と書くよりも簡略化されて便利です。

　さて、このような個票データは大きく2つに分けられます（1章§3参照）。「1変量の資料」と「多変量の資料」です。本書では、7章の相関分析や回帰分析を除いて、1変量の資料を中心に、**統計解析**の方法を解説します。

番号	身長
1	147.9
2	163.5
3	159.8

1変量の資料

番号	身長	体重
1	147.9	41.7
2	163.5	60.2
3	159.8	47.0

多変量の資料

■「統計解析」は誰でもできる！

　ひと昔前は、与えられた個票を統計解析するのは苦労でした。解析する前に面倒な作業が必要だったからです。ところがいまでは、マイクロソフト社のエクセル（以下Excelと略記）などを使えば、非常にラクに作業ができます。また、フリーソフトの**R**も統計解析の道具として強力です。これらの統計解析用ツールの普及によって、いまでは統計解析の知識さえあれば、面倒な作業はなくなったといっても過言ではありません。個票データをデジタルデータで入手できれば、すぐに解析が行なえるのですから。

Excelは統計解析のツールとして強力な武器。

3. データの分類
～データごとの性格を知っておく

「データ」には統計学で使いやすいデータ、使いにくいデータがあります。その違いを理解しておきましょう。

■連続するデータ、トビトビの離散データ

「年齢」は26歳、27歳、28歳……のように1つ置きで表現し、27.2467歳のような言い方はしません。このように、トビトビの値からなるデータを**離散データ**といい、それを表わす変量を**離散変量**と呼びます。

それに対して、「身長」や「体重」、「経過時間」のように、本来、連続的な値からなるデータを**連続データ**といい、それを表わす変量を**連続変量**と呼びます。

	意味	例
連続データ	連続的数値で表されるデータ	身長、血圧、経済成長率
離散データ	トビトビの数値で表されるデータ	年齢、テストの得点

離散データであっても、連続データのように扱える場合があります。たとえば、100点満点の成績の場合、あたかもそれは連続データであるかのように処理するのが普通です。

また、たとえば経済の分野でも、1円単位のデータをあたかも連続した数値のように処理しているのが一般的です。

■「名義・順序・間隔・比例」の4つのデータ

他にも、統計資料の数字は、その性質から4つの尺度に分類されます。たとえば、次の健康調査のアンケートを考えてみましょう。

質問（1）の「男は1」、「女は2」という場合、回答として得られる数

> 該当項目に○を付けてください。（　）には数を記入してください。
>
> （1）あなたの性別は　　　1．男　2．女
> （2）眠りについて　　　　1．浅い　2．普通　3．深い
> （3）何時に起きますか　（　　時　　　分）
> （4）平均睡眠時間は何時間ですか　　　（　　　）時間

値1、2には数としての意味はありません。「1＋2＝3」としても意味はありませんし、そもそも「1、2」ではなく「A、B」でもよかったのです。データを区別するためだけの記号だからです。このように、データを区別するためだけのデータの測り方が**名義尺度**です。

　次に、「眠り」の質問（2）を調べてみましょう。「浅いは1」、「普通は2」、「深いは3」とある場合、1、2、3の数値自体には意味はありませんが、その順序には意味があります。このようなデータの測り方を**順序尺度**と呼びます。

　さらに、起床時刻の質問（3）を見てみましょう。「彼より1時間早く起きる」という表現が数値としての意味を持つことからわかるように、時刻の間隔には意味があります。しかし、比には意味がありません。たとえば10時と11時で、「11時は10時より1割大きい」とはいいません。このように、「間隔」にのみ意味があるデータの測り方を**間隔尺度**と呼びます。

　最後の質問の平均睡眠時間（4）を調べてみましょう。この場合、「彼より睡眠時間が1時間多い」「彼より睡眠時間が1割多い」という表現は意味を持つことからも、この時間には差と比の両方に意味があります。このようなデータの測り方を**比例尺度**と呼びます。いま挙げた時間以外にも、身長や資産額などが比例尺度の例として挙げられます。

　次ページはある会社の従業員データに関係する尺度の例を示しています。これまでの説明を確かめてください。

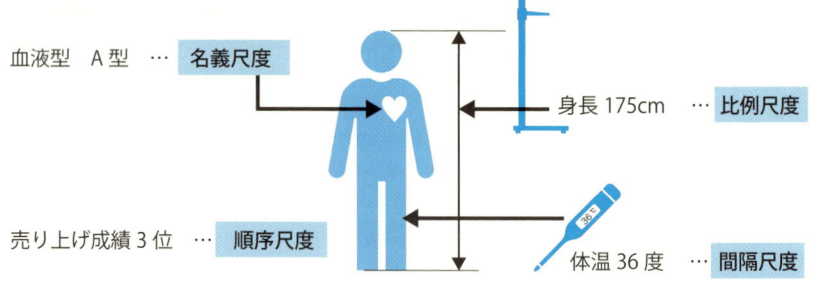

　なお、名義尺度、順序尺度で測られたデータを**質的データ**と呼ぶのに対して、比例尺度、間隔尺度で測られたデータを**量的データ**と呼びます。統計では一般に、量的データのみを主な対象として考えます。

		意味	例
質的データ	名義尺度	名義的に数値化を施す尺度	男を1に、女を2に数値化
質的データ	順序尺度	名義尺度に加え、順序にも意味がある尺度	「好き」を1、「それほどでもない」を2、「嫌い」を3に数値化
量的データ	間隔尺度	順序尺度に加え、数の間隔に意味がある尺度	室温計の示す温度、時刻
量的データ	比例尺度	間隔尺度に加え、数値の比にも意味がある尺度	身長、体重、時間

　上の表は下に行くほど、統計解析に数学の武器を使えるようになります。よく、「順序尺度以上」のデータという表現を見ることがありますが、この表の「順序尺度」以下で測られたデータが指されていることになります。

4. 度数分布表
～データをうまく整理する方法

多数のデータを入手したとき、それらを分析しやすくする3つの度数分布表とはどのようなもの？

■度数分布表の見方は

「**統計学の狙いは、資料の裏に潜む本質を把握すること**」と最初に述べました。それには資料の整理が役立ちます。バラバラに見えているデータを整理し、見やすくすることで、全体的な理解が深めやすくなるからです。そのために最も有効な**度数分布表**について知っておきましょう。

> **例題** 次の資料に含まれる20個の数値はA大学の男子学生20人の身長データです。これから度数分布表を作成してください。
>
> 184.2、177.7、168.0、165.3、159.1、176.4、176.0、170.0、
> 177.3、174.5、164.6、174.4、174.8、160.8、162.1、167.0、
> 167.3、172.8、168.1、173.5

（解）度数分布表については、これまで何の説明もしていませんでしたが、次の表（度数分布表）が答となります。

階級 より大	～	階級 以下	階級値	度数
150	～	155	152.5	0
155	～	160	157.5	1
160	～	165	162.5	3
165	～	170	167.5	6
170	～	175	172.5	5
175	～	180	177.5	4
180	～	185	182.5	1
185	～	190	187.5	0

度数分布表

例題のような形で多数のデータが並んでいると、データの性質などはなかなかわかりません。そこで、適当な間隔ごとの**頻度**（**度数**ともいう）で表わすと大変見やすくなります。これが度数分布表の大きな特徴です。このとき、165～170のようにデータの収まる各区間のことを**階級**といい、階級を代表する値（165～170であれば「167.5」）のことを**階級値**と呼びます。階級値は、通常、階級の区間の中央の値を利用します。また、区間の幅を**階級幅**といいます。この表の階級幅は5です。

■相対度数分布表は何が便利？

　数値の大小だけで統計資料を見ると、大きな間違いを犯す危険があります。たとえば、「A県の1日の交通事故数は100件なのに、B県は20件であった」というとき、A県の交通事故は多いと思いがちですが、A県の方がB県よりも10倍交通量が多いときには、相対的にB県の方がはるかに事故の割合が大きいことになります。

　そこで、統計学では相対的な数で議論を進めることが多くあります。度数分布表においても、絶対数ではなく、相対数で表示した方が本質の把握が容易になることがあります。それが**相対度数分布表**です。先の例を利用して具体的にこの相対度数分布表を調べて見ましょう。

階級 より大	～	以下	階級値	度数
150	～	155	152.5	0
155	～	160	157.5	1
160	～	165	162.5	3
165	～	170	167.5	6
170	～	175	172.5	5
175	～	180	177.5	4
180	～	185	182.5	1
185	～	190	187.5	0

度数分布表

階級 より大	～	以下	階級値	相対度数
150	～	155	152.5	0.00
155	～	160	157.5	0.05
160	～	165	162.5	0.15
165	～	170	167.5	0.30
170	～	175	172.5	0.25
175	～	180	177.5	0.20
180	～	185	182.5	0.05
185	～	190	187.5	0.00

相対度数分布表

　この例からわかるように、度数分布表において、各階級の度数を総度数（この例の場合は20）で割れば相対度数分布表が得られます。ということ

は、「相対度数の総和は1」になります。したがって、相対度数分布表は確率の分布のイメージに重なります。

■度数分布表を累積してみると

各階級の度数を積み重ねた表を**累積度数分布表**といいます。この表を利用することで、ある境よりも大きい（または小さい）値を持つ度数を調べるのが容易になります。

相対度数分布表からも、その累積の分布表が作成できます。それが**累積相対度数分布表**です。この表を利用すると、ある境よりも大きい（または小さい）値が占める割合を調べることができます。

先ほどの例を用いて、これら2つの累積分布表の関係を見てみましょう。

度数分布表

階級 より大	～	階級 以下	階級値	度数
150	～	155	152.5	0
155	～	160	157.5	1
160	～	165	162.5	3
165	～	170	167.5	6
170	～	175	172.5	5
175	～	180	177.5	4
180	～	185	182.5	1
185	～	190	187.5	0

累積度数分布表

階級 より大	～	階級 以下	階級値	累積度数
150	～	155	152.5	0
155	～	160	157.5	1
160	～	165	162.5	4
165	～	170	167.5	10
170	～	175	172.5	15
175	～	180	177.5	19
180	～	185	182.5	20
185	～	190	187.5	20

相対度数分布表

階級 より大	～	階級 以下	階級値	相対度数
150	～	155	152.5	0.00
155	～	160	157.5	0.05
160	～	165	162.5	0.15
165	～	170	167.5	0.30
170	～	175	172.5	0.25
175	～	180	177.5	0.20
180	～	185	182.5	0.05
185	～	190	187.5	0.00

累積相対度数分布表

階級 より大	～	階級 以下	階級値	累積相対度数
150	～	155	152.5	0.00
155	～	160	157.5	0.05
160	～	165	162.5	0.20
165	～	170	167.5	0.50
170	～	175	172.5	0.75
175	～	180	177.5	0.95
180	～	185	182.5	1.00
185	～	190	187.5	1.00

つまり、度数や相対度数を小さい方から累積していけば、累積（相対）度数分布表が得られますから、「身長170cm以下の人数は？」と問われた場合には、これらの表から10人（比率で0.50）とすぐに答えられます。

5. 度数分布表をグラフ化する
～直感的な理解に役立つヒストグラム

便利そうな度数分布表をグラフ化すれば、資料についてさらに直感的に理解できそう。その基本はヒストグラムと度数折れ線です。

■ヒストグラムは面積としても表わせる

度数分布表は便利そうですが、これをヒストグラムや度数折れ線グラフにすると、理解がいっそう進みます。

ヒストグラムとは度数分布表の階級を底辺とし、度数を高さにした棒グラフです。通常の棒グラフとの違いは、互いに接していることだといえます。面積で人数なども測ることができるというわけです。

階級 より大	～	階級 以下	階級値	度数
150	～	155	152.5	0
155	～	160	157.5	1
160	～	165	162.5	3
165	～	170	167.5	6
170	～	175	172.5	5
175	～	180	177.5	4
180	～	185	182.5	1
185	～	190	187.5	0

度数分布表　　　　　　　　　　　　　　　ヒストグラム

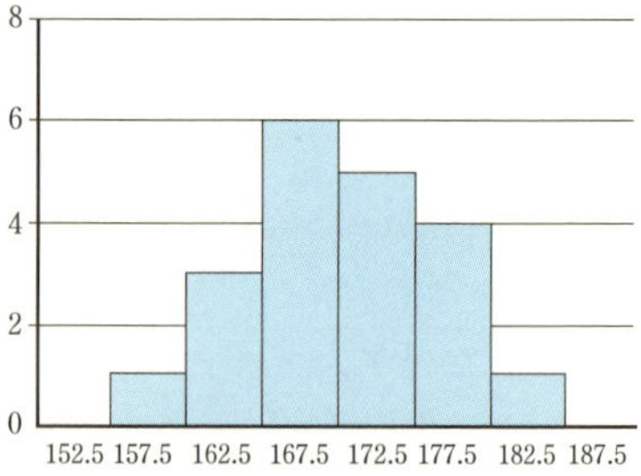

ただ、手作業で度数分布表からヒストグラムを作成するのは面倒ですが、Excelを利用すれば、簡単にヒストグラムを作成できます。

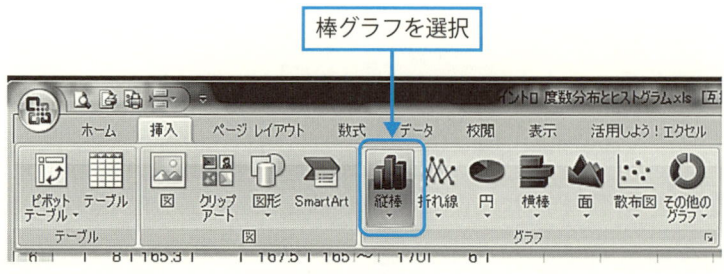

棒グラフを選択

■度数折れ線はヒストグラムの折れ線化

度数折れ線はヒストグラムを構成する長方形の上辺の中点を結んで得られる折れ線をいいます。ただし、左端と右端は横軸（すなわちx軸）から始まるようにします。

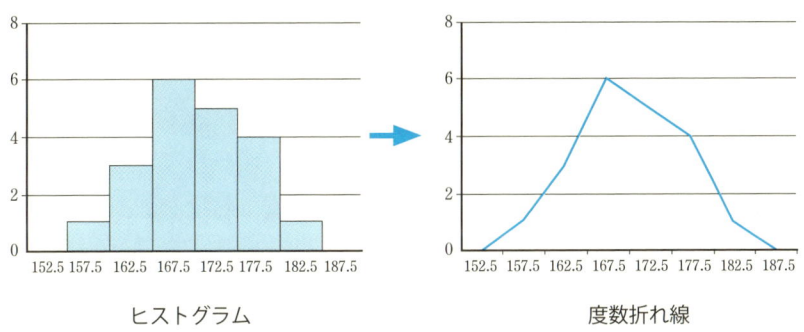

ヒストグラム　　　　　　　　　度数折れ線

相対度数分布表からも、同様に度数折れ線が描けます。

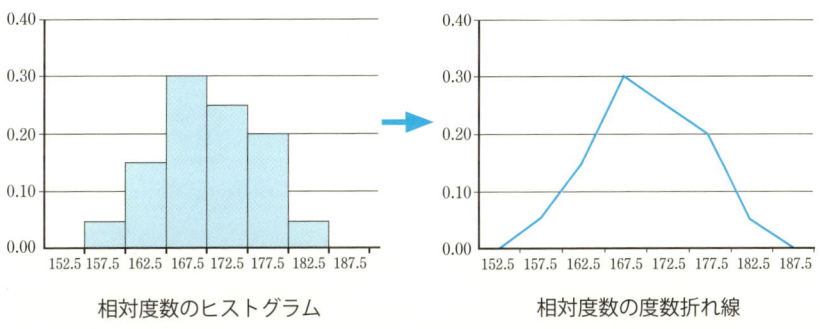

相対度数のヒストグラム　　　　　相対度数の度数折れ線

身長や製品の重さなど、一般的に連続変量の資料の場合、データ数を増やし、相対度数分布表の階級幅を狭くしていけば、「相対度数の度数折れ線」は滑らかな曲線になるのが普通です。

後述する母集団についてこの操作をすれば、この「相対度数の度数折れ線」は母集団分布を表わすことになります。

6. 「平均値」は代表値の中の代表
～平らに均した値

統計というと「平均値」と反射的に返ってきますが、平均値にはどんな意味があるのでしょうか。

　統計資料は多くのデータの集まりであり、それら1つひとつに目を奪われては全体を見誤る危険があります。資料全体を把握するには、表やグラフにすることも対策の1つといえますが、別の方法も考えられます。それは「1つの数値で資料を表わす方法」です。資料の特徴を1つの数値に凝縮するのです。その数値を**代表値**と呼びます。

■代表値の代表？　「平均値」を求める

　「平均身長」「平均得点」「平均所得」などというように、多くの人には「平均」という言葉に親しみがあると思います。周知のことかもしれませんが、確認しておきましょう。

（例1）5人の学生の英語の得点が70、50、85、90、65でした。平均点を求めてみましょう。

$$平均点 = \frac{70+50+85+90+65}{5} = 72 点$$

（例2）40歳の女性10人について子供の数を調査したところ、0、1、2、3人の子供の人数が順に3、4、2、1でした。平均の子供数を求めてみましょう。

$$平均子供数 = \frac{0\times3+1\times4+2\times2+3\times1}{10} = 1.1 人$$

以上の例のように、平均値とは、

データを合計したものをデータ数で割った値

といえます。すなわち、平均値とは資料を平らに均した数値のことなので

す。公式としては、次のように定義されます。

「2つの平均値」の公式

(ア) 個票データから算出する場合

変量 x について N 個の値 x_1，x_2，…，x_N が得られたとき（右の表）、x の平均値 $\bar{x}$（エックス・バー）は

$$\bar{x} = \frac{x_1+x_2+\cdots+x_N}{N}$$

個体名	変量
1	x_1
2	x_2
…	…
N	x_N

(イ) 度数分布表から算出する場合

変量 x についての度数分布表が右の表のように与えられているとき、x の平均値 $\bar{x}$ は

$$\bar{x} = \frac{x_1 f_1 + x_2 f_2 + \cdots + x_n f_n}{N}$$

変量	度数
x_1	f_1
x_2	f_2
…	…
x_n	f_n
総度数	N

例題1 子供3人の体重 x は 10、12、17（kg）です。この3人の体重の平均値 $\bar{x}$（kg）を求めてください。

（解1） $\bar{x} = \dfrac{10+12+17}{3} = 13$ （答）

例題2 男子学生10人の身長 x（cm）の度数分布表が右の表のように与えられているとき、この平均値 $\bar{x}$（cm）を求めてください。

変量	度数
150	1
160	3
170	4
180	2
総人数	10

（解2） $\bar{x} = \dfrac{150 \times 1 + 160 \times 3 + 170 \times 4 + 180 \times 2}{10} = 167$ （答）

■平均値のイメージ

「平均値」とは読んで字のごとく「平らに均した値」という意味です。それを先ほどの例題1の10、12、17で図示してみましょう。

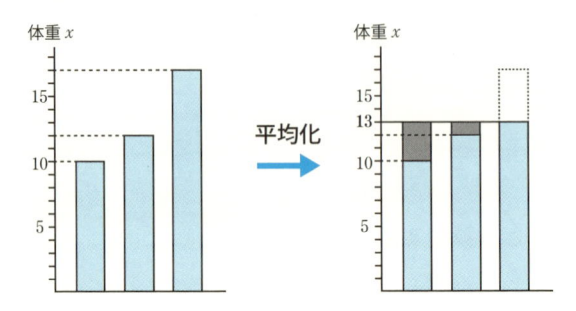

この図でわかるように、平均値とは各データの値の凸凹を平らに均した値なのです。通俗的な言葉を用いるならば、平均値とは資料の「並みの値」を表わすことになります。

■平均値は重心だ

平均値は、物理的には「**重心**」と考えられます。その意味を、今度は例題2で見てみましょう。例題2の「男子学生10人」を下図のように各体重の位置に並んでもらいます。すると、平均値の167cmの所に台を置くと、そこで釣り合うことがわかります。

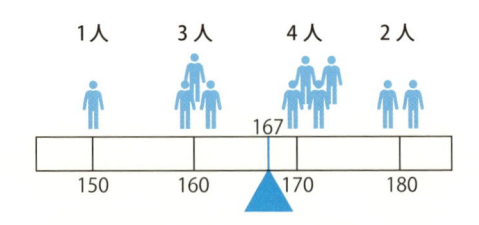

このように、平均値とは散らばったデータの重心を与えます。平均値からデータの分布の様子を想像しようと思うとき、この見方は大きな助けになります。

38　2章　統計は「資料の整理」から始まる

7. 最頻値と中央値
～平均値より実態を反映する？

「データの中で最も頻出する数値」は何でしょうか、「データを並べたときにちょうど真ん中の数値」は？

■最頻値と中央値も使える！

統計資料を1つの数値に凝縮したものが「代表値」ですが、「平均値」以外には、どんな代表値があるでしょうか。

最頻値は**モード**とも呼ばれ、「最も度数（頻度）の多い変量の値」を表わします。とくに、質的変量では、この値しか代表値がありません。

（**例1**）7個のデータ1、2、2、3、3、3、4があるとき、その最頻値は？

最頻値とは最も頻度の多い数値（変量の値）のことなので、3。

中央値は**中位数**とか**メジアン**（median）とも呼ばれます。変量の値を大きさの順に並べたとき、ちょうど中央にくる値を表わします。

（**例2**）5個の値1、2、2、3、5があるとき、その中央値は？

中央値とは、真ん中に来る数値のことなので、2。

このように、データの個数が奇数個のときは「真ん中」の数を1つに特定できますが、データが偶数個のときは1つに特定できません。その場合は真ん中の2つの数値を加え、2で割った値を中央値とするのが普通です。

（**例3**）変量xの4個の値1、2、3、5の中央値は？

偶数個のため、ちょうど真ん中の数値は1つではなく2つ。そこで2つ（すなわち、2と3）を加えて5、それを2で割った値2.5が中央値。

■代表値の値は一致するか？

同じ資料でも、「平均値、最頻値、中央値」の3つの代表値は一致しないのが普通です。ですから、どれを代表値とするかは、扱う資料の性質と

それを利用する人の立場に依存します。

　次のグラフは1章§1で示した貯蓄現在高です。平均値は1664万円でしたが、中央値は991万円、最頻値に至っては「200万円未満」と、平均を大きく下回っています。これは貯蓄の多い世帯が平均値を押し上げているためです。この代表値のどれを「貯蓄現在高」の代表値と考えるかは、データを利用する立場によって異なることがわかるでしょう。

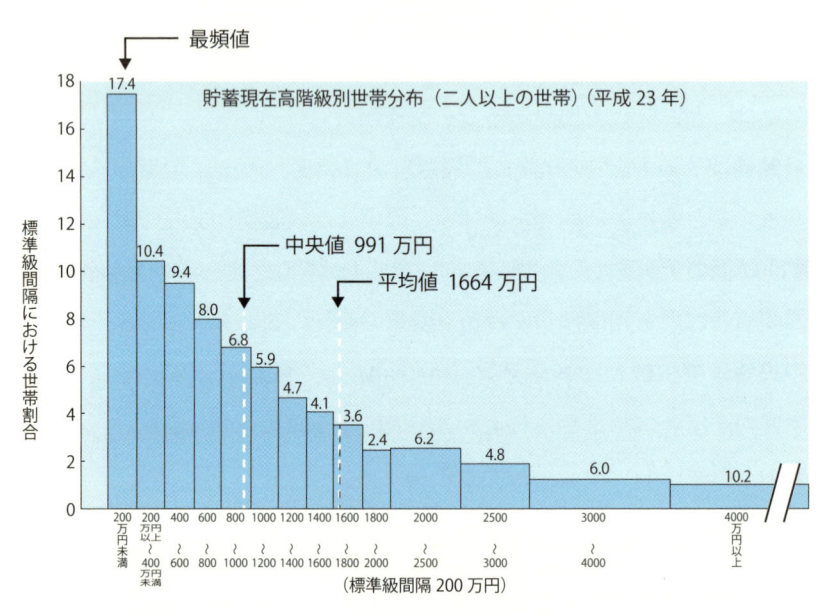

貯蓄現在高階級別世帯分布（二人以上の世帯）（平成23年）

最頻値：200万円未満 17.4
中央値：991万円
平均値：1664万円

階級（万円）	世帯割合
200万円未満	17.4
200〜400万円未満	10.4
400〜600	9.4
600〜800	8.0
800〜1000	6.8
1000〜1200	5.9
1200〜1400	4.7
1400〜1600	4.1
1600〜1800	3.6
1800〜2000	2.4
2000〜2500	6.2
2500〜3000	4.8
3000〜4000	6.0
4000万円以上	10.2

（標準級間隔 200万円）
縦軸：標準級間隔における世帯割合

（出典）総務省統計局（http://www.stat.go.jp/）

MEMO
☑ 度数分布表で示された最頻値

度数分布表で考えるときには、最も大きな度数のある階級に対する階級値が、その資料の最頻値となります。階級幅の取り方で、同一資料でも最頻値が異なってくることがあります。度数分布表にまとめるということは、この種の任意性が入ることに注意しましょう。

8. 分散・標準偏差
～データの「散らばり具合」を表わす指標

> 統計資料ではデータの散らばり具合が大事です。その散らばり具合を示す指標はどのようにして求めるのでしょうか。

　資料を代表する値には平均値や中央値がありますが、これら代表値だけで資料を語ることはできません。データがどれくらいバラついているかを示す量も重要です。というのも、**バラつき具合**をいかに上手に説明するかが、統計モデルの良し悪しの判定基準になるからです。そもそもバラつきが無ければ統計学など必要ありません。ですから、**データのバラつき具合を調べることが統計学**でいかに重要か理解できます。

　その資料のバラつき具合を示す量が**散布度**で、散布度で重要なのが「変動」と「分散」「標準偏差」です。まず、「偏差」から話を始めましょう。

■偏差とは「平均値からのズレ」

　偏差とは変量の値から平均値を引いて得られる値です。資料の中の各データがどれだけ平均値からズレているかを表わします。

（例1） 下記の左の資料はA高校1年の5人の女子の体重（単位kg）です。偏差を計算したものが右の表です。各変量の値から平均値50を引いて偏差が得られています。

資料

番号	体重 x
1	51
2	49
3	50
4	57
5	43
平均値	50

偏差

番号	偏差
1	1
2	−1
3	0
4	7
5	−7

8. 分散・標準偏差　41

■変動とは「偏差の平方の和」

　資料において、すべてのデータについて偏差を平方し加え合わせたものが**変動**です。偏差が平均値からのズレを表わす量なので、変動は資料の持つズレの総量、すなわち資料の持つ「バラつき具合」の総量を表わします。

> **例題1**　例1（P41）のA高校1年5人の女子の体重（単位kg）の資料について、変動Qを計算してください。

(解)　$Q = 1^2 + (-1)^2 + 0^2 + 7^2 + (-7)^2 = 100$（kg^2）**(答)**

　ところで、資料の持つ「バラつき具合」を求めるのなら、単純に「偏差」を加え合わせればいいようにも思えます。しかし、それではプラスとマイナスが打ち消し合いトータルでいつも0になってしまいます。このため、偏差を平方して加え合わせて求める「変動」が重要になってくるのです。

(例2) 例1で、資料全体について偏差を加え合わせると0になることを次の計算で確かめてみましょう。

$$1 + (-1) + 0 + 7 + (-7) = 0$$

　偏差の平方の総和ということで、変動は**偏差平方和**とか**総変動**とも呼ばれます。偏差、変動について、公式としてまとめておきましょう。

「偏差」と「変動」の公式

　変量xについて右のような資料がある。i番目の個体の持つ値をx_iとし、平均値を$\overline{x}$とすると、x_iの偏差、及び変動（すなわち偏差平方和）Qは次のように表わせる。Nは個体数である。

偏差 $= x_i - \overline{x}$

変動 $Q = (x_1 - \overline{x})^2 + (x_2 - \overline{x})^2 + \cdots + (x_N - \overline{x})^2$

個体名	変量x
1	x_1
2	x_2
…	…
N	x_N

■分散がバラつき具合を示す

いま調べたように、散布度として最も基本的なのが変動 Q ですが、欠点があります。似たようなバラつき具合を持つ資料でも、資料に含まれる個体数が大きいほど、値が大きくなるからです。変動の値 Q を見ただけでは、資料のバラつきの大小がわからないのです。

そこで、「偏差の2乗の平均値」を資料のバラつきの指標として採用する方が合理的です。資料の大きさの大小の影響を受けない、バラつきの標準値が得られるからです。これが**分散**です。通常 s^2 と記されます。

分散を公式で表わしてみましょう。資料として、個票データ形式のものと、度数分布表形式のものを考えます。{ } の中身が先に調べた変動 Q になっていることに留意してください。

「分散」の公式

資料の平均値を元として、分散は次のように与えられる。

・個票データで与えられた資料の分散（下記左の表の場合）

$$s^2 = \frac{1}{N}\{(x_1-\overline{x})^2+(x_2-\overline{x})^2+\cdots+(x_N-\overline{x})^2\} \quad \cdots (1)$$

・度数分布表で与えられた資料の分散（下記右の表の場合）

$$s^2 = \frac{1}{N}\{(x_1-\overline{x})^2 f_1+(x_2-\overline{x})^2 f_2+\cdots+(x_n-\overline{x})^2 f_n\} \quad \cdots (2)$$

個票データ

個体名	変量 x
1	x_1
2	x_2
…	…
N	x_N

度数分布表

変量	度数
x_1	f_1
x_2	f_2
…	…
x_n	f_n
総度数	N

すでに述べたことですが、平均値の公式と見比べると、分散は、

分散とは偏差の2乗平均のこと

というような言葉で表現できることがわかります。

> **例題2** 例1（P41）のA高校1年5人の女子の体重（単位kg）の資料について、分散s^2を計算してください。

（解）$s^2 = \dfrac{1}{5}\{1^2+(-1)^2+0^2+7^2+(-7)^2\} = \dfrac{1}{5}\times 100 = 20$（kg^2）　**（答）**

■標準偏差とは分散の平方根のこと

いま調べた例題2の答を見てください。分散の値20の単位がkg^{2}となっています。kg^2（すなわち重さの2乗）とはどう解釈できるのでしょうか。分散は資料を構成するデータのバラつきを素直に表わしますが、このように意味のない数値となってしまうのです。

この問題を解決するために、分散の平方根を算出し、それを資料のバラつきの指標として採用することが考えられます。これが**標準偏差**です。通常sという記号で表わされます。公式として表わせば次のようになります。

「標準偏差」の公式

標準偏差：$s = \sqrt{s^2}$

> **例題3** 例1（P41）のA高校1年5人の女子の体重（単位kg）の資料について、標準偏差sを計算してみよう。

（解）例題2で分散s^2が20（kg^2）と求められているので、

$$s = \sqrt{s^2} = \sqrt{20} = 4.472\cdots \fallingdotseq 4.5 \text{（kg）}　\textbf{（答）}$$

答の単位がkgであることを確かめてください。平均体重50kgからのバラつきの標準的な幅が4.5kgであることを示しているのです（次図）。

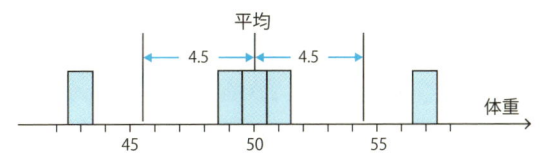

資料のヒストグラムや度数折れ線が山型になるとき、標準偏差 s は中腹の幅の大まかな目安を与えます。

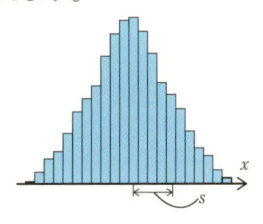

MEMO
☑ 分散の計算公式

43ページの分散の公式(1)は実際の計算では使いにくい場合があります。そこで、計算公式として次の公式もよく知られています。

$$s^2 = \frac{1}{N}(x_1^2 + x_2^2 + \cdots + x_N^2) - \overline{x}^2 \quad \cdots (3)$$

この数式の意味を言葉で表現すると次のようになります。

分散はデータの2乗の平均から平均の2乗を引いたもの

この公式(3)は分散の定義式(1)を展開すれば得られます。

$$s^2 = \frac{1}{N}\{(x_1-\overline{x})^2 + (x_2-\overline{x})^2 + \cdots + (x_N-\overline{x})^2\} \quad (1)(再掲)$$

$$= \frac{1}{N}\{(x_1^2 - 2x_1\overline{x} + \overline{x}^2) + (x_2^2 - 2x_2\overline{x} + \overline{x}^2) + \cdots + (x_N^2 - 2x_N\overline{x} + \overline{x}^2)\}$$

$$= \frac{1}{N}\{(x_1^2 + x_2^2 + \cdots + x_N^2) - 2(x_1 + x_2 + \cdots + x_N)\overline{x} + N\overline{x}^2\}$$

$$= \frac{1}{N}(x_1^2 + x_2^2 + \cdots + x_N^2) - 2\overline{x}\cdot\frac{1}{N}(x_1 + x_2 + \cdots + x_N) + \overline{x}^2$$

平均値 $\overline{x}$ の式

$$= \frac{1}{N}(x_1^2 + x_2^2 + \cdots + x_N^2) - 2\overline{x}^2 + \overline{x}^2 = (3)の右辺$$

9. 偏差値の役割
～「全体での位置」が直感的にわかる

> 90点をとって喜んでいても、もし平均点が95点だったとしたら？ 50点でも平均点が30点だったら？ いい目安はないものでしょうか……。

　学校の成績で、ある子供の国語の得点が70点だとします。しかし、これだけでは良い点をとったのかどうかはわかりません。判断するには、各教科の得点人数分布を見なければわからないからです。問題がやさしければ良い点を取りやすく、難しければ低い点になるからです。

　しかし、簡単なデータ変換をすることで、**全体での位置がすぐにわかる方法**があります。それが**偏差値**です。これを利用することで、個々のデータが全体の中でどのような位置にあるかが一目でわかるようになります。

「偏差値」の公式

　変量xにおいて、標準偏差をs（s^2は分散）、平均値を$\bar{x}$とするとき、次の式で得られた変量zの値を**偏差値**と呼ぶ。

$$z = 50 + 10 \times \frac{x - \bar{x}}{s} \quad \cdots (1)$$

　この定義式から次の性質が成り立つことが示されます。偏差値は通常、日本の教育のみに利用されているので、以下では、変量の単位として「点」を用いることにします。

(ⅰ) zの平均点は50点、標準偏差は10点。

(ⅱ) zの平均点が50点なので、zが50点より大きい値ならば、元の得点xは平均点より大きな得点であり、50より小さいならば、元の得点xは平均点より小さい得点である。

(ⅲ) 標準偏差が10なので、普通の資料では、zが平均点50より10以上大きい60点以上だと、元の得点xは平均点よりかなり優れていること

になる。また、zが平均点50より10以上小さい40点以下だと、元の得点xは平均値よりかなり悪い点である。

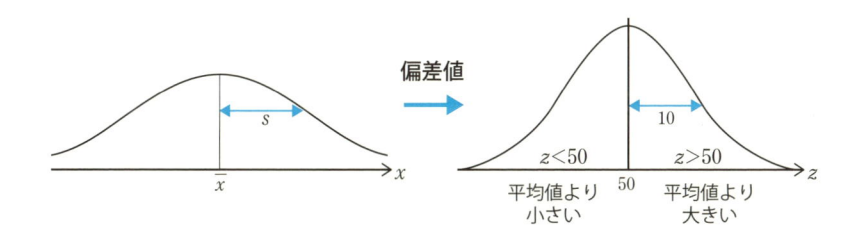

例題
次の表はA中学校生徒5人の英語のテストの得点です。各生徒の得点xを偏差値zに変換してください。

番号	1	2	3	4	5
得点	61	59	60	67	53

(**解**) まず、平均値$\bar{x}$、分散s^2、標準偏差sを求めると、

$$\bar{x} = \frac{61+59+60+67+53}{5} = 60$$

$$s^2 = \frac{(61-60)^2+(59-60)^2+(60-60)^2+(67-60)^2+(53-60)^2}{5} = 20$$

$$s = \sqrt{s^2} = \sqrt{20} = 4.47$$

式(1)にこれらの値を代入することで偏差値zが得られます。たとえば番号1の英語の得点xの偏差値zは次のように求められます。

$$z = 50 + 10 \times \frac{x-\bar{x}}{s} = 50 + 10 \times \frac{61-60}{4.47} = 52.2$$

他の中学生の点も同様に計算して、次の偏差値の表が得られます。

番号	1	2	3	4	5
偏差値	52.2	47.8	50.0	65.7	34.3

(**答**)

統計メモ 最大値・最小値・レンジ

　資料の散布度を表わす量として、統計解析では変動や分散、標準偏差が重要です。ところで、これら以外にも、散布度を表現する量があります。**最大値**、**最小値**、**レンジ**（range）です。

　最大値、最小値とは、その言葉の意味の通り、資料の変量値の最大のものと最小のものを指します。レンジ（幅）とは変量の「変化の幅」をいいます。要するに、最大値と最小値との差です。

「最大値、最小値、レンジ」の公式

　変量 x のとる値が $x_1, x_2, x_3, \cdots, x_n$ のとき、その最大値を x_{max}、最小値を x_{min} とするとき、範囲（レンジ）R は次のように表現される。

$$R = x_{max} - x_{min}$$

　実用的には、これら最大値、最小値、レンジは資料のバラつきを端的に表現する量として重要です。たとえば、工場で製品の抜き取り調査をし、レンジが大きくなっていたとしましょう。このとき、「工場の製造過程のどこかで異常があるのでは？」とすぐに推測することができるのです。

> **例題** 41ページ例1で調べたA高校1年の5人の女子の体重（kg）の資料（51, 49, 50, 57, 43）において、最大値 x_{max}、最小値 x_{min}、レンジ R を求めてください。

（解） 資料から、最大値 x_{max} は 57（kg）、最小値 x_{min} は 43（kg）。よって、レンジ R は次のように求められます。

$$R = 57 - 43 = 14 \text{（kg）} \quad \text{（答）}$$

番号	体重 x
1	51
2	49
3	50
4	57
5	43

3章
確率がわかれば、
統計に強くなる！

1. 確率とは何か
～偶然から最良の結論を導き出すツール

確率変数や確率分布は重要だけど、わかりにくいところでも……。その理解のためにも、「統計と確率」の深い関係を調べてみましょう。

■日本人の「喫煙率」を調べてみる

「統計と確率」というように、この2つの言葉はペアで使われることが多いのですが、なぜ統計に確率が必要なのでしょうか。

その理由を調べるために、日本人全体の喫煙率を考えてみます。といっても、1億人以上の日本人をすべて調査するわけにはいきません。そこで100人を無作為に選び、彼らの喫煙率を調べることで「全国の喫煙率」を推定することにしましょう。ここで困ったことが起こります。100人の選び方によって、その調べた喫煙率は変化してしまうことです。100人の調査結果には統計的な揺らぎがあるのです。

ここに確率の考えが登場します。問題をモデル化し、確率論を適用すれば、ある100人から求められた喫煙率から、日本人全体の喫煙率を推定したり検定したりできるのです。

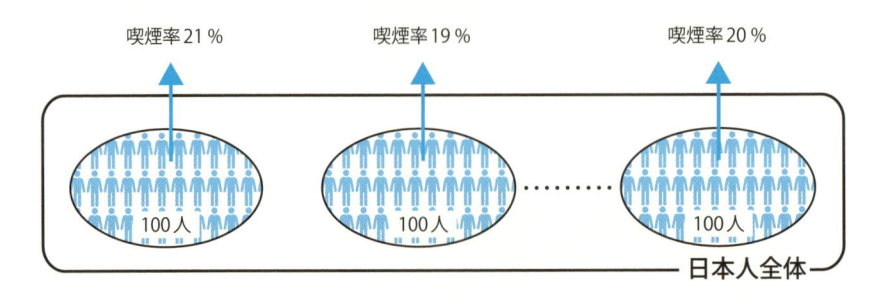

喫煙率21％　　喫煙率19％　　喫煙率20％

100人　　100人　　100人
日本人全体

100人から求められた喫煙率は、どの100人を選んだかによって結果が異なってくる。この100人の喫煙率から、どうやって日本人全体の喫煙率が正しく求められるのだろうか。これを確率論で解決するのが統計学だ。

■主婦の「平均へそくり額」を調べる

　次の例として、日本人サラリーマン世帯の主婦の「平均へそくり額」を調べてみましょう。先の喫煙率の問題と同様、サラリーマン世帯の主婦全員に対して、しらみつぶしに調査するわけにはいきません。そこで100人を無作為に選んで彼女たちの「平均へそくり額」を調べることにします。

　ここでも困った問題が起こります。この100人の選び方で、当然その「平均へそくり額」は変化してしまうことです。100人の「平均へそくり額」の調査結果にも統計的な揺らぎがあるからです。

　ここでも確率の考えが活躍します。問題をモデル化し確率論を適用すれば、ある100人から求められた「平均へそくり額」から、サラリーマン世帯の主婦全体の「平均へそくり額」を推定したり検定したりできるのです。

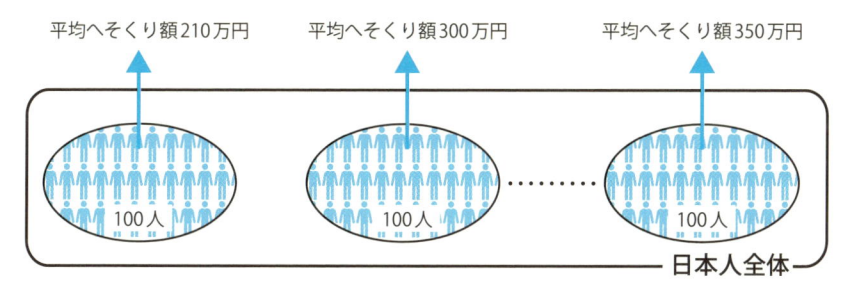

100人から求められた「平均へそくり額」は、どの100人を選んだかによって結果が異なってくる。この100人の「平均へそくり額」から、どうやって日本人全体の「平均へそくり額」が正しく求められるのだろうか。これを確率論で解決するのが統計学だ。

■統計の理解に確率は必須

　統計解析の解説書の中には、確率論をまったく利用せず、手続きだけを述べているものもあります。しかし、統計的な揺らぎの中から真の値を洞察するには、どうしても確率論の理解が必要になるのです。

　本章では、その理解のために必要にして十分な知識を説明しておきます。少し面倒な内容も含まれますが、お付き合いください。

1. 確率とは何か　51

2. 確率と確率変数
～統計学のキホンは確率変数の理解から

「確率論」というと抽象的な印象が……。でも大丈夫。サイコロ、トランプ、コインなどをイメージすればOKです。

■「試行と事象」という言葉が第一歩

さて、サイコロ遊びをするには、最初にサイコロを投げなければ始まりません。このような操作のことを、確率論では**試行**といいます。トランプ遊びの場合には、カードを抜いたりめくったりするのが「試行」です。統計では、「母集団から標本（サンプル）を抽出する」ことを考えますが、これも「試行」の一つです。試行は英語では「trial」と呼びます。「試行」というより、英語でいうほうがわかりやすいかもしれません。

試行で得られた結果の中で、条件に合う結果の集まりを**事象**といいます。たとえば、「1つのサイコロを投げる試行において、偶数の目の出る事象」とは、試行の結果が2、4、6の目の集まりのときのことです。

> **例題1** 1組のトランプから1枚のカードを抜き出す試行において、そのカードが絵札である事象を列挙してください。

（解） 次の12通りのカードの集まりが「カードが絵札である事象」です。ここで、J、Q、Kは順にジャック、クィーン、キングを、♥、♠、♦、♣、は順にハート、スペード、ダイヤ、クラブを表わします。

♥J、♥Q、♥K、♠J、♠Q、♠K、♦J、♦Q、♦K、♣J、♣Q、♣K （答）

とくに、ある試行によって得られたすべての結果の集まりを**全事象**と呼び、これを通常 U で表わします。なお、あとで調べる母集団と標本の関係では、全事象を標本空間と呼びます。

（**例1**）1つのサイコロを投げる試行の全事象Uは$\{1, 2, 3, 4, 5, 6\}$の6個の目の集まりです。

（**例2**）ジョーカーを除いた1組のトランプから1枚のカードを抜き出す試行の全事象Uは $\{$各組札について$1, 2, 3, 4, 5, 6, 7, 8, 9, 10,$ J, Q, K$\}$、すなわち1組のトランプ52枚すべての集まりです。

■確率を一言でいうと？

いま調べた「事象」という言葉を利用して、確率を求める公式を次のように表わすことができます。

「確率」の公式

試行Tにおいて、ある事象Aの起こる確率pは次のように定められる。

$$p = \frac{事象Aの起こる場合の数}{起こりうるすべての場合の数} \quad \cdots (1)$$

なお、上の式で、事象Aの起こる確率pのことをとくに$P(A)$と表わすこともあります。ここで、pは$probability$の頭文字を取ったものです。

まず、(1)式の確率の公式が日常用いている確率の意味と一致していることを、次の例題で確かめてみましょう。

> **例題2** 1つのサイコロを投げるとき、偶数の目の出る事象Aの確率pを求めてください。

（**解**）定義式(1)の分母にある「起こりうるすべての場合」とは、ここでは、$\{1, 2, 3, 4, 5, 6\}$の6通りです。定義式(1)の分子の「事象Aの起こる場合」とは、ここでは、$\{2, 4, 6\}$の3通りです。したがって、

$$p = \frac{3}{6} = \frac{1}{2} \quad \textbf{(答)}$$

例題3 ジョーカーを除いた1組のトランプから1枚のカードを抜き出すとき、そのカードが絵札である確率pを求めてください。

(解) 定義式(1)の分母「起こりうるすべての場合」とは、ここでは、{各組札について1, 2, 3, 4, 5, 6, 7, 8, 9, 10, J, Q, K}の52通り（＝4×13）です。定義式(1)の分子「事象Aの起こる場合」とは、ここでは、{各組札のJ, Q, K}の12通り（＝4×3）です。したがって、

$$p = \frac{12}{52} = \frac{3}{13} \quad \textbf{(答)}$$

このように、2つの例題の結果は共に日常的な確率のイメージに合致しているでしょう。

■「同様に確からしい」という仮定

さて、先の確率の定義式(1)を利用するには、1つの注意が必要です。それは、**試行の結果が等しい確率で起こることが前提**とされていることです。どれかが特別扱いされていては困るのです。すなわち、起こりうるすべての場合は**同様に確からしい**（変な日本語ですが、これは英語 *equally likely* の直訳）ことが仮定されています。

たとえば、サイコロで考えてみると、「起こりうるすべての場合」といえば{1, 2, 3, 4, 5, 6}の6通りです。これは、1～6の目の出る確率が同じでなければ、こうはいえません。俗な言葉を利用すると、八百長があって目のどれかが出やすかったなら、定義式(1)は使えないのです。

実際にサイコロを投げた場合、その結果が「同様に確からしい」かを確かめることは非常に困難です。サイコロのような場合でも、すべての目が「同様に確からしい」確率で起きることを確認するには、何億回も投げてみて確かめるしかありません。そういう意味で、すべての目が「同様に確からしい」というサイコロは数学的に理想化されたサイコロです。

■「確率変数」とは試行をして値が確定する変数のこと

1つのサイコロを投げる試行を考え、出る目を X と表わすことにしましょう。この X はサイコロを投げてみて初めて値が確定します。

このように、試行をして初めて値が確定する変数を**確率変数**と呼びます。確率変数というと非常にむずかしげな言葉ですが、意味は簡単ですね。

(例3) ジョーカーと絵札を除いた1組のトランプ40枚から1枚のカードを抜き出すとき、そのカード番号を X とする。このとき、X は確率変数になります（エースは1とみなします）。

(例4) 中学2年生を対象にした全国の統一試験の数学の成績を考えます。無作為に全国から10人の中学2年生の数学の成績を選び出し、平均点を算出するとしましょう。その10人の平均点は確率変数になります。

> **MEMO**
> ### ✓ 確率論は集合論の一つ
>
> 全事象（すなわち標本空間）を U とし、それを構成する1つ1つの基本的な要素が同様に確からしいとき、事象 A の起こる確率 $P(A)$ は、(1)から次のように集合の記号で表わせます。
>
> $$P(A) = \frac{n(A)}{n(U)} \cdots (2)$$
>
> ここで、記号 $n(A)$、$n(U)$ は集合論の記号です。$n(A)$ は事象 A に含まれる要素の個数を、$n(U)$ は全事象 U に含まれる要素の個数を表わします。
>
> 「事象 A の起こる場合の数」とは、まさに事象 A に含まれる要素の個数と一致します。「起こりうるすべての場合の数」とは、まさに全事象 U に含まれる要素の個数と一致します。したがって、(2)は確率の定義(1)と一致するのです。

3. 確率の加法定理
〜（Aの確率＋Bの確率）でOK？

2つの事象A、Bのうち、「どちらか一方が起こる確率」は、「Aの起こる確率とBの起こる確率」とどう関係するのでしょうか？

■加法定理は「重複の無い場合」に成り立つ

すでに、事象Aの起こる確率pを$P(A)$と表わすことを紹介しました。この記号を利用して、確率の加法定理について調べることにしましょう。

いま、1組のトランプから1枚のカードを抜き出すとき、そのカードがハートである事象をA、スペードである事象をBとします。このとき、抜き出したカードが「ハートかスペードである事象」を$A \cup B$と表わし、このとき2つの事象A、Bの**和事象**と呼びます。この例の場合A、Bには共通の要素がないので、次の関係が成立します。これが**加法定理**です。

$$P(A \cup B) = P(A) + P(B)$$

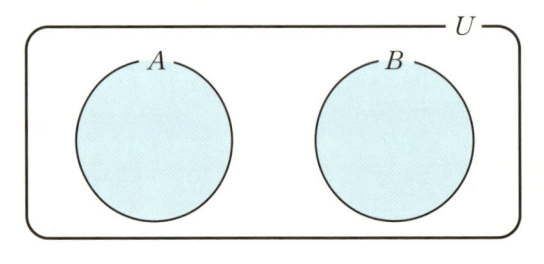

A、Bに共通の要素がないとき
$P(A \cup B) = P(A) + P(B)$
これを加法定理という。

実際、「ハートかスペードである事象$A \cup B$」は$13 + 13 = 26$枚のカードのどれかが抜かれたときの事象であり、次のような確率が得られます。

$$P(A \cup B) = \frac{26}{52}$$

また、ハートを抜く確率$P(A)$、スペードを抜く確率$P(B)$も、

$$P(A) = \frac{13}{52},\ P(B) = \frac{13}{52}$$

となります。よって、次の関係が成立します。

$$P(A) + P(B) = \frac{13}{52} + \frac{13}{52} = \frac{26}{52} = P(A \cup B)$$

こうして加法定理が確かめられました。

以上のことは、トランプ以外でももちろん成立しますので、これを公式としてまとめておきましょう。

「確率の加法定理」の公式

事象A、Bに共通の要素がないとき、和事象$A \cup B$とA、Bとは次のような関係が成立する。これを確率の**加法定理**と呼ぶ。

$$P(A \cup B) = P(A) + P(B)$$

例題　1個のサイコロを投げ、出た目が2以下の事象をA、4以上の事象をBとします。加法定理が成立することを確かめてください。

(解) Aは$\{1, 2\}$の目の集まり、Bは$\{4, 5, 6\}$の目の集まりなので、

$$P(A) = \frac{2}{6},\ P(B) = \frac{3}{6}$$

また、$A \cup B$は「目が2以下か4以上」なので、$\{1, 2, 4, 5, 6\}$の5つの目の集まりとなります。したがって、確率の定義から、

$$P(A \cup B) = \frac{5}{6}$$

よって、次のように加法定理の関係が成り立つことが確かめられます。

$$P(A) + P(B) = \frac{2}{6} + \frac{3}{6} = \frac{5}{6} = P(A \cup B)\ \textbf{(答)}$$

4. 続けて起こる確率
～独立試行の定理と反復試行の定理

サイコロとコインを同時に投げたり、サイコロを何回も続けて投げたときの確率はどう求めればいいのでしょうか？

■独立試行の定理とは

　確率の問題では、同時に起こる確率現象や続けて起こる確率現象を調べたい場合があります。たとえば、製品検査で1000個の製品を抽出し、調べたとしましょう。このとき、歩留まり率pを持つという仮定で何個が不良品になるかの確率を求めることは、製品管理において不可欠です。

　このことを調べるために、1組のトランプから1枚のカードを抜き出し、戻してからよく切って再び1枚のカードを抜き出すことで考えてみましょう。1枚目のカードがハートである事象をA、2枚目のカードがスペードである事象をBとします。このとき、1回目と2回目の試行が影響し合わないので、事象A、Bが同時に起こる確率は次のように表わせます。

$$P(A) \times P(B)$$

　このことは独立な2つの試行に対して常に成立する定理ですから、公式としてまとめておきましょう。

「独立試行の定理」の公式

　独立な2つの試行で得られる事象をA、Bとするとき、事象A、Bが同時に起こる確率は次のように表わされる。これを**独立試行の定理**と呼ぶ。

$$P(A) \times P(B)$$

> **例題1** 1個のサイコロと1枚のコインを投げる試行を考えます。サイコロの目が偶数の事象をA、コインが表の事象をBとするとき、事象A、Bが同時に起こる確率を求めてください。

(解) 題意から

$$P(A) = \frac{3}{6},\ P(B) = \frac{1}{2}$$

サイコロとコインを投げる試行は独立なので、事象A、Bが同時に起こる確率は次のように求められる。

$$P(A) \times P(B) = \frac{3}{6} \times \frac{1}{2} = \frac{1}{4} \ \textbf{(答)}$$

■反復試行の確率の定理

「独立試行の定理」の応用例として、「反復試行の定理」があります。いま、サイコロを5回投げる場合を考えます。5回の試行には何の関係もなく独立です。このように、同じ試行を独立に繰り返すことを**反復試行**といいます。では、次の例題を利用して、反復試行の定理に対する有名な公式を導き出すことにします。

> **例題2** サイコロを5回投げ、2回だけ1の目が出たとする。このときの確率pを求めてください。

(解) サイコロを5回投げ、2回だけ1の目が出る場合は、次の10通りです。ここで1は「1の目」を、Nは「1以外の目」を表わします。

$$\left.\begin{array}{l}11NNN,\ 1N1NN,\ 1NN1N,\ 1NNN1,\ N11NN \\ N1N1N,\ N1NN1,\ NN11N,\ NN1N1,\ NNN11\end{array}\right\} \cdots (1)$$

ここで、たとえば$11NNN$とは、順に「1の目」「1の目」「1以外の目」「1以外の目」「1以外の目」が出たことを表わしています。

ところで、この$11NNN$の事象の確率は、先の独立試行の定理を応用して、次のように求められます。

$$\frac{1}{6} \times \frac{1}{6} \times \left(1-\frac{1}{6}\right) \times \left(1-\frac{1}{6}\right) \times \left(1-\frac{1}{6}\right) = \left(\frac{1}{6}\right)^2 \left(1-\frac{1}{6}\right)^{5-2}$$

　(1)に示した場合の他の場合についても同様です。よって、求める確率 p は、(1)が10通りで構成されているので、次のように表わされます（確率の加法定理が利用されています）。

$$p = 10 \times \left(\frac{1}{6}\right)^2 \left(1-\frac{1}{6}\right)^{5-2} = \frac{625}{3888} \quad \cdots (2) \quad \textbf{(答)}$$

■二項係数 $_nC_r$ と階乗、二項分布

　さて、(1)に示した10（通り）の場合の数を公式で求めてみましょう。それには次の公式が利用されます。この $_nC_r$ は**二項係数**と呼ばれる数です。

「二項係数」の公式

　異なる n 個のものから、r 個選び出す場合の数を $_nC_r$ と書く。これは次のように求められる。

$$_nC_r = \frac{n!}{r!(n-r)!} \quad \cdots (3)$$

　ここでCは *combination*（組合わせ）の頭文字で、**n!** は「n の**階乗**」と呼び、次のように定義されます。

$$n! = 1 \times 2 \times 3 \times \cdots \times n$$

　たとえば、「5!」といえば、$5! = 1 \times 2 \times 3 \times 4 \times 5 = 120$ となります。

　では、この公式を用いて、(2)の係数10を求めてみましょう。

　(1)で示された10通りは「5個の位置から2個の『1』の位置を選び出す場合の数」と考えられます

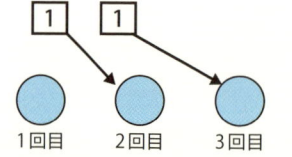

1の位置を2つ決定することで、(1)の並びはすべて得られる。すなわち、5個から2個選ぶ場合の数が(1)の並びの個数（＝10）になる。

60　3章　確率がわかれば、統計に強くなる！

「5個の位置から2個の1の位置を選び出す場合の数」を求めるには、前ページの公式(3)が適用できます。

$$_5C_2 = \frac{5!}{2!(5-2)!} = \frac{1 \times 2 \times 3 \times 4 \times 5}{(1 \times 2)(1 \times 2 \times 3)} = 10 \quad \cdots (4)$$

こうして、(2)の係数10が公式から求められるのです。

(4)を(2)にあてはめてみましょう。

$$p = {}_5C_2 \left(\frac{1}{6}\right)^2 \left(1 - \frac{1}{6}\right)^{5-2} \quad \cdots (5)$$

こうして、公式を導く式が得られました。

「反復試行の確率」の定理

試行 T で事象 A の起こる確率が p とする。この試行 T を n 回繰り返したときに事象 A の現れる回数が r 回のとき、これが起こる確率は次のように求められる。

$$_nC_r p^r (1-p)^{n-r} \quad \cdots (6)$$

これを**反復試行の確率の定理**といいます。統計学の応用上大切な定理となります。r を変数と考えるとき、(6)は回数 r の「確率分布」（本章§5）を表わします。このとき、この分布を「**二項分布**」と呼びます（二項分布の詳細については次ページの《**分布-A**》を参照）。

> **例題3** コインを10回投げ、表が7回だけ出たとします。このときの確率 P を求めてください。

（解） 公式(6)の n に10、r に7を代入します。また、表裏の出る確率は等しいとして、p には $\frac{1}{2}$ が入ります。よって、

$$P = {}_{10}C_7 \times \left(\frac{1}{2}\right)^7 \left(1 - \frac{1}{2}\right)^{10-7} = \frac{10!}{7!(10-7)!} \times \left(\frac{1}{2}\right)^{10} = \frac{15}{128} \quad \textbf{(答)}$$

分布-A 二項分布とは何か？

　ある試行を n 回繰り返したとき、ある事象 A の起こる回数 X の確率分布（本章§5）を**二項分布**といいます。たとえば、コインを10回投げたときに表の出る回数 X の確率分布が二項分布になります。後述する推定（5章）、検定（6章）では、標本分布としてこの二項分布が活躍します。

「二項分布」の公式

　確率変数 X が値 x をとるときの確率 $f(x)$ が次式で表わされる確率分布を二項分布という。なお、この二項分布を簡単に $B(n, p)$ と書く。

$$f(x) = {}_nC_x p^x (1-p)^{n-x} \quad (x = 0, 1, 2, \cdots, n)$$

この分布に従う確率変数の平均値 μ、分散 σ^2 は次の式で与えられる。

$$\mu = np、\quad \sigma^2 = np(1-p) \quad \cdots (1)^*$$

　これを「反復試行の定理」（3章§4）と組み合わせると、次のように実際の問題に応用することができます。

「二項分布」の定理

　試行 T で事象 A の起こる確率が p とする。このとき、この試行 T を n 回繰り返したとき、事象 A の現れる回数 X は二項分布 $B(n, p)$ に従う。

> **例題** 1個のサイコロを8回振り、1の目が出た回数を X とします。この平均値 μ と分散 σ^2 を求め、確率分布表を作成してください。

---

*3章§4で調べたように、${}_nC_r$ は「異なる n 個のものから r 個を選び出す場合の数」を表わし、次の式で与えられます。

$${}_nC_r = \frac{n!}{r!(n-r)!} \quad (\text{ただし } {}_nC_0 = {}_nC_n = 1)$$

ここで「!」は階乗を表わします。すなわち、$n! = 1 \times 2 \times 3 \times \cdots \times n$

(**解**) 1回の試行で1の目が出る確率pは$\frac{1}{6}$。よって、平均値μと分散σ^2は前ページの公式(1)*から次のようになります。

$$\mu = 8 \times \frac{1}{6} = \frac{4}{3}, \quad \sigma^2 = 8 \times \frac{1}{6} \times \left(1 - \frac{1}{6}\right) = \frac{10}{9}$$

また、8回の試行で1の目がx回出る確率は${}_8C_x \left(\frac{1}{6}\right)^x \left(\frac{5}{6}\right)^{8-x}$となるので、確率分布の表は以下の通りです（表の右にグラフを示しました）。

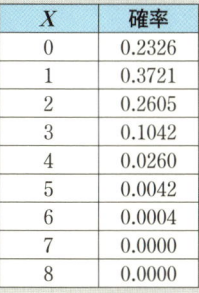

(**答**)

X	確率
0	0.2326
1	0.3721
2	0.2605
3	0.1042
4	0.0260
5	0.0042
6	0.0004
7	0.0000
8	0.0000

確率分布表　　　　　　　確率分布表のグラフ

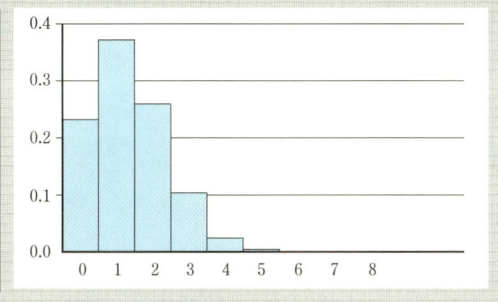

分布-A　二項分布とは何か？

5. 確率分布と確率密度関数
～統計解析は「確率分布」から結論を導く

統計的な推定や検定では、正規分布やt分布などの確率分布が使われますが、この確率分布とはどんなものなのでしょうか。

■トビトビのデータなら「確率分布表」で

いま、サイコロを1個投げたとき、出る目Xの確率分布は次の表のように示されます。

目（X）	p
1	1/6
2	1/6
3	1/6
4	1/6
5	1/6
6	1/6

サイコロ1個投げたときの出る目Xの確率分布表。

このように、確率変数の各値（サイコロの目でいうと、1～6）に対して確率値（1／6）が与えられるとき、その対応を**確率分布**と呼びます。対応が表に示されていれば、その表を確率変数の**確率分布表**と呼びます。

確率変数X	確率
x_1	p_1
x_2	p_2
…	…
x_n	p_n

確率分布表とは確率変数の値に、その値が起こる確率値を対応させた表である。

■トビトビのデータでなければ「確率密度関数」で

サイコロの目ならば、簡単なトビトビの値なので上の例のように表にして確率分布を示すことができます。しかし、人の身長や製品の内容量など、連続的な値をとる場合には、トビトビの値ではないため、表に示すことはできません。このとき利用されるのが**確率密度関数**です。

確率密度関数は「連続的な確率変数に対する確率分布を関数で表現」します。この関数を $f(X)$ と表わすと、確率変数 X が区間 $a \leq X \leq b$ の値をとる確率は、次図の斜線部分の面積といえます。

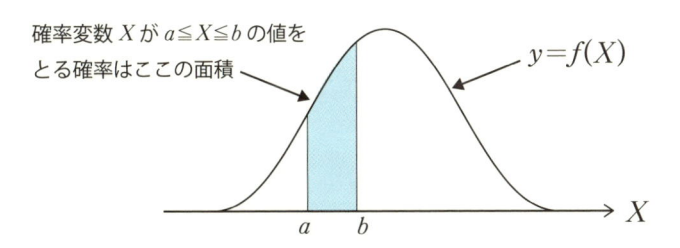

確率分布表のイメージでは次のように示せます。

確率変数 X	確率
…	…
$a \leq X \leq b$	上の図の斜線部の面積
…	…

最も有名な確率密度関数は「正規分布」です。正規分布は誰もが聞いたことのある有名な分布ですが、それを式で表わそうとすると、次のような非常に複雑な形の関数となります。

$$f(x) = \frac{1}{\sqrt{2\pi}\,\sigma} e^{-\frac{(x-\mu)^2}{2\sigma^2}} \quad (\mu は平均値、\sigma^2 は分散)$$

> **例題** 1時から3時までの間に来訪予定の客が時刻 X に出現するとき、その X の確率密度関数を求めてください。なお、この客は時間に厳格とします。

（解） 客が来訪をする時刻 X の確率分布は、次の確率密度関数 $f(X)$ で表わされます。

$$f(X) = \frac{1}{2} \textbf{（答）}$$

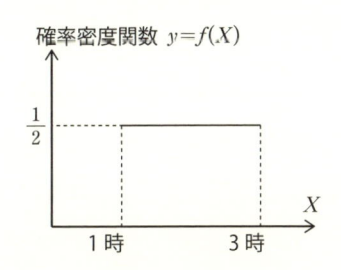

■推定・検定で使われる累積分布関数

　連続的な確率変数の分布を表わすのが確率密度関数でした。しかし、推定や検定では、その関数の値そのものではなく、それから得られる**累積分布関数**がよく利用されます。これは、確率変数がxより小さい値をとるときの確率pを与える関数です（下図）。

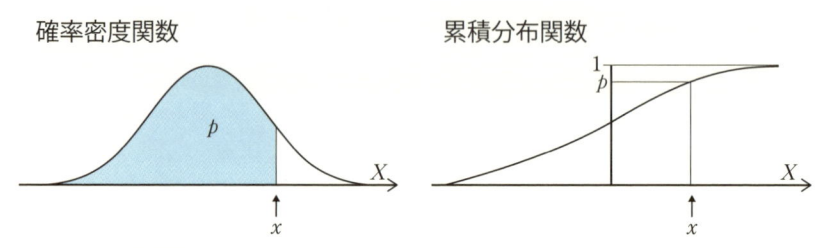

確率密度関数　　　　　　　累積分布関数

$X \leq x$を満たす確率をpとすると、左に示す確率密度関数のグラフでは網を掛けた部分の面積がpで、このとき右の累積分布関数ではXの値がxのときのy座標がpとなる。

（例） 先の例題「1時から3時までの間に来訪予定の客が時刻Xに出現するとき、そのXの確率密度関数」の累積分布関数のグラフを以下に示します。

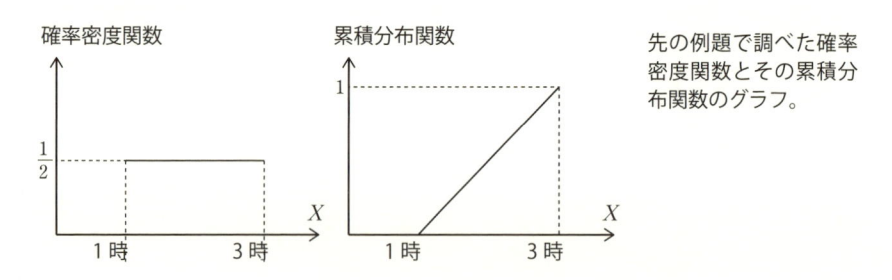

確率密度関数　　　　累積分布関数

先の例題で調べた確率密度関数とその累積分布関数のグラフ。

　この例が示すように、累積分布関数の左端の値は必ず0に、右端の値は必ず1になります。これは、「確率変数がxより小さい値をとるときの確率pを与える関数」という累積分布関数確率の特性上明らかでしょう。

6. 確率変数の平均値・分散
～推定・検定で最も基本となる統計量

2章では、資料の変量について「平均値、分散、標準偏差」を調べましたが、確率変数についても、これらに対応する値が必要です。

■確率変数の平均値、分散、標準偏差とは

実は、「確率変数の平均値、分散、標準偏差」は、2章で調べた「変量の平均値、分散、標準偏差」の延長上で考えることができます。

そこで、まずは2章で調べた変量の平均値を復習しておきましょう。資料として、次の表を調べます。表1は変量xの度数分布表、表2は変量xの相対度数分布表とします。

表1	変量x	度数
	x_1	f_1
	x_2	f_2
	…	…
	x_n	f_n
	総度数	N

表2	変量x	相対度数
	x_1	f_1/N
	x_2	f_2/N
	…	…
	x_n	f_n/N
	和	1

このとき、変量xの平均値は次のように求められました。

$$\text{平均値}: \bar{x} = \frac{x_1 f_1 + x_2 f_2 + \cdots + x_n f_n}{N}$$

これを少し変形してみましょう。

$$\bar{x} = x_1 \frac{f_1}{N} + x_2 \frac{f_2}{N} + \cdots + x_n \frac{f_n}{N}$$

これは、平均値$\bar{x}$を表2の相対度数分布表で表現した形をしています。さて、相対度数とは割合のことです。その割合は確率に通じます。そこで、これらの相対度数$\frac{f_1}{N}$、$\frac{f_2}{N}$、…、$\frac{f_n}{N}$を確率と読み替えてみましょう。すなわち表2を次の確率分布表と読み替えるのです（ついでに、「変量」も「確率変数」と読み替えます）。それが次の表3です。

表3	確率変数 X	確率
	x_1	p_1
	x_2	p_2
	…	…
	x_n	p_n
	計	1

すると、確率変数Xの平均値は次のように定義できることがわかります。

$$\text{確率変数}X\text{の平均値} = x_1p_1 + x_2p_2 + \cdots + x_np_n$$

分散についても同様に考えられます。そこで、確率変数Xの平均値、分散、標準偏差は、次のように公式化されます。

「平均値・分散・標準偏差」の公式

上の表3のように確率分布表が与えられているとき、確率変数Xの平均値μ、分散σ^2、標準偏差σは次のように定義される。

平均値：$\mu = x_1p_1 + x_2p_2 + \cdots + x_np_n$ … (1)

分散：$\sigma^2 = (x_1-\mu)^2 p_1 + (x_2-\mu)^2 p_2 + \cdots + (x_n-\mu)^2 p_n$ … (2)

標準偏差：$\sigma = \sqrt{\sigma^2}$ … (3)

統計学の公式では、ギリシャ文字が多く使われています。上の公式で、ギリシャ文字μ、σは順に「ミュー」「シグマ」と読み、アルファベットのm、sに相当します。なお、確率論から得られる平均値μは、資料から得られるものと区別して**期待値**（Expectation value）と呼ばれることがあります。このとき、確率変数Xの平均値μはしばしば$E(X)$という記号で表現されます。

■標準偏差は確率分布の広がりの幅

変量のとき、「標準偏差は資料のデータの散らばりの大まかな幅を与える」ことを調べました（2章§8）。確率変数の標準偏差も同様です。確率分布の大まかな幅を与えます。

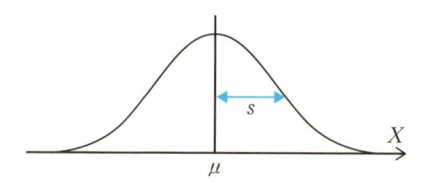

分布が山型のとき、標準偏差は確率分布の中腹の大まかな幅を与える。とくに正規分布では、**変曲点***になる。

■例題を解いてみよう

例題1 サイコロ1個を投げたときの出る目 X の平均値と分散、標準偏差を求めてください。

（解） 1個のサイコロを投げたときの確率分布表は次の表で与えられます。

目 (X)	p
1	1/6
2	1/6
3	1/6
4	1/6
5	1/6
6	1/6

1個のサイコロを投げたときの確率分布表

そこで、定義(1)～(3)から

平均値 $\mu = 1 \times \dfrac{1}{6} + 2 \times \dfrac{1}{6} + \cdots + 6 \times \dfrac{1}{6} = \dfrac{7}{2} = 3.5$

分散 $\sigma^2 = (1-3.5)^2 \times \dfrac{1}{6} + (2-3.5)^2 \times \dfrac{1}{6} + \cdots + (6-3.5)^2 \times \dfrac{1}{6} = \dfrac{35}{12} \fallingdotseq 2.9$

標準偏差 $\sigma = \sqrt{\dfrac{35}{12}} \fallingdotseq 1.7$

---

*変曲点とは曲線の凹凸が入れ替わる境界点のこと。

> **例題2** コインを1個投げ、表が出たら1、裏が出たら0とする確率変数 X を考えます。この確率変数の平均値と分散、標準偏差を求めてください。ただし、表裏の出る確率は等しいとします。

(解) 確率分布は次の表で与えられます。

	確率変数 X	確率
表	1	0.5
裏	0	0.5

コインの表裏の確率分布表

定義(1)～(3)から、

平均値 $\mu = 1 \times 0.5 + 0 \times 0.5 = 0.5$

分散 $\sigma^2 = (1-0.5)^2 \times 0.5 + (0-0.5)^2 \times 0.5 = 0.25$

標準偏差 $\sigma = \sqrt{\sigma^2} = \sqrt{0.25} = 0.5$ **(答)**

MEMO

☑ **連続的な確率変数の平均値と分散**

確率変数が連続的な値をとる場合、平均値、分散の和は次のように積分で表現されます。ここで、$f(x)$ は確率変数 X の確率密度関数とします。なお、積分範囲 a、b は、確率密度関数が定義されているすべての範囲です。

$$\mu = E(X) = \int_a^b x f(x) dx, \quad \sigma^2 = V(X) = \int_a^b (x-\mu)^2 f(x) dx$$

統計解析の実際において、これらの積分を実際に計算することはありませんから、安心してください。実際の計算は、Excel等の統計解析ツールが実行してくれるからです。

7. 確率変数の平均値と分散の公式
～統計公式の黒子として活躍

統計の世界では、平均値 $=E(X)$、分散 $=V(X)$ で表わすことが多いのは、確率変数の計算で簡潔・便利に使えるから。

■平均値と分散の加法性

調査したい集団から標本としてデータを抽出し、その平均値や分散を調べるためには、確率変数の計算を行なう必要があります。

ここで確率変数 X の平均値 μ、分散 σ^2 はそれぞれ記号 $E(X)$、$V(X)$ と表記されることがあります。ここで、E は期待値（Expectation Value）、V は分散（Variance）の頭文字です。これらの記号を用いると、公式が簡潔に表現できて便利です。

$$\text{平均値}\mu = E(X)、\text{分散}\sigma^2 = V(X)$$

たとえば、日本在住の成人男子の身長を調べるために2人を無作為に抜き出したとしましょう。その身長を X_1、X_2 とすると、これらは抜き出された人によって値が変化する確率変数です。このとき、和 X_1+X_2 の平均値と分散を知りたくなります。このような疑問に応えるのが次の公式です。独立な確率変数における**平均値と分散の加法性**と呼ばれる定理です。

■「確率変数の平均値・分散」の公式

2つの確率変数 X_1、X_2 が独立とする。このとき、確率変数 X の平均値を $E(X)$、分散を $V(X)$ と表記すると、次の関係が成立する。

$$E(X_1+X_2) = E(X_1)+E(X_2)、\quad V(X_1+X_2) = V(X_1)+V(X_2) \cdots (1)$$

平均値については、X_1、X_2 が独立でなくても成立します。なお、「確率変数が独立」とは、X_1、X_2 が互いに他と干渉し合わないことをいいます。とくに、独立試行の確率変数では、確率変数は互いに独立です。

言葉では、(1) は次のように表現できるでしょう。

独立な2つの確率変数の「和の平均値」は「平均値の和」、「和の分散」は「分散の和」

証明は確率変数Xの平均値と分散の定義から簡単にできます。次の例題を解くことで、それを確認してください。

> **例題1** 理想的なサイコロとコインを投げ、サイコロの目をX_1、コインの表裏をX_2（表なら1、裏なら0）とします。和X_1+X_2の平均値と分散を算出し、前ページの公式が成立することを確かめてください。

(解) X_1+X_2の値の表、及びそれらの確率分布の表を示しましょう。

X_2＼X_1	1	2	3	4	5	6
0	1	2	3	4	5	6
1	2	3	4	5	6	7

X_1+X_2の表

X_2＼X_1	1	2	3	4	5	6
0	$\frac{1}{12}$	$\frac{1}{12}$	$\frac{1}{12}$	$\frac{1}{12}$	$\frac{1}{12}$	$\frac{1}{12}$
1	$\frac{1}{12}$	$\frac{1}{12}$	$\frac{1}{12}$	$\frac{1}{12}$	$\frac{1}{12}$	$\frac{1}{12}$

上の表に対する確率分布表。各欄の値は$\frac{1}{6} \times \frac{1}{2} = \frac{1}{12}$

これらの表から、次のように平均値と分散が求められます。

$$E(X_1+X_2) = 1 \times \frac{1}{12} + 2 \times \frac{2}{12} + \cdots + 6 \times \frac{2}{12} + 7 \times \frac{1}{12} = 4$$

$$V(X_1+X_2) = (1-4)^2 \times \frac{1}{12} + (2-4)^2 \times \frac{2}{12} + \cdots + (7-4)^2 \times \frac{1}{12} = \frac{38}{12}$$

ところで、サイコロの目X_1とコインの表裏X_2の平均値$E(X_1)$、$E(X_2)$と分散$V(X_1)$、$V(X_2)$は次のように与えられます（前項§6の例題1、2）。

$$E(X_1) = \frac{7}{2}、\quad E(X_2) = \frac{1}{2}、\quad V(X_1) = \frac{35}{12}、\quad V(X_2) = \frac{1}{4}$$

これから、次の関係が得られます。

$$E(X_1)+E(X_2)=\frac{7}{2}+\frac{1}{2}=4=E(X_1+X_2)$$

$$V(X_1)+V(X_2)=\frac{35}{12}+\frac{1}{4}=\frac{38}{12}=V(X_1+X_2)$$

こうして、公式 (1) に示す加法性が確かめられたことになります。**(答)**

■確率変数の変換公式

単位をそろえたり大きさを整えたりするために、**確率変数を変換する**ことがあります。すなわち、確率変数 X に次のような変換を施し、新たな確率変数 Z を用いた解析を行なうことがあります。

$$Z=aX+b \quad (a、b は定数、a は 0 でないとする) \cdots (2)$$

このとき、次の公式が成立します（詳しくは 75 ページ《分布-B》参照）。

■「確率変数の変換」公式

$$E(aX+b)=aE(X)+b、\quad V(aX+b)=a^2\,V(X) \cdots (3)$$

---

(3) は次のように覚えておくとよいでしょう。

・平均値の変換は変換式 (2) の通り

・分散の変換は定数項 (b) が無視され、係数 (a) の 2 乗が掛けられる

この「確率変数の変換公式」は、後の §12「確率変数の標準化」でも利用することになります。

■分散を平均値で表現する

平均値と分散の意味は別物ですが、公式としては似ています。実際、平均値と分散の定義式を見てください。

$$平均値：E(X)=x_1p_1+x_2p_2+\cdots+x_np_n$$

$$分\ \ 散：V(X)=(x_1-\mu)^2p_1+(x_2-\mu)^2p_2+\cdots+(x_n-\mu)^2p_n$$

見比べればわかるように、分散は $(X-\mu)^2$（すなわち偏差の平方）の平均値なのです。すなわち、

$$V(X) = E((X-\mu)^2)$$

さて、これを展開し、前に調べた公式(1)、(3)を利用してみましょう。

$$\begin{aligned}V(X) &= E(X^2 - 2\mu X + \mu^2) \\ &= E(X^2) - E(2\mu X) + E(\mu^2) \\ &= E(X^2) - 2\mu E(X) + E(\mu^2)\end{aligned}$$

公式(1)
公式(3)

$E(X)$は平均値μであり、$E(\mu^2)$は定数μ^2の平均値、すなわちμ^2なので

$$V(X) = E(X^2) - 2\mu \cdot \mu + \mu^2 = E(X^2) - \mu^2 = E(X^2) - E(X)^2$$

こうして、分散を平均値で表わす公式が得られました。

■「分散を平均値で表わす」公式

$$V(X) = E(X^2) - E(X)^2 \cdots (4)$$

上の数式は、言葉でいうと次のように表現できるでしょう。

分散は「平方の平均値から平均値の平方を引いたもの」

実際の統計処理では、この公式は大変役立ちます。平均値の計算操作で分散も算出できるからです。

> **例題2** 2枚のコインを投げ、表の枚数をXとする。この確率変数Xの分散$V(X)$を(4)を用いて求めてください。

（解） 確率分布表を右に示します。すると、

$$\begin{aligned}E(X) &= 0 \times 0.25 + 1 \times 0.5 + 2 \times 0.25 = 1 \\ E(X^2) &= 0^2 \times 0.25 + 1^2 \times 0.5 + 2^2 \times 0.25 = 1.5 \\ \sigma^2 = V(X) &= E(X^2) - E(X)^2 = 1.5 - 1^2 = 0.5 \quad \textbf{(答)}\end{aligned}$$

X	確率
0	0.25
1	0.50
2	0.25

この解では、分散$V(X)$を求めるのに、平均値の計算だけを利用したことに留意してください*。

---

*定義に従って計算すれば、分散は次のように求められます。
$$\sigma^2 = (0-1)^2 \times 0.25 + (1-1)^2 \times 0.5 + (2-1)^2 \times 0.25 = 0.5$$

分布-B 変量の変換公式と標準化

　変量の単位や基準を変更すると、平均値や分散はどう変換されるか調べてみましょう。この変換公式は、統計計算はさることながら、多変量解析などの多方面の分野で役立ちます。また、変量を確率変数と読み替えれば、確率変数の世界でも以下の内容はそのまま成立します。

■変量の変換公式

　次の式で、変量 x を別の変量 z に変換することを考えます。

$$z = ax + b \quad (a, b は定数、a は 0 でないとします) \cdots (1)$$

このとき、次の公式が成立します。これを**変量の変換公式**と呼びます。

■「変量の変換」公式

　変量 x の平均値と分散を $\bar{x}$、s_x^2、変量 z の平均値と分散を $\bar{z}$、s_z^2 とする。変量 x と変量 z に (1) 式が成立するとき、次の関係が成立する。

$$\bar{z} = a\bar{x} + b, \quad s_z^2 = a^2 s_x^2 \cdots (2)$$

(例) 温度が華氏 F で示された実験資料のデータを、摂氏 C に変換するとします。変量の変換式は次の式で表わされます。

$$F = 1.8C + 32 \cdots (3)$$

　変量 C の平均値 $\bar{C}$、分散 s_C^2、変量 F の平均値 $\bar{F}$、分散 s_F^2 の間には、(3) から次の関係が成立します。$\bar{F} = 1.8\bar{C} + 32$、$s_F^2 = 1.8^2 s_C^2$

　変量 x について、その平均値を $\bar{x}$、分散を s^2 とします。このとき、変換式 (1) の係数 a に $\dfrac{1}{s}$、b に $-\dfrac{\bar{x}}{s}$ を代入した次の変換式を考えます。

$$z = \frac{x - \bar{x}}{s} \cdots (4)$$

この変換式(4)で表わされる変換を、変量xの**標準化**といいます。

公式(2)を利用すると、標準化された変量zは次の性質を持つことが簡単に示されます。

zの平均値は0、分散は1（すなわち**標準偏差も1**）。

(4)の意味を確かめるために、次の例題を解いてみましょう。

> **例題** 次の表はA中学校生徒5人の英語のテストの得点である。各生徒の得点を標準化してみましょう。
>
> | 番号 | 1 | 2 | 3 | 4 | 5 |
> |---|---|---|---|---|---|
> | 得点 | 61 | 59 | 60 | 67 | 53 |

（解） まず、平均値$\bar{x}$、分散s^2、標準偏差sを求めましょう。

$$\bar{x}=\frac{61+59+60+67+53}{5}=60$$

$$s^2=\frac{(61-60)^2+(59-60)^2+(60-60)^2+(67-60)^2+(53-60)^2}{5}=20$$

$$s=\sqrt{s^2}=\sqrt{20}=4.47$$

式(1)にこれらの値を代入することで標準化された値が得られます。たとえば番号1の英語の得点xの標準化された値zは次のように求められます。

$$z=\frac{x-\bar{x}}{s}=\frac{61-60}{4.47}=0.22$$

他の中学生の点にも同様な計算をして、次の標準化された値の表が作成されます。

番号	1	2	3	4	5
z	0.22	−0.22	0.00	1.57	−1.57

（答）

8. ガウスの発見した正規分布
～統計学で最も重要な確率分布

統計学で最も多用されるのが正規分布で、19世紀初頭、ドイツのガウスが発見した分布です。「ガウス分布」と呼ぶ人もいます。

統計学で最も有名な**正規分布**は、**ガウス分布**とも、または誤差を表現するので**誤差分布**とも呼ばれます。正規分布は統計学で最も重要な分布で、自然現象や社会現象の多くの確率現象を説明するために利用されます。

■「正規分布」の公式

次の確率密度関数を持つ確率分布を正規分布という。

$$f(x) = \frac{1}{\sqrt{2\pi}\,\sigma} e^{-\frac{(x-\mu)^2}{2\sigma^2}}$$

この分布の平均値は μ、分散は σ^2 になる。記号で $N(\mu, \sigma^2)$ と表現される。

上記の式で、e は自然対数の底で**ネイピア数**と呼ばれます($e = 2.718\cdots$)。

確率密度関数 $f(x)$ のグラフは、次のような左右対称のなだらかな山形になります。平均値 μ は頂点の x 座標を、分散 σ^2 は分布の形を決めます。

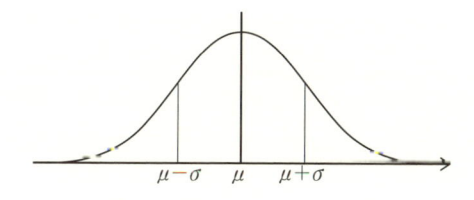

$x = \mu \pm \sigma$ で、グラフは変曲点（凹凸の変化する点）になる。

■正規分布の特徴が「再生性」

正規分布の便利な特徴を調べましょう。それが「再生性」です。この特徴があるために、正規分布に関する公式は美しくなります。2つの確率変

8. ガウスの発見した正規分布　77

数X_1、X_2が独立とします。このとき、確率変数Xの平均値を$E(X)$、分散を$V(X)$と表記すると、次の加法性を持つことは既に§7で調べました。

$$E(X_1+X_2)=E(X_1)+E(X_2)、V(X_1+X_2)=V(X_1)+V(X_2)$$

もし、2つの確率変数X_1、X_2が独立で、かつ正規分布$N(\mu_1, \sigma_1^2)$、$N(\mu_2, \sigma_2^2)$に従うとすると、それらの和X_1+X_2も正規分布に従うことが証明されます。これを**正規分布の再生性**といいます。

「正規分布の再生性」の定理

確率変数X_1、X_2が独立で、順に$N(\mu_1, \sigma_1^2)$、$N(\mu_2, \sigma_2^2)$に従うとする。このとき、和X_1+X_2は$N(\mu_1+\mu_2, \sigma_1^2+\sigma_2^2)$に従う。

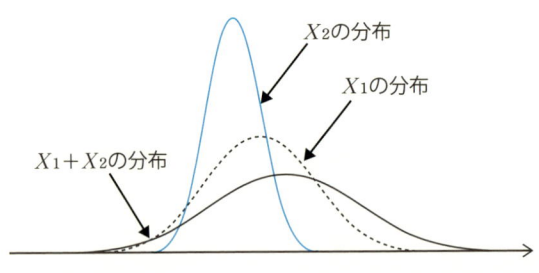

正規分布に従う確率変数の和は再び正規分布に従う。和の平均値と分散は、各々の平均値と分散の和になる。

確率分布の再生性から、次に示す定理が簡単に導き出されます。推定や検定でよく利用される定理なので、本書では**正規母集団の標本平均の定理**と名づけることにします。

「正規母集団の標本平均」の定理

平均値μ、分散σ^2の正規分布に従う独立したn個の確率変数$X_1, X_2, \cdots, X_n$について、次のように$\overline{X}$を定義する。

$$\overline{X}=\frac{X_1+X_2+\cdots+X_n}{n}$$

この確率変数$\overline{X}$は平均値μ、分散$\dfrac{\sigma^2}{n}$の正規分布に従う。

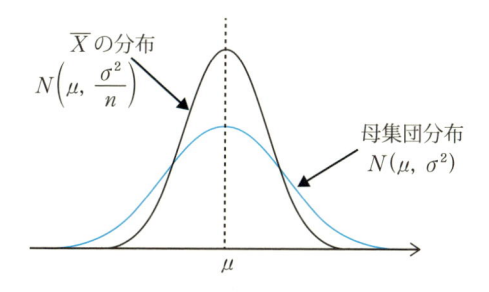

$\overline{X}$の分布
$N\left(\mu, \dfrac{\sigma^2}{n}\right)$

母集団分布
$N(\mu, \sigma^2)$

μ

4章でも述べるように$\overline{X}$は標本平均を表わし、「正規母集団の標本平均は平均値μ、分散$\dfrac{\sigma^2}{n}$の正規分布に従う」と言い換えられます。

■「中心極限定理」が「推定・検定」で力を発揮する

正規分布が推定や検定で重要となる1つの大きな理由は、次の定理があるためです。その定理を**中心極限定理**といいます。注意すべきことは、確率変数Xの分布について、何も条件がつけられていないことです。

中心極限定理

平均値μ、分散σ^2の分布に従う独立したn個の確率変数 X_1、X_2、…、X_nについて、次のように$\overline{X}$を定義する。

$$\overline{X} = \dfrac{X_1 + X_2 + \cdots + X_n}{n} \quad \cdots (1)$$

nが大きいとき、この確率変数$\overline{X}$は平均値μ、分散$\dfrac{\sigma^2}{n}$の正規分布に従う。

シミュレーションで以上の定理を確かめてみましょう。

例として一様な確率の分布($0 \leq X \leq 1$で確率密度関数の値が1)に従う確率変数Xを考えます。これを**一様分布***といい、このXの平均値μ、分散σ^2は順に次のようになることが知られています。

$$\text{平均値}\,\mu = \dfrac{0+1}{2} = \dfrac{1}{2}、\text{分散}\,\sigma^2 = \dfrac{(1-0)^2}{12} = \dfrac{1}{12}$$

---

*「一様分布」の詳細については、81ページ《分布-C》で説明しています。

8. ガウスの発見した正規分布

この確率変数Xを10個独立に生成し、(1)の$\overline{X}$の値$\overline{x}$を算出します$(n = 10)$。

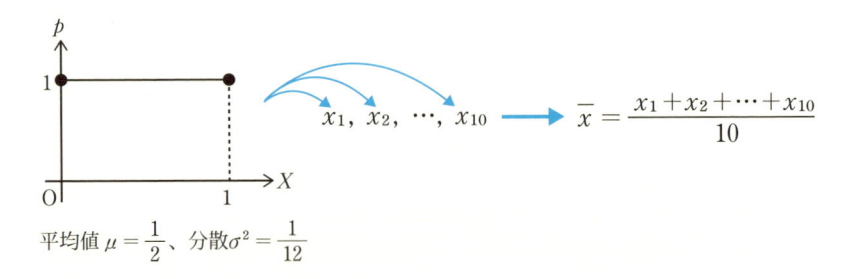

平均値$\mu = \dfrac{1}{2}$、分散$\sigma^2 = \dfrac{1}{12}$

この操作をたとえば1000回行ない、得られた1000個の$\overline{X}$について、相対度数分布をヒストグラムで表示してみましょう。さらに、そのヒストグラムの上に、中心極限定理が予想する次の正規分布を重ねてみましょう。

$$平均値\mu = \frac{1}{2} = 0.5、分散\frac{\sigma^2}{n} = \frac{\frac{1}{12}}{10} = \frac{1}{120}の正規分布$$

先に描かれてあるヒストグラムによく重なることが確かめられます。

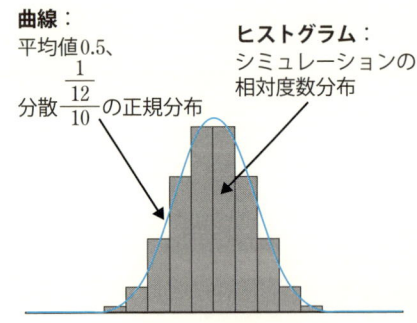

曲線：平均値0.5、分散$\dfrac{\frac{1}{12}}{10}$の正規分布

ヒストグラム：シミュレーションの相対度数分布

一様分布（$0 \leq X \leq 1$で確率密度関数が1）に従う確率変数Xについて、$n = 10$の場合の(1)をPC上で1000個作成し、その相対度数分布を表示したグラフ。正規分布$N\left(\dfrac{1}{2}, \dfrac{1}{120}\right)$でよく近似される。

統計学で役立つ確率分布は正規分布だけには限りません。t分布やF分布など、いろいろあります。

分布-C 2つの一様分布

　確率変数のどの値に対しても起こる確率が一定のとき、その分布を**一様分布**と呼びます。標本抽出など、無作為な操作を実現するのによく利用されます。また、10章でもベイズ統計の事前分布として利用されます。連続的な一様分布については、平均値と分散の公式があります。

「一様分布の平均・分散」の公式

(1) 連続的一様分布

　次の確率密度関数に従う確率分布を**「連続的な一様分布」**という。

$$f(x) = \begin{cases} k(\text{一定}) & (a \leq x \leq b) \\ 0 & (x < b \text{ または } b < x) \end{cases}$$

この確率変数の平均値 μ、分散 σ^2 は次のように与えられる。

$$\mu = \frac{a+b}{2},\quad \sigma^2 = \frac{(b-a)^2}{12} \quad \cdots (1)$$

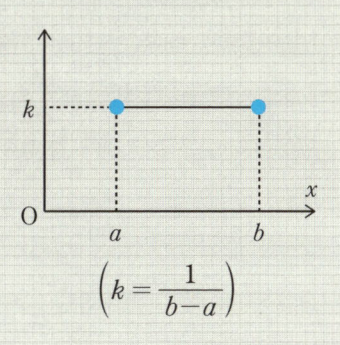

$\left(k = \dfrac{1}{b-a}\right)$

(2) 離散的一様分布

　理想的なサイコロを1個振ったときに出る目の分布のように、離散的な確率変数の各値に対して、それらが起こる確率が等しいとき、その分布を**「離散的な一様分布」**という。

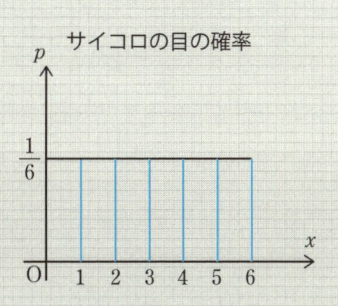

例題 電池式の針時計を考えます。電池が切れたとき、その長針の止まる位置の平均値と分散を求めてください。ただし、位置は12時からの角度で測ることにし、針の止まりやすさはどの位置も同じとします。

（解） 12時と長針の停まった位置との角度を$X°$とすると、そのXの確率密度関数は次のようになります。

$$f(x) = \begin{cases} \dfrac{1}{360} & (0 \leq x < 360) \\ 0 & (x < 0 \text{ または } 360 \leq x) \end{cases}$$

すると、公式(1)から、長針の止まる位置の平均値μと分散σ^2、標準偏差σは次のように得られます。

$$\mu = \frac{0+360}{2} = 180$$

$$\sigma^2 = \frac{(360-0)^2}{12} = 10800, \quad \sigma = \sqrt{10800} = 60\sqrt{3} (\fallingdotseq 104) \quad \textbf{（答）}$$

この例題の平均値180°は常識的な値になっています。時計の対称性から、ちょうど半分の位置（6時）が平均停止位置になるはずだからです。

MEMO ☑ 公式の証明

積分計算の好きな読者には、公式(1)の証明は簡単でしょう。実際、

$$\mu = \int_a^b x f(x) dx = \int_a^b x \frac{1}{b-a} dx = \frac{1}{b-a}\left[\frac{x^2}{2}\right]_a^b = \frac{1}{b-a}\frac{b^2-a^2}{2}$$

$$= \frac{a+b}{2}$$

こうして、平均値の公式が得られました。また、

$$\sigma^2 = \int_a^b (x-\mu)^2 f(x) dx = \int_a^b (x-\mu)^2 \frac{1}{b-a} dx$$

$$= \frac{1}{b-a}\left[\frac{1}{3}(x-\mu)^3\right]_a^b = \frac{1}{b-a} \frac{1}{3}\{(b-\mu)^3 - (a-\mu)^3\}$$

ここでμの式$\dfrac{a+b}{2}$を代入すれば、分散の公式が得られます。

9. パーセント点
～棄却域決定に不可欠な確率変数の値

後の5章の推定や6章の検定では「パーセント点」という言葉がよく利用されますが、これはどんな意味でしょうか？ 予習しておきましょう。

■確率 p が 0.05 なら、「100p パーセント＝5％」

　数学では、確率というと「0以上1以下」の値と決まっていて、小数や分数で表現されます。しかし、統計学では、「信頼度95％」「有意水準5％」のように、パーセントで確率が表現されることが一般的です。そこで、小数や分数をパーセントに変換する表現が必要になります。それが **100p パーセント** です。

　さて、メーカー A が製造する正味100gのチョコ菓子があるとします。正味100gといっても製造誤差はつきものです。そこで、実際の重さの分布は次の図に示された左右対称の確率密度関数で表現されるとしましょう。

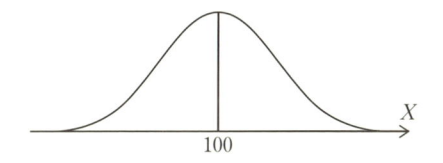

正味100gのチョコ菓子の実際の重さ X（g）の分布。

　ところで、このメーカー A は正味から大きく外れた製品は出荷しないことにしていて、その「**外れの基準**」として、分布の左右対称の縁の部分である5％（両側で5％なので、片側で2.5％）を採用しています。実際にどれくらいの重さの製品が出荷されないのか、それを示したのが下図です。

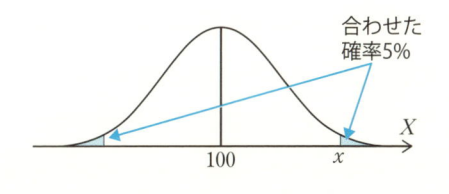

合わせた確率5％

x が両側5％点

この図に示したxが「両側5%点」と呼ばれる値です。与えられた確率を持つ「両側の端」の右の境界値を表わします。ちなみに、確率分布の式が具体的にわからないと、当然、5%点は求められません。いまはイメージをつかむためなので、細かなことは少々がまんしてください。

さて、正味から大きく外れた製品の基準として、両側から2.5%ずつの計5%ではなく、分布で大きいほうの縁(ふち)の部分5%を採用したなら、何グラム以上を出荷停止にすべきでしょうか。これは、「量の多すぎるのは経営上、ソンをするので、上の5%ぐらいは出荷するのを止めよう」と考える場合です。その答えを示したものが下図です。この図に示したxが「上側5%点」と呼ばれる値で、「右側の端」の境界値を表わします。

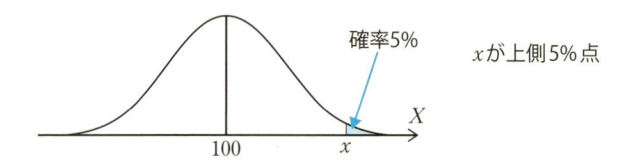

確率5%　　xが上側5%点

■「上側パーセント点」は$X \geqq x$のときの確率

以上の例で示したパーセント点のイメージを一般化してみましょう。

与えられた確率分布に対して、確率変数Xがx以上の値をとるときの確率がpになるとき、このxを**上側100pパーセント点**（略して**上側100p%点**）と呼びます。

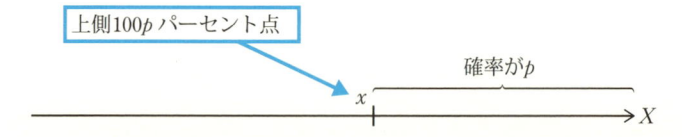

上側100pパーセント点　　確率がp

これを確率密度関数のグラフで見てみましょう。次図に示すように、「上側100pパーセント点」を境界として、それより右側のグラフとx軸とで囲まれた部分の面積が確率pとなります。**確率密度関数は面積が確率を表わす**のです。

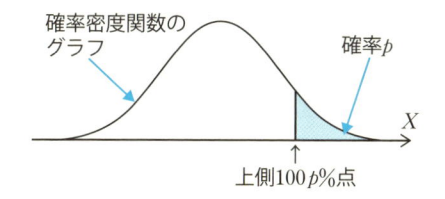

右側の確率がpのときのx座標が
上側$100p$%点（**確率密度関数は
面積が確率を表わす**）。

具体的に、上側5%点（すなわちpが0.05）の意味を下図に示しました。なお、Excelでは「上側」を「右側」と表記していますが、同じことです。

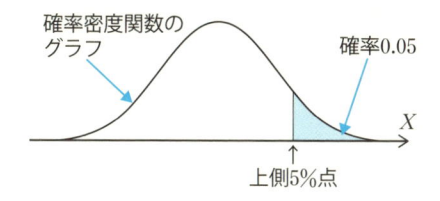

■「下側パーセント点」は$X \leqq x$のときの確率

与えられた確率分布に対して、確率変数Xがx以下の値をとる確率がpになるとき、この確率変数値xを**下側$100p$パーセント点**（略して**下側$100p$%点**）と呼びます。

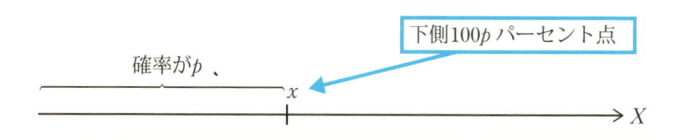

これを確率密度関数のグラフで見てみましょう。

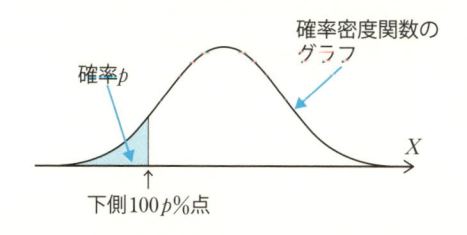

左側の確率がpのときのx座標が
下側$100p$%点（**確率密度関数は
面積が確率を表わす**）。

この図が示すように、「下側100pパーセント点」を境界として、それより左側のグラフとx軸とで囲まれた部分の面積が確率pとなります。先ほどと同様、Excelでは、「下側」を「左側」と表記しています。具体例として、下側5%点（すなわちpが0.05）の意味を下図に示しました。

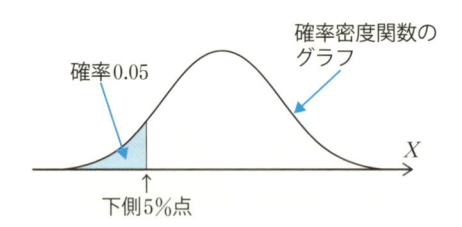

■「両側パーセント点」は分布が左右対称のときの確率

上側・下側だけでなく、**「両側パーセント点」**もあります。分布が左右対称の場合に、この両側パーセント点が利用されます。与えられた確率pに対して、確率変数Xがx_R以上の値をとる確率が$\frac{p}{2}$になるとき、このx_Rを**両側100pパーセント点**（略して**両側100p%点**）と呼びます。

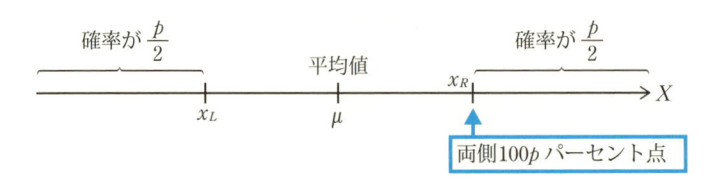

これを確率密度関数のグラフで見てみましょう。

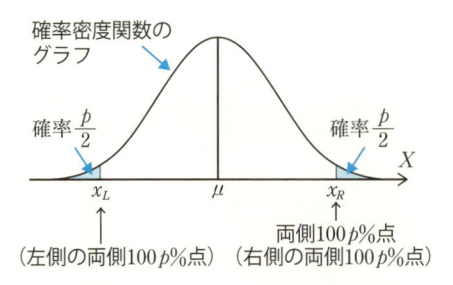

左右対称な確率分布のとき、両側の確率が各々$\frac{p}{2}$のときの右側のx座標x_Rが両側100p%点（確率密度関数は面積が確率を表わす）。

この図が示すように、「両側100pパーセント点」を境界として、それ

より右側のグラフとx軸とで囲まれた部分の面積が確率$\frac{p}{2}$となります。

なお、先の図で、平均値μを中心にして、「両側100pパーセント点」x_Rと対称となるx_Lを説明に利用したいときがあります。その際には、図のx_Rを「右側の両側100pパーセント点」、x_Lを「左側の両側100pパーセント点」と呼びます。両側5％点（すなわちpが0.05）を下図に示しました。

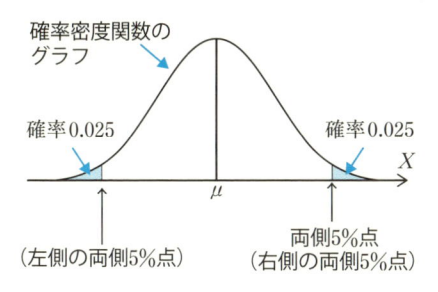

確率密度関数のグラフ
確率0.025　　確率0.025
（左側の両側5％点）　　両側5％点（右側の両側5％点）

■両側パーセント点と上側パーセント点の関係

では、確率分布が左右対称な場合を考えてみましょう。パーセント点の間には、グラフを見ればわかるように、次の関係が成立します。

両側100p％点 ＝ 上側100$\frac{p}{2}$％点、

左側の両側100p％点 ＝ 下側100$\frac{p}{2}$％点

$p = 0.05$の場合を次図で確認してみましょう。この図からも、上記関係で$p = 0.05$とした次の関係は明らかでしょう。

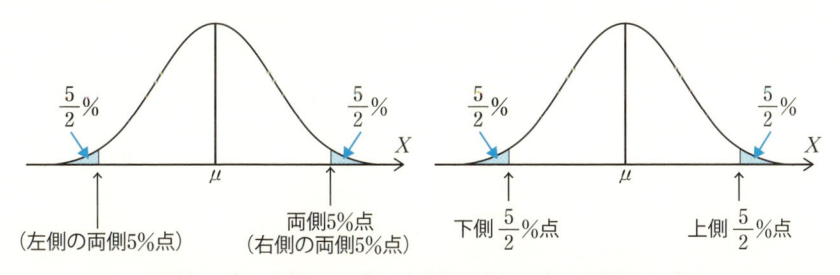

$\frac{5}{2}$％　　$\frac{5}{2}$％　　$\frac{5}{2}$％　　$\frac{5}{2}$％
（左側の両側5％点）　　両側5％点（右側の両側5％点）　　下側$\frac{5}{2}$％点　　上側$\frac{5}{2}$％点

両側5％点＝上側2.5％点、左側の両側5％点＝下側2.5％点

9. パーセント点

例題 確率変数 X の確率密度関数が下図のように与えられているとします。このとき、㋐〜㋒に当てはまるものをグラフ上の x_1 〜 x_4 で答えてください。ただし、グラフは左右対称とします。

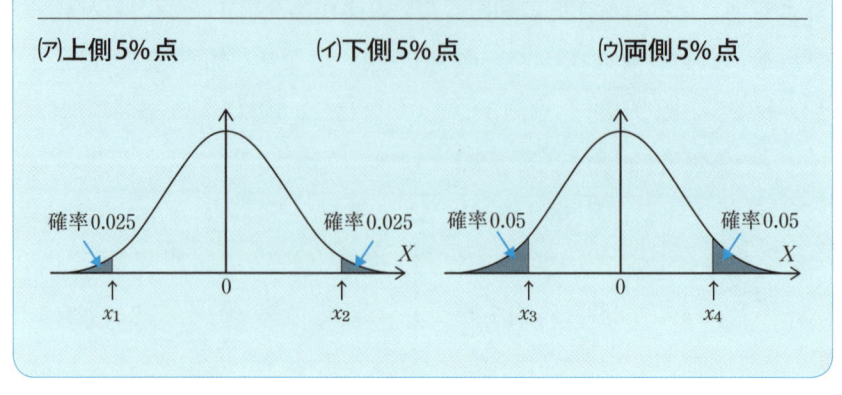

㋐ 上側5%点　　　㋑ 下側5%点　　　㋒ 両側5%点

確率0.025　　　確率0.025　　　確率0.05　　　確率0.05

x_1　　x_2　　x_3　　x_4

（解） 本文の解説から、次の答が得られます。

　　　㋐ x_4　　㋑ x_3　　㋒ x_2 **（答）**

MEMO
✓ 累積分布関数の逆関数

数学的にいうと、下側 $100p$ パーセント点は累積分布関数の逆関数の値です。x 座標から p を対応づけるのが累積分布関数ですが、「下側 $100p$ パーセント点」は p から x 座標を対応づけているからです。

累積分布関数

下側 $100p$ %点

この関係は統計ツールのマニュアルを読む際に利用されます。たとえば、Excelにおいて、パーセント点を求めるのにNORM.INV関数を利用しますが、その関数のヘルプ解説に「正規分布の累積分布関数の逆関数の値を返します」とあります。これは以上のことを表現しているのです。

10. p値とは
〜仮説の「棄却・受容」を判定する

統計解析ツールであるExcelやRなどで、分析結果にp値と呼ばれる値が出力されますが、この意味は？

■「p値」も「100pパーセント点」もわかりにくい…

前項では「パーセント点」を調べましたが、この「**p値**」とはどのようなものでしょうか。100pパーセント点と同様、p値もわかりにくい値ですので、まずそのイメージを理解しておきましょう。

例として、菓子メーカー Aが製造する正味100gのチョコ菓子の重さを調べてみます。正味100gといっても多少の製造誤差はつきものですから、実際の重さの分布は次のような確率密度関数で表わされるとします。

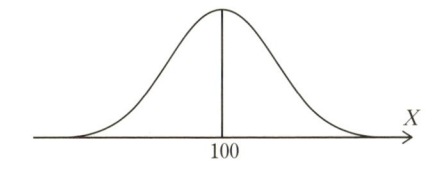

正味100gのチョコ菓子の実際の重さX（g）の分布。

さて、菓子メーカーは製品管理上101g以上の製品は出荷しないことにしています。すると、図の網を掛けた部分が出荷されないことになります。この部分の確率を表わすのがp値です。確率密度関数では面積が確率を表わすので、網を掛けた部分の面積がp値（正式には**上側p値**）になります。

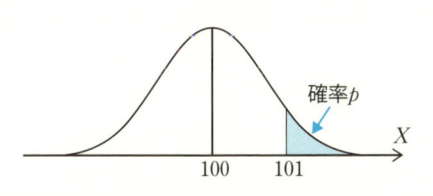

X=101の上側p値

確率p

たとえば、100個製造すると、そのうち100p個が出荷できないことになります。つまり、一般的に100p%出荷できないことになるのです。

もし菓子メーカーが99g以́下́、もしくは101g以́上́の製品を出荷しないとすると、次の図の網を掛けた両側部分が出荷できないことになります。この両者を合わせた確率値もp値（正式には**両側p値**）と呼ばれます。図から明らかなように、分布が対́称́の́と́き́には、両側p値は上側（または下側）のp値の2倍になります。

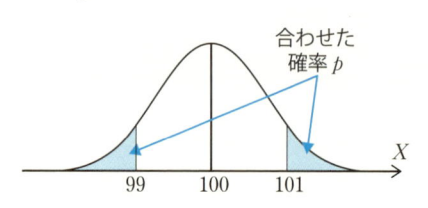

$X=101$の両側p値

合わせた確率p

以上の例からp値の意味が多少ともつかめたところで、そのp値の一般的な意味づけをしましょう。

確率変数がある値xよりも大きな値（または小さな値）をとる確率を、そのxの**p値**と呼びます。p値にも、パーセント点と同様に、「上側」「下側」「両側」の3種があります。別々に調べてみましょう。なお、p値のことを、大文字でP値と表記する場合もありますので、ご注意ください。

■「上側p値」は$X \geqq x$のときの確率

確率変数Xがx以上の値をとるときの確率pを、xに対する**上側p値**と呼びます。確率密度関数のグラフでいうと、xを境界として、それより右側のグラフとx軸とで囲まれた部分の面積が上側p値となります。Excelでは、「上側」を「右側」と表記しています。

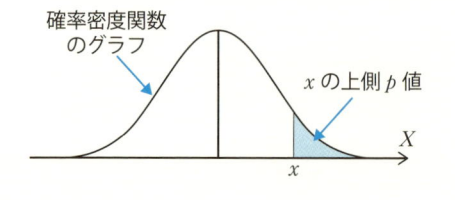

確率密度関数のグラフ

xの上側p値

xの右側の確率が上側p値

■「下側 p 値」は $X \leqq x$ のときの確率

確率変数 X が x 以下の値をとるときの確率 p を、x に対する**下側 p 値**と呼びます。確率密度関数のグラフでいうと、x を境界として、それより左側のグラフと x 軸とで囲まれた部分の面積が下側 p 値となります。

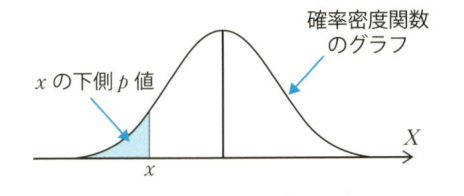

x の下側 p 値

確率密度関数のグラフ

x の左側の確率が下側 p 値

■「両側 p 値」は分布が左右対称のときの確率

分布が左右対称の場合に利用されます。確率変数 X が x よりも大きな値をとるときの確率が $\frac{p}{2}$ となるとき、この p を x に対する**両側 p 値**と呼びます。確率密度関数のグラフでいうと、x を境界として、それより右側のグラフと x 軸とで囲まれた部分の面積を 2 倍した値が p 値となります。

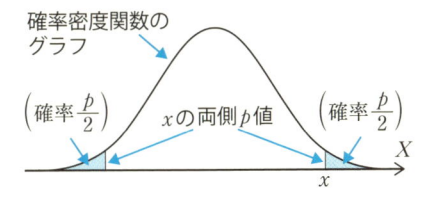

確率密度関数のグラフ

$\left(確率 \frac{p}{2}\right)$　x の両側 p 値　$\left(確率 \frac{p}{2}\right)$

左右対称な確率分布のとき x の右側とその左側の対称部分との合計確率が両側 p 値

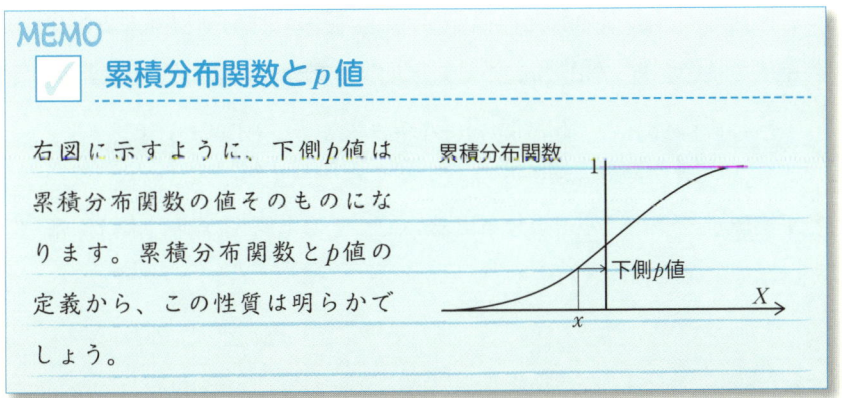

MEMO

✓ 累積分布関数と p 値

右図に示すように、下側 p 値は累積分布関数の値そのものになります。累積分布関数と p 値の定義から、この性質は明らかでしょう。

累積分布関数

下側 p 値

11. 正規分布のパーセント点の意味
～1.96、2.58など、よく見かける数の意味は？

統計学では「1.96、2.58」など特定の数がよく現われますが、それらは正規分布の特性に関係します。その正体は？

■正規分布の「5%点、1%点」とは何か

正規分布では、1.96、2.58など、特定の数をよく見かけます。それらの数は正規分布の特性に関係するもので、とくに平均値μ、分散σ^2の正規分布においては、その両側5%点と両側1%点*がよく利用されます。

$$\left.\begin{array}{l}両側5\%点 = \mu + 1.96\sigma \\ 両側1\%点 = \mu + 2.58\sigma\end{array}\right\} \cdots(1)$$

これらの値は、下図のイメージに重ねて覚えておくと大変便利です。

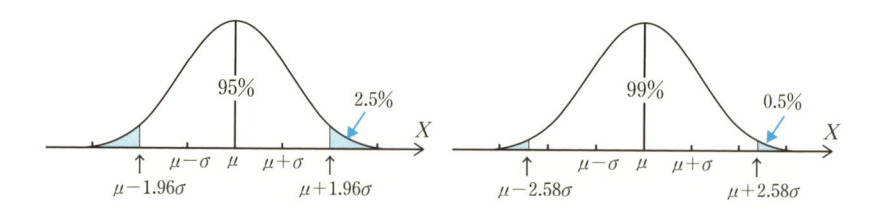

この図から、確率変数Xの値が平均値μを中心に両側95%（及び99%）の確率で生起する（物事が起こる）区間は次のように表わされます。

$$\left.\begin{array}{l}両側95\%の生起区間：\mu - 1.96\sigma \leqq X \leqq \mu + 1.96\sigma \\ 両側99\%の生起区間：\mu - 2.58\sigma \leqq X \leqq \mu + 2.58\sigma\end{array}\right\} \cdots(2)$$

平均値μ、分散σ^2の正規分布において、その上側5%点と上側1%点*も統計学ではよく利用されます。

---

*一般的な値については、94ページ《分布-D》参照。

$$\left.\begin{array}{l}\text{上側5\%点} = \mu + 1.64\sigma \\ \text{上側1\%点} = \mu + 2.33\sigma\end{array}\right\} \cdots (3)$$

これらの値は、下図とともに覚えておくと大変便利です。

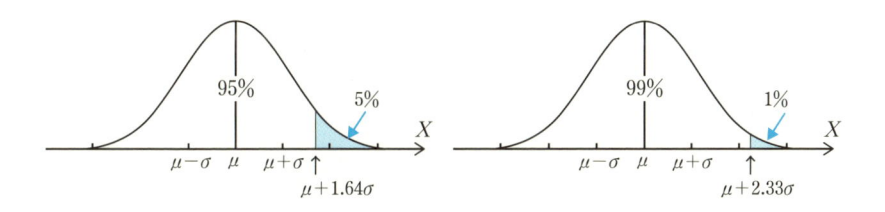

■正規分布の $\mu \pm \sigma$、$\mu \pm 2\sigma$、$\mu \pm 3\sigma$ に挟まれた確率値

正規分布のイメージを数量的に理解するには、$\mu \pm \sigma$、$\mu \pm 2\sigma$、$\mu \pm 3\sigma$ に挟まれた確率値を調べておくことも有効です。この図から、平均値 μ を中心に両側 3σ の区間にほぼすべての確率が収まってしまうことがわかります。

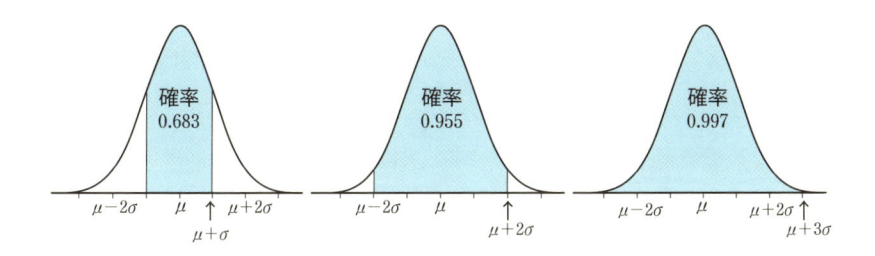

> **MEMO**
> ✓ **標準正規分布**
> ----
> 平均値 0 で分散 1^2 の正規分布を**標準正規分布**といいます。このとき、$\mu = 0$、$\sigma = 1$ なので、(1)、(3) から、標準正規分布の両側及び上側の 5% (1%) 点は 1.96 (2.58)、1.64 (2.33) です。逆にいえば、標準正規分布の％点が k なら、一般的な正規分布の％点は $\mu + k\sigma$ となります。

分布-D 正規分布のパーセント点とp値の一般的な求め方

■両側$100p$パーセント点、上側$100p$パーセント点の求め方

　正規分布は統計解析で最も重要な確率分布です。その分布におけるパーセント点やp値の求め方を知ることは、この後の推定（5章）、検定（6章）などで統計の最も大事な部分を理解する上でとても大切です。

　ひと昔前は数表を利用して求めていましたが、現在はExcelなどの統計解析ツールを利用して算出します。次の例で、Excelによる$100p$％点の求め方を調べましょう。

> **例題1** 平均値10、分散3^2（標準偏差3）の正規分布において下側5％点、上側5％点、両側5％点をExcelで求めてください。

（解）次の図のように、下側・上側・両側5％点は順に5.07、14.93、15.88

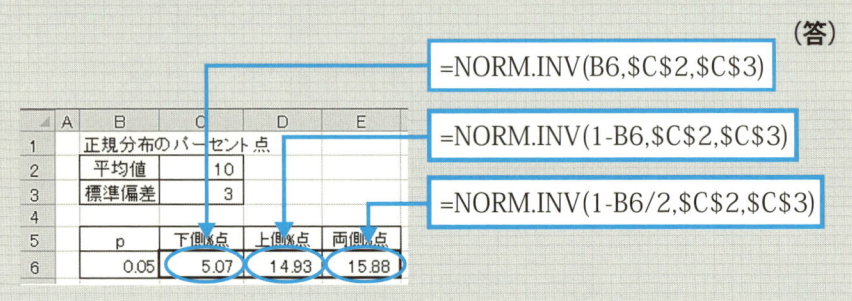

（答）

=NORM.INV(B6,C2,C3)
=NORM.INV(1-B6,C2,C3)
=NORM.INV(1-B6/2,C2,C3)

	A	B	C	D	E
1		正規分布のパーセント点			
2		平均値	10		
3		標準偏差	3		
4					
5		p	下側x点	上側x点	両側x点
6		0.05	5.07	14.93	15.88

　これらの値のグラフ上の意味を確かめましょう。

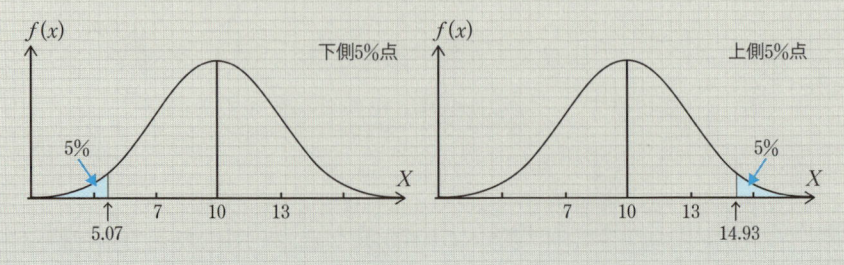

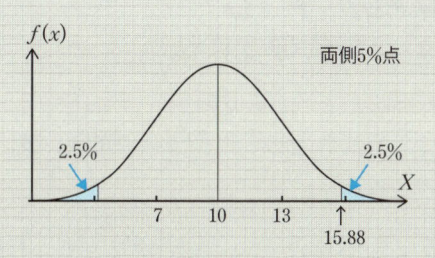

■両側p値、上側p値の求め方

p値を求めることは**検定**で大切です。次の例で、Excelによるp値の求め方を調べましょう。

例題2 平均値10、分散3^2（標準偏差3）の正規分布において、$x=15$の下側p値、上側p値、両側p値をExcelで求めてください。

（解） 下図が解答例です。下側・上側・両側p値は順に0.952、0.048、0.096 **（答）**

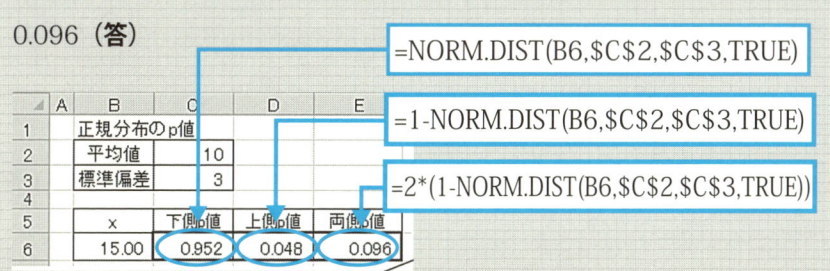

=NORM.DIST(B6,C2,C3,TRUE)
=1-NORM.DIST(B6,C2,C3,TRUE)
=2*(1-NORM.DIST(B6,C2,C3,TRUE))

	A	B	C	D	E
1		正規分布のp値			
2		平均値	10		
3		標準偏差	3		
4					
5		x	下側p値	上側p値	両側p値
6		15.00	0.952	0.048	0.096

これらの値のグラフ上の意味を確かめましょう。

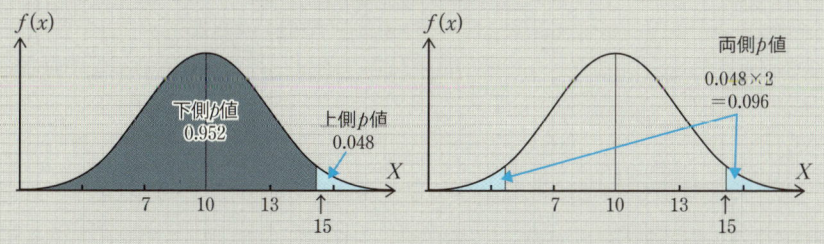

分布-D　正規分布のパーセント点とp値の一般的な求め方

12. 確率変数の標準化
～数表を用いていた時代の変換法

数表で確率計算をしていた時代には「確率変数の標準化」は必須知識。現代でも、理論を発展させるときに利用されます。

確率変数 X の**標準化**とは、X から次の確率変数 Z を作成することです。ここで、σ^2 は X の分散、σ はその標準偏差、μ は平均値とします。

$$Z = \frac{X - \mu}{\sigma} \cdots (1)$$

こうして生まれた確率変数 Z は次の性質を満たします。

> 平均値 $E(Z) = 0$、分散 $V(Z) = 1$ … (2)

標準化すると、このように性質がシンプルになり、計算がしやすくなります。ちなみに、この(2)の証明は本章§7の公式(3)に上記の(1)を代入することでできます。

> **例題** 2枚のコインを投げ、表の枚数を X とします。この確率変数 X を標準化してください。

（解） 右の確率分布表から、

$$\mu = 0 \times 0.25 + 1 \times 0.5 + 2 \times 0.25 = 1$$
$$\sigma^2 = (0-1)^2 \times 0.25 + (1-1)^2 \times 0.5 + (2-1)^2 \times 0.25$$
$$= 0.5$$
$$\sigma = \sqrt{0.5} = \frac{1}{\sqrt{2}}$$

X	p
0	0.25
1	0.50
2	0.25

よって、標準化の式は次のようになります。

$$Z = \frac{X-1}{\frac{1}{\sqrt{2}}} = \sqrt{2}(X-1) \quad \textbf{(答)}$$

4章
統計のスタートは「母集団と標本」から

1. 母集団と標本
～標本抽出が統計調査のキホン

統計といえば「母集団と標本」。どうやって標本から母集団全体を推測するのかが問題。

■「標本調査」から全体を推測する

統計学の基本「**母集団**と**標本**」はどんな意味をもっているのでしょうか。まず、1章で見た例をもう一度見てみましょう。

・警察庁の発表によると、2011年の女性の運転免許保有者数の割合は44%である。
・「平成24年全国たばこ喫煙者率調査」（JT）によると、約2万人を対象にした調査の結果、日本人成人の平均喫煙率は21.1％であった。

前者は日本在住の「全員」を調べた結果だったのに対して、後者は日本国内の「一部の人」を対象に調査した結果でした。前者のように、対象全部について調査する方法を**全数調査**、後者のように調査対象の一部について調査する方法を**標本調査**（または**サンプル調査**）と呼んでいます。

厳密な統計調査を期待するなら、全数調査が理想的です。しかし、調査対象のすべてを調べるのは、莫大な時間と経費が掛かります。また、工業製品の品質調査や、微妙な内容の意識調査などでは、全数調査は実質的に不可能です。それに対して、標本調査は限られた時間と予算で調査が行なえます。また、より信頼性のあるデータを得ることができます。このような理由から、ほとんどの統計調査は標本調査です。この**標本調査の結果から対象全体の情報を引き出す**――それが統計学の仕事なのです。

■「母集団」を調べ尽くせないから「標本」で

ある年にD保険会社から次の調査結果が公表され話題になりました。

> へそくりをしているサラリーマン世帯の主婦のへそくりの平均額は384万円。

多くのサラリーマン男性には意外に受け止められる額です。そこで、日本全体の主婦のへそくり額の本当の平均値を知るにはどうすればよいでしょうか。

まず、統計学では調査対象を明確にします。このへそくりの問題では、日本人すべてのサラリーマン世帯の主婦の「へそくり額」が調査の対象になります。このように、統計調査をする際に、調査の対象になる集団全体を**母集団**と呼びます。

このへそくり額の調査の問題では、母集団を調査し尽くすことは不可能です。そこで、その母集団から一部を選び出し（**抽出**と呼びます）、調査するしかありません。この一部を**標本**と呼びます。

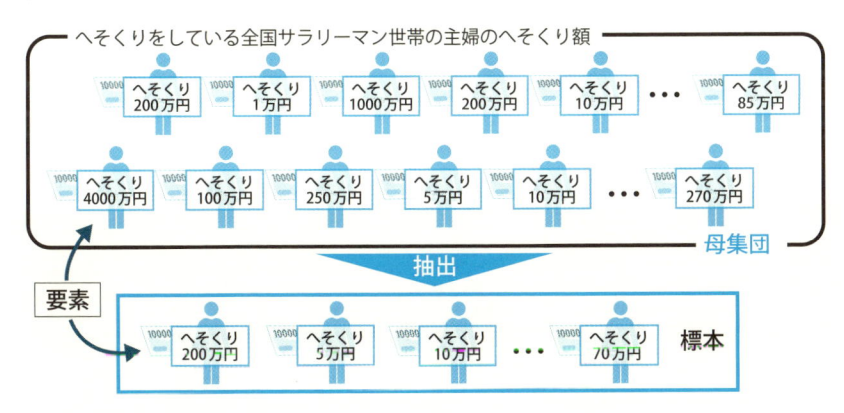

母集団や標本を構成する1つひとつのデータを**要素**といいます。いまの例のへそくり額の調査では、個々のサラリーマン世帯の主婦のへそくり額が、この「要素」です。

1. 母集団と標本

母集団に含まれる要素の個数を**母集団の大きさ**といいます。また、標本に含まれる要素の個数を**標本の大きさ**といいます。

　ところで、標本は**サンプル**と英語でいったほうがわかりやすいかもしれません。しかし、その言葉には注意が必要です。統計学でサンプル（すなわち標本）は、日常的な意味でのサンプルと意味が異なるからです。

　「ドラッグストアで化粧品のサンプルをもらった」
というとき、そのサンプルは通常1個です。しかし、統計学でいうサンプル（標本）は「集まり」を表わします。数学的にいうと、**集合**を表わしているのです。日常的な意味での「サンプル」は、統計でいうサンプル（すなわち標本）の「要素」に相当します。

　なお、「標本の大きさ」のことを「標本数」と呼ぶ本もありますが、適切ではありません。なぜなら、後者は「標本の大きさ」と「標本が何個か」の2者の意味を持ってしまうからです。繰り返しますが、統計学で利用する「標本」は要素の集まりを表わすことに注意しましょう。

■サンプリングは無作為に

　母集団から標本を取り出すことを**抽出**と呼ぶことをすでに述べたとおりです。これは**標本抽出**、**サンプリング**などとも呼ばれます。

　抽出の際に大事なことは、恣意性が入ってはいけないことです。恣意性が入ると、数学の確率論が使えないからです。数学的に処理できるためには、まったくでたらめに標本が選ばれる必要があるのです。すなわち、

どの要素が選び出されるかは独立で等確率であるように標本を取り出す

このように取り出すことで、数学の確率論が使えるようになります。つまり、母集団と標本とが確率論の糸でつながるわけです。

　このような標本の取り出し方を**無作為抽出**(random sampling)と呼び、得られた標本を**無作為標本**(random sample)といいます。統計学で「抽

出」「標本」というときには、何も条件が付加されない限り、「無作為抽出」「無作為標本」を指します。

無作為抽出の方法としては、乱数表や乱数サイコロを使っていましたが、最近では、コンピュータがつくる乱数を利用するのが一般的です。

■一度抽出したものを戻すのか、戻さないのか

母集団から標本をでたらめに抽出するといっても、その取り出し方による違いから、2つの方法が考えられます。

たとえば工場から出荷される商品Xの品質管理をするために、100個の製品を抽出するとしましょう。このとき、完成品の中から100個まとめて抽出する方法と、1つ取り出してはまた戻し、また1つ取り出しては戻すことを100回繰り返すという方法です。前者を**非復元抽出**、後者を**復元抽出**と呼びます。

後者の「復元抽出」では同じ要素が重複して取り出される可能性があります。これに対して、「非復元抽出」ではその心配はありません。こう考えると、「非復元抽出」のほうが調査という意味では優れているように見えますが、実をいうと「No!」です。統計学では、復元抽出こそが望ましい抽出法なのです。

「復元抽出」を用いるメリットは、標本を構成する要素を取り出す確率計算がラクになることです。すなわち、3章§4で調べた「独立試行の定理」が使えるからです。独立試行の定理が使える場合、3章§7で調べたように、分散の加法性など、さまざまな数学上の恩恵が受けられます。

母集団の大きさが大きいとき、同じ要素が重複して取り出される可能性は無視できます。そこで、復元抽出と非復元抽出の違いは無視できるようになります。推測統計学が必要となる大きな母集団においては、これら二者の抽出法の違いを問題視する必要が生じることは希なのです。あまり神経質に考える必要はありません。

2. 母集団分布と母平均、母分散
～統計学の目標になるもの

統計学では「正規母集団」という言葉が頻出しますが、これはどのような意味なのでしょうか？

■母集団分布とはどういう意味？

　ふたたび、サラリーマン世帯の主婦の平均へそくり額を調べる例を考えてみましょう。母集団は「へそくりをしているサラリーマン世帯の主婦のへそくり額の集まり」です。その1つを選び出したときの値をXとしましょう。

　大切なことは、選び出した主婦ごとに、「Xはいろいろな値をとる」ということです。すなわち、「へそくり額」Xはサイコロの目と同じように確率変数になるのです。もっと一般的にいうと、**母集団から抜き出した要素の値Xは確率変数**になるのです。

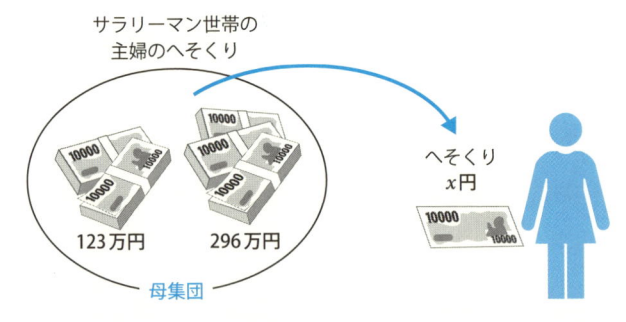

　さて、ここが大切ですが、**確率変数Xには確率分布が考えられます**。へそくりの例でいうと、$X=1000$円では少なすぎますし、かといって、$X=100,000,000$円（1億円）では大きすぎるので、それらの確率は非常に小さい値になるでしょう。そして、$X=1,000,000$円（百万円）ぐらいが大きな確率になると考えられますが、いずれにせよ何らかの確率分布が対応するはずです。

このように、母集団から抜き出した要素の値Xが従う確率分布を**母集団分布**といいます。

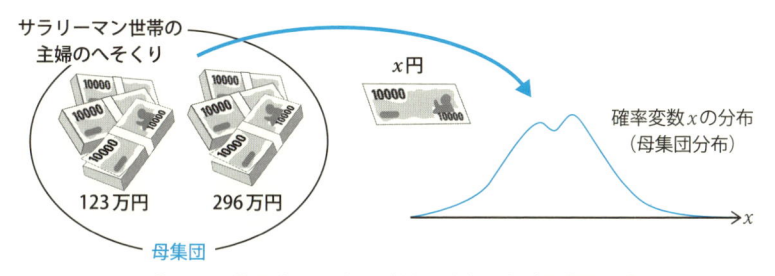

母集団から抜き出した値Xが従う確率分布が**母集団分布**

■正規分布を仮定できる母集団＝正規母集団

母集団分布が実際にどんな分布なのかは不明なのが普通です。逆に不明だからこそ、標本からそれを推測するわけです。

ただし、多くの場合、その「形」だけは仮定できます。もっと具体的にいうと、多くの場合、**正規分布*を仮定できる**のです。

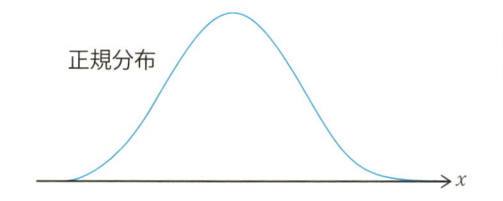

多くの場合、**母集団分布**には正規分布が仮定される

母集団分布として正規分布を仮定できる母集団を**正規母集団**と呼びます。本書で扱う多くは正規母集団を仮定することになります。

■母数と母平均、母分散を求める

母集団は平均値や分散、モード、中央値など、特定の値によって特徴づけられます。このような母集団の分布を特徴づける値を**母数**と呼びます。統計学ではこの母数を知ることが大きな目標になります。

---

*正規分布については、3章§8参照。

とくに、母集団の平均値を**母平均**、母集団の分散を**母分散**と呼びます。

母数はギリシャ文字で表わすのが普通で、一般に平均値はμ、分散はσ^2と表わします。

母集団にはどんな要素がどのように含まれているかは不明です。というよりも、それを調べるのが統計学の仕事です。しかし、もし母集団の要素がすべてわかっていたとして、仮に$x_1, x_2, \cdots, x_N$と表わすとすると（Nは母集団の大きさ、すなわち母集団に含まれる要素の数）、このとき母平均μ、母分散σ^2は次のように表わすことができます。

「母平均・母分散」の公式

母平均 $\quad \mu = \dfrac{x_1 + x_2 + \cdots + x_N}{N}$

母分散 $\quad \sigma^2 = \dfrac{(x_1-\mu)^2 + (x_2-\mu)^2 + \cdots + (x_N-\mu)^2}{N}$

これは平均値、分散と同じ公式です。これらμ、σ^2を標本から調べていくのが統計学の大きな仕事になります。

MEMO

✓ **コインの表裏と母集団**

いま、1枚のコインの表の出る確率を調べるために、コインを100回投げて、そのときに表の出る回数を調べてみます。統計学（推測統計学）ではこのような実験も分析対象にします。この場合、母集団は次のように考えるとわかりやすいでしょう。すなわち、このコインを何億回も投げ、その実験結果が記されたカードが袋に詰まっていると考えるのです。そして、この袋から無作為に100枚抽出するのが、このコインの実験と捉えます。こうすれば、コインの実験と標本抽出のイメージが重なると思います。

3. 標本分布と標本平均
～標本から算出される量は確率変数になる

統計学では「標本の平均値が確率変数になる」と説明されますが、その意味を考えてみましょう。

■標本平均も確率変数だ

いま、サラリーマン世帯の主婦のへそくり額を知るために、へそくりをしている100人のサラリーマン主婦からへそくり額を聞き取り調査したとします。その100の標本の要素（すなわちへそくり額）を$X_1, X_2, \cdots, X_{100}$と書き並べると、前項で述べたように、各$X_1, X_2, \cdots, X_{100}$は母集団分布に従った確率変数です。この100人の平均金額$\overline{X}$を求めてみると、

$$\overline{X} = \frac{X_1 + X_2 + \cdots + X_{100}}{100} \cdots (1)$$

となります。このように、標本から算出された平均値を**標本平均**と呼びます。大切なことは、この**標本平均は標本ごとに値を変える確率変数である**、ということです。「へそくり額」の例でいうなら、標本として異なる100人を抽出すれば、異なる平均額が得られるはずだからです。

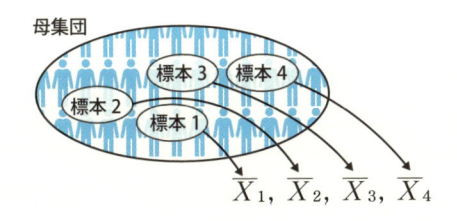

たとえば、100個の大きさを持つ標本を4回取り出すと、それらについての(1)の平均値は異なる値を持つのが普通。要するに、標本平均も確率変数になる。

■標本分布と母集団分布とは一致しない？

確率変数には確率分布が対応します。この標本平均(1)にも確率分布が考えられるのです。このように、標本から算出される値（一般に**統計量**と呼ばれます）の確率分布を**標本分布**と呼びます。

母集団分布と標本分布とは一致しないのが普通です。たとえば、サラリーマン世帯の主婦のへそくり額の従う母集団分布は不明ですが、抽出した100人から得られる標本平均の分布は正規分布で近似されます。

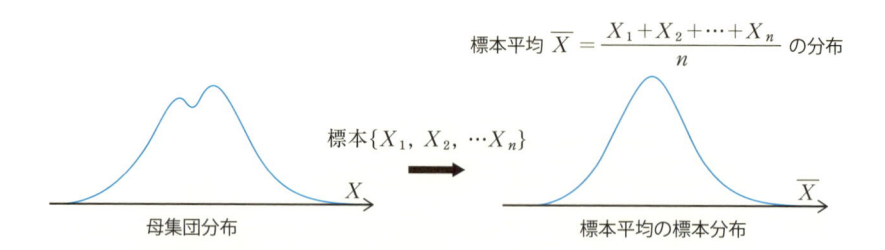

標本平均 $\overline{X} = \dfrac{X_1 + X_2 + \cdots + X_n}{n}$ の分布

標本 $\{X_1, X_2, \cdots X_n\}$

母集団分布　　　　　標本平均の標本分布

　標本の平均値（すなわち標本平均）$\overline{X}$ 以外にも、統計量として分散、メジアン（中央値）、モード（最頻値）などが挙げられます。これらの各々についても標本分布が考えられます。

　先に、100人の「へそくり額」の標本平均の式(1)を紹介しました。これは次のように一般化されます。

「標本平均」の公式

　大きさ n の標本 $\{X_1, X_2, \cdots, X_n\}$ の標本平均 $\overline{X}$ は次のように定義される。

標本平均：$\overline{X} = \dfrac{X_1 + X_2 + \cdots + X_n}{n}$ … (2)

　上の公式は、平均値や母平均（前項）の公式と同じ形をしています。ただ、$\overline{X}$ が確率変数であることに留意してください。

■自由に動ける個数が「自由度」

　標本平均の公式(2)を見てください。標本平均 $\overline{X}$ は「自由に動ける標本の確率変数 $X_1, X_2, \cdots, X_n$ をその個数 n で割ったもの」と捉えられます。この「自由に動ける個数」n を統計学では**自由度**と呼びます。この「自由度」という言葉を利用すると、標本平均は次のように定義されます。

$$標本平均 = \frac{標本を構成する確率変数の和}{自由度} \quad \cdots (3)$$

(1)式で調べたように、大きさ100のへそくり額の平均額$\overline{X}$は次のようになります。

$$\overline{X} = \frac{X_1 + X_2 + \cdots + X_{100}}{100} \quad \cdots (1) \quad （再掲）$$

この式の分子（X_1, X_2, $\cdots$, X_{100}）は100人の主婦のへそくり額です。この場合、自由度は100です。抽出された100人のへそくり額には何の関連もなく、「100通りの自由な値」が取れるからです。

さて、先にも調べたように標本平均のように、標本から算出される確率変数を**統計量**といいます。標本平均同様、それを一般化した統計量も確率変数になりますが、それらの確率分布が一般的に「**標本分布**」と呼ばれるのです。

とくに、母数の推定に利用される統計量を、その母数の**推定量**と呼びます。ここで調べた標本平均は、母平均の推定量です。実際の標本から算出された推定量の値を、その母数の**推定値**といいます。

一般的に理解しようとすると、このようにいろいろな言葉に遭遇し、難しく感じられます。しかし、基本的には標本平均と母平均の関係をしっかりマスターしていれば混乱することはありません。

4. 不偏分散と自由度
～母分散を推定する不偏分散

「母平均と標本の平均」の関係と同様、「母分散と標本の分散」が考えられますが、分散の場合には話が多少複雑。

■不偏分散とは何か

　標本平均のときと同様、抽出された標本から分散を算出できます。その分散は、標本ごとに値が決まる確率変数になります。ところで、標本平均の場合には、その算出公式は母集団の平均値の公式と同一形式でした。分散の場合はどうでしょうか。

母集団
$$\sigma^2 = \frac{(x_1-\mu)^2+(x_2-\mu)^2+\cdots+(x_N-\mu)^2}{N}$$
→ 標本 ?

　結論からいうと、母集団における分散の算出公式とは異なります。

「標本における分散の算出」の公式

　大きさ n の標本 $\{X_1, X_2, \cdots, X_n\}$ の分散は次の公式が利用される。

$$s^2 = \frac{(X_1-\overline{X})^2+(X_2-\overline{X})^2+\cdots+(X_n-\overline{X})^2}{n-1} \quad (\overline{X}\text{は標本平均}) \cdots (1)$$

　これを標本 $\{X_1, X_2, \cdots, X_n\}$ の**不偏分散**と呼びます。分母が母分散とは形が異なることに注意してください。形が異なる理由は、推定や検定、そして分散分析で重要な意味を持ちます。なお、ここからの話は抽象的な部分もありますが、意味する雰囲気だけでもつかんでください。

　話を戻して、資料の分散を次のように定義したことを思い出してください（2章§8）。大きさ N の資料に含まれるデータを $x_1, x_2, \cdots, x_N$ と表わすことにして、

$$資料の分散 = \frac{(x_1-\overline{x})^2+(x_2-\overline{x})^2+\cdots+(x_N-\overline{x})^2}{N} \quad \cdots (2)$$

これは平均値という言葉を用いて、次のように表現できます。

$$資料の分散 = 「変量の偏差の平方」の平均値 \quad \cdots (3)$$

不偏分散は、これを確率論に応用するのです。

■確率変数の分散は「偏差の平方」の平均値

再び大きさnの標本$\{X_1, X_2, \cdots, X_n\}$の話に戻りましょう。何度も繰り返しますが、$X_1, X_2, \cdots, X_n$は確率変数です。抽出した標本によって値が変化します。これら確率変数の集まりである標本$\{X_1, X_2, \cdots, X_n\}$の分散をどう定義すればよいかが、いまのテーマです。この解決のカギが(3)にあります。次のように標本の分散を定義するのです。

$$標本の分散 = 「確率変数の偏差の平方」の平均値 \quad \cdots (4)$$

ところで、標本についての平均値とは、前項(3)式で調べたように次のように表わされます。

$$標本平均 = \frac{標本を構成する確率変数の和}{自由度}$$

これと(4)とを組み合わせると、標本の分散が定義できます。

$$標本の分散 = \frac{「確率変数の偏差の平方」の和}{自由度}$$

これが一般的な**不偏分散**です。式で表わすと、次のようになります。

「不偏分散」の公式

標本$\{X_1, X_2, \cdots, X_n\}$から算出した偏差の自由度が$\nu$のとき、不偏分散は次のように定義される。

$$不偏分散 = \frac{(X_1-\overline{X})^2+(X_2-\overline{X})^2+\cdots+(X_n-\overline{X})^2}{\nu} \quad \cdots (5)$$

■標本の分散の自由度

問題は(5)の分母にある「自由度 ν」です。(5)の分子の構成要素 $X_1-\overline{X}$、$X_2-\overline{X}$、…、$X_n-\overline{X}$ において、自由に動ける個数が「自由度」ですが、ここで次の関係があることに着目してください。

$$(X_1-\overline{X})+(X_2-\overline{X})+\cdots+(X_n-\overline{X})=0 \quad \cdots (6)$$

これは標本平均の次の定義式からすぐに導き出されます。

$$\overline{X}=\frac{X_1+X_2\cdots+X_n}{n}$$

この(6)の縛りがあるために、n個ある偏差 $X_1-\overline{X}$、$X_2-\overline{X}$、… $X_n-\overline{X}$ は自由に動くことはできません。(6)の縛りから、自由に動けるのは $n-1$ 個なのです。すなわち偏差 $X_1-\overline{X}$、$X_2-\overline{X}$、…$X_n-\overline{X}$ の自由度は $n-1$ なのです。そこで、標本から得られる分散 s^2 は(5)から次のように表わされることがわかります。

$$s^2=\frac{(X_1-\overline{X})^2+(X_2-\overline{X})^2+\cdots+(X_n-\overline{X})^2}{n-1} \quad \cdots (1) \quad \text{(再掲)}$$

これがこの項で最初に示した標本の不偏分散(1)です。推測統計学では、この不偏分散(1)が主役になります。

■分散に「不偏性がある」とは？

(1)式を導くのに、ずいぶんと煩わしい話をつづけました。標本から得られる分散を、次のように資料と同じに定義すれば済む話ではないかと思うかもしれません（(1)の不偏分散の s^2 と区別するため大文字で表わしました）。

$$S^2=\frac{(X_1-\overline{X})^2+(X_2-\overline{X})^2+\cdots+(X_n-\overline{X})^2}{n} \quad \cdots (7)$$

では、なぜこの(7)の S^2 ではダメなのでしょうか。それは S^2 が**不偏性**

を持たないからです。標本から算出された分散に「不偏性」があるとは、分散が次の性質を持つことです。

分散の平均値 = 母分散 … (8)

何度も示しているように、標本から算出された分散は確率変数です。抽出される標本ごとに値が変化します。そこで、母集団全体について、その分散の平均値が考えられます。それが(8)の左辺にある「分散の平均値」の意味です。その平均値は、母分散と一致することが望まれます。それが(8)の関係で、「不偏性」と呼ばれる性質です。

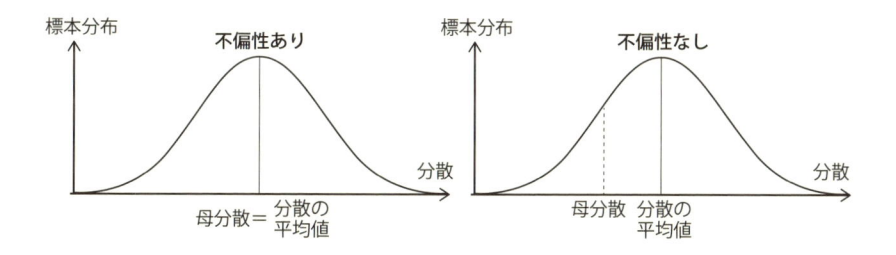

不偏性を持つことは、母分散の推定には大切な用件です。この性質が無いと、標本からの推定値はまさに「的外れ」となる危険があるからです。

導出の仮定から予想されるように、(1)、(5)は不偏性を持つことが証明されます。それに対して、(7)の分散は不偏性を持ちません。当然、推測統計学は(1)、(5)の不偏性のある分散を利用します。

4. 不偏分散と自由度

5. 中心極限定理
～標本平均と正規分布の深い関係

母集団分布のイメージがつかめないときでも、その母平均を調べることのできる便利ツールがあります。

主婦の貯めたへそくり額については、その分布（**母集団分布**）*がどんなものになるかは想像もつきません。このような場合、「分布を仮定する」方法がよくとられ、その多くに正規分布が採用されます。

けれども、分布を仮定しなくても、母集団の平均値を調べることができる便利な定理があります。それが**中心極限定理**です。3章§8でも触れましたが、ここで、もう一度確認しておきましょう。

中心極限定理

平均値μ、分散σ^2の母集団から大きさnの標本を抽出し、その標本平均を$\overline{X}$とする。nの値が大きければ、$\overline{X}$の分布は平均値μ、分散$\dfrac{\sigma^2}{n}$の正規分布で近似できる。

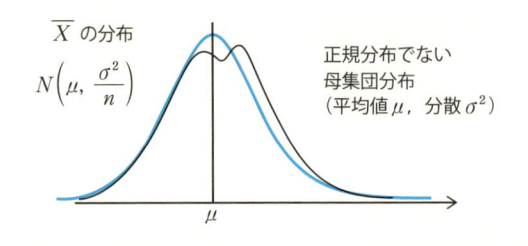

$\overline{X}$の分布 $N\left(\mu, \dfrac{\sigma^2}{n}\right)$

正規分布でない母集団分布（平均値μ, 分散σ^2）

母集団分布が何であっても、大きな標本の標本平均は正規分布になる。

（例1） へそくりをしている人の「へそくり額」の分布は、本当は不明です。しかし、標本として1000人を抽出し「平均へそくり額」を調べると、その平均額の分布は正規分布で近似されます。分布の平均は母平均

*母集団分布についての規定がないことに注意。なお、3章§8と多少表現を変えています。

（主婦の平均へそくり額）と同じであり、分散は母分散の1/1000です。

■サンプルの大きさを増やせば「大数の法則」が成立

中心極限定理からわかるように、標本の大きさnを大きくしていくと、標本平均$\overline{X}$の分散は小さくなっていきます。つまり、確率密度関数が平均値μの周りで鋭いピークとなっていきます。

はっきりいえば、「標本の大きさnが十分大きくなると、標本平均は母平均μに限りなく近づいていく」ということです。これを**大数の法則**と呼んでいます。「母集団をよりよく知るには、できるだけ大きな標本を抽出すればよい」という経験則に合致しています。2つの例でそれを実感しておきましょう。

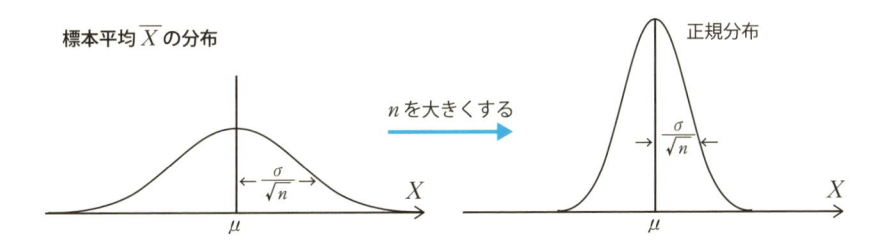

たとえば、成人日本人の平均体重（母平均）をより正しく知りたければ、できるだけたくさんの成人を抽出し、その平均体重（標本平均）を求めればよいでしょう。大数の法則から、標本の大きさが大きければ大きいほど、標本の平均体重は成人日本人の平均体重（すなわち母平均）に近づく確率が高くなるからです。

また、あるコインの「表の出る確率」（母平均）をより正しく知りたければ、できるだけたくさんコインを投げ、表の出る回数を調べればよいでしょう。表の出る回数を投げた回数で割って得られる「表の回数の割合」（すなわち標本平均）は、大数の法則から、投げる回数が大きければ大きいほど、コインの「表の出る確率」に近づくからです。

優れた推定量の条件

　母集団から標本を抽出し、それをもとに母数を推定するのが統計学（推測統計学）です。標本から算出される確率変数を「**統計量**」と呼びますが、とくに母数を推定する統計量をその母数の「**推定量**」と呼ぶことは前に調べました。この推定量が母数推定のために良い性質を持っていれば、それだけ正しい母数の推定が可能になります。

　ところで、「母数推定のために良い性質」とは何でしょうか。それは次の**不偏性**、**一致性**、**有効性**の3つの性質に集約されます。

不偏性	推定量は確率変数ですが、その平均値が母平均に一致する性質。
一致性	標本の大きさ n を大きくしていくと、それに従って推定量の値が母数に近づくという性質。
有効性	推定量は確率変数ですが、その分散が最小であるという性質。

　標本平均、不偏分散はこれらの性質をすべて満たしています。ですから、標本平均、不偏分散の2つは推定量として優等生であるといえます。

5章
「推定」という方法で、偶然から真の値を見つけ出す

1. 「推定」とは何か
～真の値を探すのが「推定」

すでに何度も「推定」という言葉を使ってきましたが、きちんとは説明してきませんでした。では、その意味は？

■バラつきのある値から母数を「推定」する

統計を勉強し、それを実地で活かす最大の応用が**統計的推定**（略して**推定**）と**統計的検定**（略して**検定**）です。5章ではそのうちの「推定」を、次の6章では「検定」を使えるようにしますが、本論に入る前に簡単にそのためのおさらいをしておきましょう。

標本調査では、母集団から標本を抽出し、その標本から母数についての情報を得ました。しかし、困ったことに、抽出する標本ごとに、その推定値が異なってしまいます。たとえば、A市の20歳男子の平均身長を調べるために、その中から10人の男子を抽出したとしましょう。この10人の標本から得られる平均身長は、抽出する標本ごとにバラつきがあるはずです。

このように、標本ごとに統計量がバラつくことを**標本変動**と呼びます。バラつきのある値から、母集団に関する真の値（母数）を推定しよう、というのが「**推定**」（統計的推定）です。

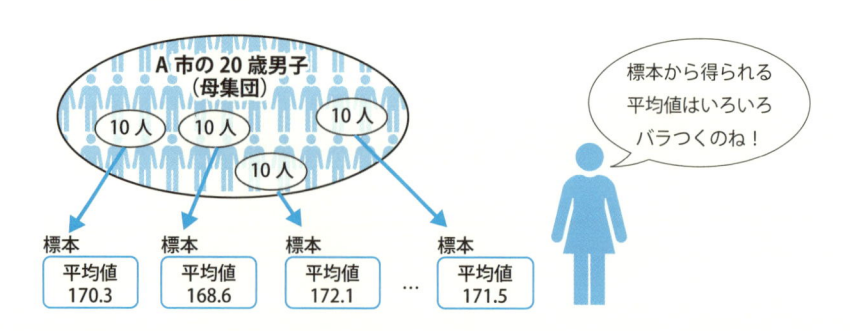

A市の20歳男子（母集団）
10人 / 10人 / 10人 / 10人

標本 平均値 170.3
標本 平均値 168.6
標本 平均値 172.1
… 標本 平均値 171.5

標本から得られる平均値はいろいろバラつくのね！

■推定のための用語の復習

　統計的推定や検定で、最初にとまどうのは用語です。この分野の「業界用語」に親しむことも、推定や検定を学習するための第一歩です。すでに調べたことですが、ここで再確認しておきます。

言葉	意味
母平均	母集団の平均値
母分散	母集団の分散
標本平均	標本から得られる平均値
不偏分散	標本から得られる不偏性を有する分散
母集団分布	母集団の要素が従う確率分布
標本分布	標本平均や不偏分散など、標本から得られる統計量の分布
推定量	母数の推定に利用される統計量で、母平均に対する標本平均、母分散に対する不偏分散がその例
推定値	推定量の値

　先のA市の平均身長を例に、これらの用語を確認してみましょう。

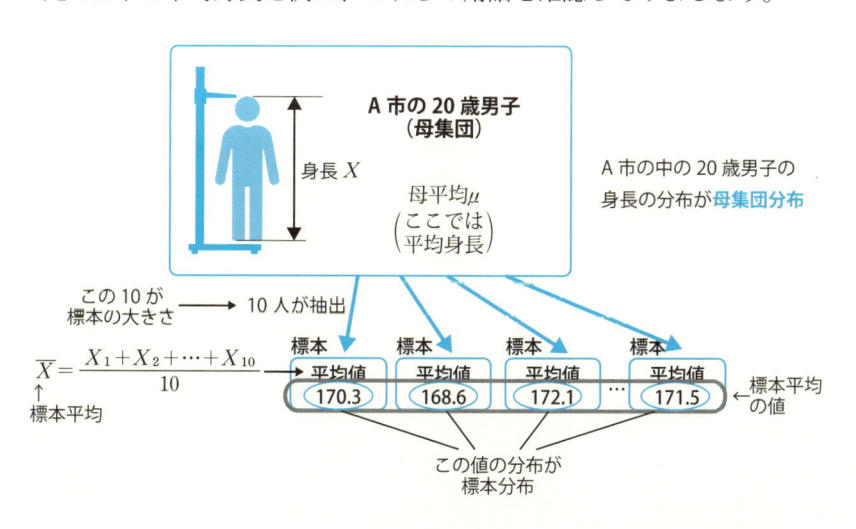

A市の20歳男子（母集団）
身長 X
母平均 μ
（ここでは平均身長）

A市の中の20歳男子の身長の分布が**母集団分布**

この10が標本の大きさ → 10人が抽出

$\overline{X} = \dfrac{X_1 + X_2 + \cdots + X_{10}}{10}$
↑
標本平均

標本 平均値 170.3
標本 平均値 168.6
標本 平均値 172.1
…
標本 平均値 171.5
← 標本平均の値

この値の分布が標本分布

1.「推定」とは何か　　117

2. 点推定と最尤推定法
～たった1つの値でズバリ推定する

標本ごとに母数を推定するための値は異なりますが、このように1つの標本から母数を言い当てるのが「点推定」です。

■最尤推定法

「推定」には、実は**点推定**と**区間推定**の2つがあります。ここでは前者の「点推定」について調べてみましょう。

「点推定」とは、推定結果をたった1つの値で表現する推定法です。つまり、標本ごとにいろいろな値をとる統計量から、「真の母数はこれだ」と1つの値だけで推定しようという方法です。

点推定の代表的な方法が**最尤推定法**です。これは、「その標本が得られる確率を最大にする母数の値が真の値」と考える推定法です。例題で、この推定法を具体的に調べてみましょう。

> **例題1** 「A市の20歳男子の平均身長」を調べるために、標本として該当する3人の身長を抽出したところ、その3人の身長は162、171、183 (cm) でした。この大きさ3の標本から「A市の20歳男子の平均身長」を推定してください。

A市の20歳男子の身長

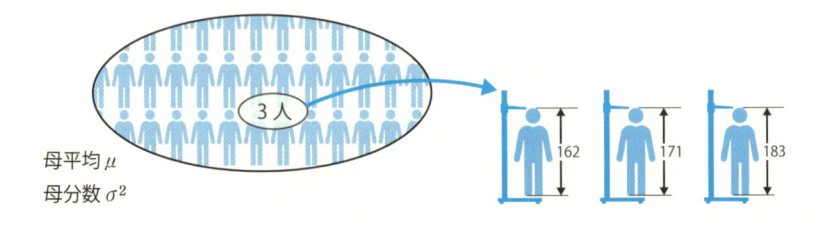

母平均 μ
母分散 σ^2

3人 → 162、171、183

（解） 母集団の平均値（すなわち母平均）を μ、分散（すなわち母分散）

をσ^2とします。これらは不明です。また、A市の20歳男子の身長は近似的に正規分布に従うと仮定します。すなわち、A市の20歳男子の身長の集まりは正規母集団と仮定するのです。正規分布は多くの分布として仮定できる分布だからです。

すると、身長は次の式の確率分布で表現されます。

$$f(x) = \frac{1}{\sqrt{2\pi}\,\sigma} e^{-\frac{(x-\mu)^2}{2\sigma^2}} \cdots (1)$$

3人が選ばれる確率Pは、独立試行の定理（3章§4）から、単純に(1)にデータをあてはめた値の積（に比例する式）で表わせます。

$$P = k \times \frac{1}{\sqrt{2\pi}\,\sigma} e^{-\frac{(162-\mu)^2}{2\sigma^2}} \times \frac{1}{\sqrt{2\pi}\,\sigma} e^{-\frac{(171-\mu)^2}{2\sigma^2}} \times \frac{1}{\sqrt{2\pi}\,\sigma} e^{-\frac{(183-\mu)^2}{2\sigma^2}} \cdots (2)$$

ここでkは正の比例定数とします。面倒ですが、この式を計算しましょう。

$$P = k \times \left(\frac{1}{\sqrt{2\pi}\,\sigma}\right)^3 \times e^{-\frac{(162-\mu)^2}{2\sigma^2} - \frac{(171-\mu)^2}{2\sigma^2} - \frac{(183-\mu)^2}{2\sigma^2}}$$

指数法則 $a^m a^n = a^{m+n}$ を利用

$$= k \times \left(\frac{1}{\sqrt{2\pi}\,\sigma}\right)^3 \times e^{-\frac{(162-\mu)^2 + (171-\mu)^2 + (183-\mu)^2}{2\sigma^2}}$$

通分

$$= k \times \left(\frac{1}{\sqrt{2\pi}\,\sigma}\right)^3 \times e^{-\frac{3(\mu-172)^2 + 222}{2\sigma^2}}$$

指数を展開し整理

■尤度関数が最大になるように母数を決定する

さて、eはネイピア数で1より大きな数（$= 2.71828\cdots$）です。そこで、3人が選ばれる確率Pを最大にするμの値はeの指数が最大のとき、すなわち、次の式が最大のときだとわかります。

$$e\text{の指数} = -\frac{3(\mu-172)^2 + 222}{2\sigma^2}$$

マイナスの符号があるので、この式を最大にするのは次の式が最小のときです。

$$3(\mu-172)^2+222$$

これを最小にする μ は次の値です。

$$\mu = 172 \quad \cdots (3)$$

つまり、$\mu = 172$ のとき、3人が選ばれる確率は最大になります。よって、A市の20歳男子の平均身長は172cmと推定されます。**(答)**

以上が、最尤推定法を用いた推定法です。(2)の P を**尤度関数**と呼びますが、この**尤度関数 P が最大になるように母数を決定する**のです。

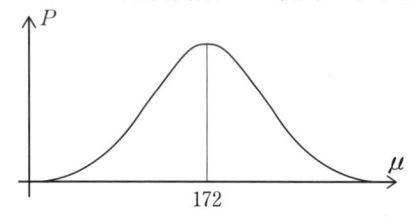

尤度関数の値を最大にする値が推定値になる。

このように、「その標本が得られる確率を最大にする母数の値が真の値」とする考え方を**最尤推定法**と呼び、最尤推定法によって得られた推定値を**最尤推定値**と呼びます。統計学に限らず、最尤推定法は広く情報科学の世界で活用されていますので、ぜひ理解しておいてください。

標本から平均値、すなわち標本平均の値 $\bar{x}$ を算出してみます。

$$\bar{x} = \frac{162+171+183}{3} = 172 \quad \cdots (4)$$

この(4)の値172は、(3)の答 $\mu = 172$ と一致しています。とすれば、「これを一般化して次の式が成立する！」と思われるかもしれません。

最尤推定法による母平均の推定値 = 標本平均の値　…(5)

しかし、残念ながら一般的には(5)は成立し・ま・せ・ん・。(5)が成立するのは、仮定として「正規母集団のとき」が満たされているときです。それ以外の母集団分布では、(5)は成立するとは限らないのです。正規分布の便利さがこのことからもおわかりいただけると思います。

120　5章「推定」という方法で、偶然から真の値を見つけ出す

■最尤推定法を確かめよう

次の有名な例題で、最尤(さいゆう)推定法を調べてみましょう。

> **例題2** 1枚のコインを5回投げると、表、表、裏、表、裏と出たとき、このコインの表の出る確率pを最尤推定法で推定してみてください。

(解) この現象の起こる確率を$L(p)$とすると、確率pを用いて、確率$L(p)$は次の関数として表わせます(この関数$L(p)$が尤度(ゆうど)関数です)。

$$L(p) = p \times p \times (1-p) \times p \times (1-p) = p^3(1-p)^2$$

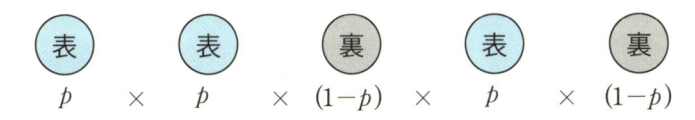

表	表	裏	表	裏
p	$\times$ p	$\times$ $(1-p)$	$\times$ p	$\times$ $(1-p)$

最尤推定法は、「尤度関数$L(p)$の値を最大にする母数pの値が、真のコインの表の出る確率である」と考えます。そこで、尤度関数$L(p)$のグラフを描いてみましょう。

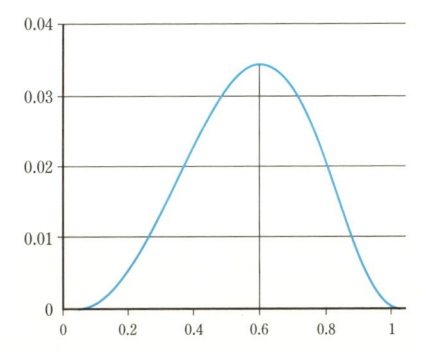

$p = 0.6$ のときに尤度関数$L(p)$が最大になる。

このグラフから、$p = 0.6$のときに最もこの現象が起こりやすいことがわかります。こうしてコインの表の出る確率pは0.6と推定されます。

$p = 0.6$ **(答)**

3. 区間推定の考え方
〜幅をもって推定する方法のしくみ

1つの値で推定するのは無謀？ そこで「この中に95％の確率で…」と幅を持って言い当てるのが「区間推定」です。

■幅を持っていい当てるのが区間推定

いま、サラリーマン男性の「小遣いの平均額」を知るために100人を抽出するとします。選び出す100人によって標本平均の金額は異なるので、たった1つの値で推定する「点推定」では無謀に思えます。そこで、「ある幅をもって平均金額をいい当てよう」というのが**区間推定**です。

区間推定は考え方が複雑になる反面、その**推定結果を確率的に評価できる**（95％の確率のように）という大きなメリットがあります。

それでは、「推定の王道」ともいえる区間推定の考え方を、次の例題で調べることにしましょう。これは標本の大きさが1という単純な例だけに、区間推定の仕組みを知るには打ってつけの問題といえます。

> **例題** お金が入っている箱がたくさん並んでいます。各々の箱の額は不明で、その平均金額を知るために、標本として1箱だけ無作為に抽出して調べたところ、箱の中には500円が入っていました。すべての箱の中の平均金額を区間推定してみてください。ただし、箱の中の金額Xは分散30^2（標準偏差30）の正規分布に従うとします。

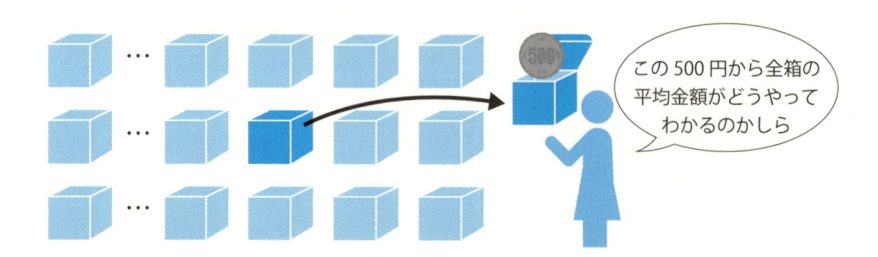

この500円から全箱の平均金額がどうやってわかるのかしら

■分布が与えられているなら

　点推定を使えば、「平均値は500円である」と断言することになりますが、その推定は余りに無謀です。では、どうやって1箱の情報から箱全部の平均金額を推定できるでしょうか。

　ここで、問題文の最後にある「ただし書き」が活きてきます。すなわち、

箱の中の金額 X は分散 30^2（標準偏差30）の正規分布に従う … (1)

　正規分布は多くの分布として仮定できる分布です。平均値が μ、分散が σ^2 の確率の分布は次の式で表現されます。

$$f(x) = \frac{1}{\sqrt{2\pi}\,\sigma} e^{-\frac{(x-\mu)^2}{2\sigma^2}} \quad \cdots (2)$$

■信頼度「95%」という確率がついた！

　推定するといっても、確率現象の世界の話ですから、断言は不可能です。そこで、区間推定では、次のような形で箱の中の平均金額を推定します。

　「ここからここまでの区間に母平均 μ が含まれる確率は95%」

　このような形で、推定した値に「当たる確率は何%ぐらい」と、精度を与えるのです。この95%を**信頼度**と呼びます。**信頼係数**とも呼ばれます。

95%の確率で当てることができる

的に大きさを持たせる（すなわち、区間という幅を持たせる）ことで、その正しさの確率を指定できる。

　得られた結果の信頼度が与えられるということは、応用上重要です。た

3. 区間推定の考え方　123

とえば、天気予報で「明日は晴れでしょう」といわれるよりも、「明日の晴れの確率は75％」といわれたほうが、明日の天気に対する心構えができるからです。

■推定量の分布は「正規分布」と仮定する

では、信頼度を95％としてみましょう。これを、先に示した(1)の分布と組み合わせると、区間推定が実行できます。

まず、推定すべき平均金額（すなわち母平均）をμとおきます。すると、推定量となる金額Xの分布は(1)、(2)から次のように与えられます。

$$f(x) = \frac{1}{\sqrt{2\pi} \times 30} e^{-\frac{(x-\mu)^2}{2 \times 30^2}} \cdots (3)$$

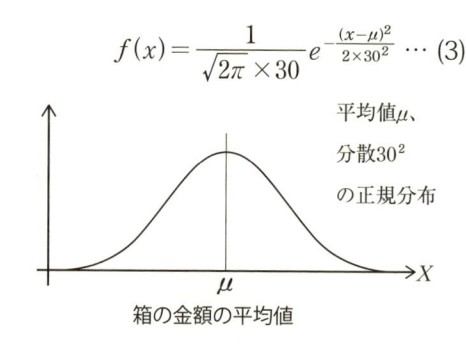

平均値μ、分散30^2の正規分布

金額Xは平均値μ、分散30^2（標準偏差は30）の正規分布に従う。

箱の金額の平均値

抽出した標本ごとに金額Xの値は異なります。しかし、散らばりの様子はこのグラフのようになるのです。

ところで、確率分布を表わす確率密度関数のグラフでは、横軸とグラフとで囲まれる部分の面積が確率を表わします。そこで、(3)のグラフで、平均値μを対称にして面積（すなわち確率）が信頼度0.95（＝95％）となる部分に網を掛けてみましょう。

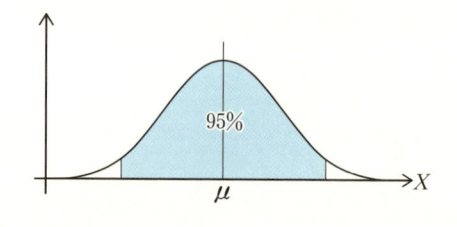

(3)のグラフで、平均値μを対称にして確率が信頼度95％となる部分に網掛け。

さて、この網を掛けた右端の点は、まさに正規分布の「両側5%点」です。平均値μ、分散σ^2の正規分布の「両側5%点」は次のように与えられました。両側5%点については、忘れてしまった場合は、3章§9、§11をご覧ください。

$$\mu + 1.96 \times \sigma \cdots (4)$$

なお、この問題では(1)より、$\sigma = 30$となりますので、(4)より、網を掛けたXの範囲はグラフの対称性から次のように表わせます。

$$\mu - 1.96 \times 30 \leq X \leq \mu + 1.96 \times 30 \cdots (5)$$

金額X（500円だった）は、95%の確率でこの(5)の区間に現れることになります。あとは、μを計算するだけです。

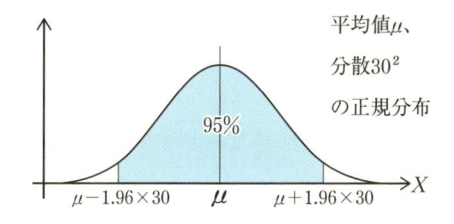

平均値μ、分散30^2の正規分布

正規分布では、平均値 ± 1.96 × 標準偏差 の区間の面積が0.95である。

■信頼度95%の信頼区間の意味

μを計算するために、(5)式を分解し、変形してみましょう。

$$\begin{cases} \mu - 1.96 \times 30 \leq X & \text{より} \quad \mu \leq X + 1.96 \times 30 \\ X \leq \mu + 1.96 \times 30 & \text{より} \quad X - 1.96 \times 30 \leq \mu \end{cases}$$

すると、次の式にまとめられます。

$$X - 1.96 \times 30 \leq \mu \leq X + 1.96 \times 30 \cdots (6)$$

標本から得られた金額Xの値500円を(6)に代入してみましょう。

$$500 - 1.96 \times 30 \leq \mu \leq 500 + 1.96 \times 30$$

計算すると、 $441.2 \leq \mu \leq 558.8 \cdots (7)$

この(7)式は95%の確率で成立する式なので、**信頼度95%の信頼区間**と呼ばれます。

以上が区間推定の考え方です。要となる式は(6)です。標本から得られた金額Xから、母平均μを95%の精度で区間推定した式です。
　ところで、「95%の信頼度の信頼区間」とは、どんな意味なのでしょうか。この意味するところを次図に示しましょう。

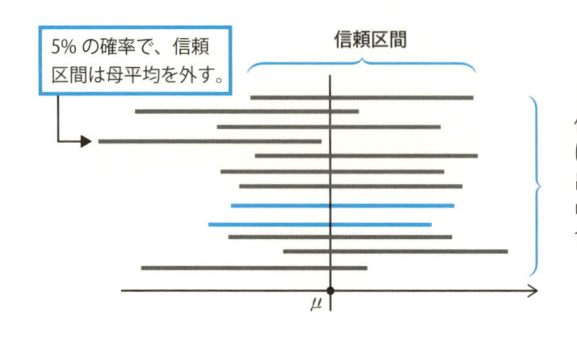

5%の確率で、信頼区間は母平均を外す。

信頼区間

信頼度95%ということは、無数の標本から算出される信頼区間(6)の中で、95%が母数μを含むということである。

■区間推定の考え方と手順

　以上で調べた平均値の区間推定の流れをまとめてみましょう。
　金額Xを「推定量」、実際の標本の値500円を推定量の値（すなわち「推定値」）、平均金額を「母数」と置き換えると、区間推定は次の手順を追えばよいことがわかります。
（ⅰ）標本を抽出し、推定量の値を得る。
　（例）抽出した1つの箱の中の金額Xが500円。
（ⅱ）推定量の確率分布を仮定する。
　（例）金額Xの確率分布は分散30^2の正規分布。
（ⅲ）信頼度αを指定し、(ⅱ)の確率分布から母数の信頼区間を求める。
　（例）信頼度95%として、仮定された正規分布から平均金額μの信頼区間を次のように求める。

　　　　95%の信頼区間：$441.2 \leq \mu \leq 558.8$

4. 区間推定のキホン
～「分散が既知」の場合

「母分散がすでにわかっている」正規分布を仮定して、区間推定をしてみると……。

■大きさ9の標本で考えてみる

前項では、お金が入った多数の箱から、たった1つ（500円）だけを取り出し、それによって多数の箱の平均金額を推定してみました。この例題の中に、区間推定のエッセンスがすべて詰まっています。

そこで、ここではそのエッセンスを応用してみましょう。ただし、前項同様、箱の中の金額Xの分布は分散30^2の正規分布を仮定します。すなわち、母分散がわかっている正規分布を仮定するのです。

まずは、前項では標本の大きさが1でしたが、ここでは少し複雑にして、大きさが9の標本で調べることにします。

> **例題1** お金が入っている中の見えない箱がたくさん並んでいます。各々の箱の額は不明で、平均金額を知るために、標本として9箱を無作為に抽出し調べてみました。その結果は次の通りです（単位は円）。
> 　530, 515, 470, 545, 440, 530, 455, 560, 455
> この標本から、箱の中の平均金額を信頼度95%で推定してください。ただし、箱の中の金額Xは分散30^2（標準偏差30）の正規分布に従うとします。

箱の中の金額Xの平均値（すなわち母平均）をμとします。これを区間推定するのが目標です。

まず、大きさ9の標本の標本平均は次のように計算できます。

$$\overline{X} = \frac{X_1 + X_2 + \cdots + X_9}{9} \quad \cdots (1)$$

問題は、この標本平均$\overline{X}$をどう扱えばよいかです。そこで利用されるのが次の「正規母集団の標本平均の定理」(3章§8)です。

「正規母集団の標本平均」の定理

平均値μ、分散σ^2の正規分布に従う独立したn個の確率変数$X_1, X_2, \cdots, X_n$について、次のように$\overline{X}$を定義する。

$$\overline{X} = \frac{X_1 + X_2 + \cdots + X_n}{n}$$

この確率変数$\overline{X}$は平均値μ、分散$\dfrac{\sigma^2}{n}$の正規分布に従う。

題意より金額Xは「分散30^2の正規分布」に従うと仮定されているので、この定理から(1)の標本平均$\overline{X}$は次の分布に従うことがわかります。

$$\text{平均値}\mu\text{、分散}\frac{30^2}{9} = 100 \text{ (標準偏差10)の正規分布} \quad \cdots (2)$$

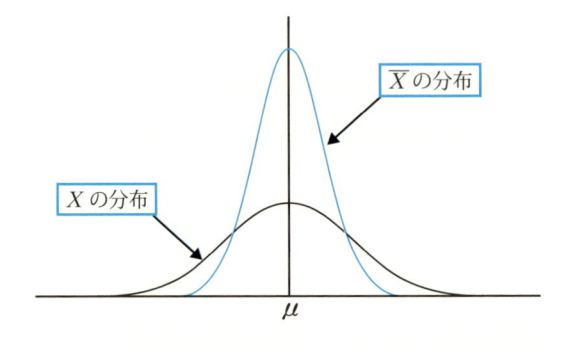

$\overline{X}$の分布はXの分布よりもピークが鋭くなっていることに注意。

■信頼度95%の信頼区間を求める

信頼度は95%と設定されています。「信頼度」とは**得られる推定区間がどれくらい信頼できるか**を確率的に表現したものです。ここで、正規分布の性質が利用されます。すなわち、(2)のグラフにおいて、平均値μを中

心にして95%の確率の範囲に網を掛けると、前項(4)式のように、その右端は次のように与えられます（3章§11）。

$$\mu + 1.96 \times 10$$

10は(2)の値からです。正規分布の対称性から、標本平均$\overline{X}$が95%の確率で生起する範囲は次のように表わせます。

$$\mu - 1.96 \times 10 \leq \overline{X} \leq \mu + 1.96 \times 10$$

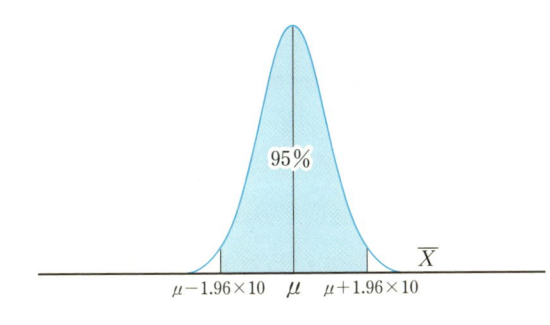

母平均μを中心に95%の範囲に網を掛けると、右端の$\overline{X}$の値は(2)の分布の両側5%点となる。

金額$\overline{X}$は95%の確率でこの区間に現れることになります。前項の式(5)、(6)と同一の式変形をしてみましょう。すると、次の式が得られます。

$$\overline{X} - 1.96 \times 10 \leq \mu \leq \overline{X} + 1.96 \times 10 \quad \cdots (3)$$

標本平均の値は次のように計算できます。

$$\overline{X} = \frac{530 + 515 + \cdots + 455}{9} = 500 \text{（円）}$$

ここで、(3)に$\overline{X}$の値500を代入し、計算してみましょう。

$$480.4 \leq \mu \leq 519.6 \quad \textbf{(答)} \cdots (4)$$

これが信頼度95%の平均金額（すなわち母平均）の信頼区間です。さて、前項で、大きさ1の標本から同一条件で導き出した信頼区間は次式です。

$$441.2 \leq \mu \leq 558.8 \cdots \text{（前項(7)式）}$$

(4)の信頼区間は、これよりも狭まっています。標本の大きさが1から9へとなり、情報量が多くなったので、より正確な推定が可能になったわけです。

■公式としてまとめよう

以上の議論の結論は(3)式に集約されていることがわかるでしょう。これを一般化してみましょう。

「信頼度95%」の公式

母分散σ^2の正規母集団から抽出された大きさnの標本の標本平均を$\overline{X}$とするとき、母平均μの信頼度95%の信頼区間は次のようになる。

$$信頼度95\% \quad \overline{X} - 1.96\frac{\sigma}{\sqrt{n}} \leq \mu \leq \overline{X} + 1.96\frac{\sigma}{\sqrt{n}} \quad \cdots (5)$$

さらに、信頼度95%を信頼度αに一般化してみましょう(ただし、$0<\alpha<1$とします)。実際にαとして0.95(すなわち95%)を代入して、上の公式(5)と一致することを確かめてください。

信頼区間の公式

母分散σ^2の正規母集団から抽出された大きさnの標本の標本平均を$\overline{X}$とするとき、母平均μの信頼度αの信頼区間は次のようになる。

$$\overline{X} - k\frac{\sigma}{\sqrt{n}} \leq \mu \leq \overline{X} + k\frac{\sigma}{\sqrt{n}} \quad \cdots (6)$$

ここで、kは標準正規分布の両側$100(1-\alpha)$パーセント点である。

■区間推定を別の問題で確かめよう

> **例題2** A県の20歳男子の200人を無作為に抽出したところ、身長の平均は168.0でした。A県の身長は母分散6.5^2の正規分布に従うと仮定できます。この県の20歳男子全体の平均身長μを信頼度95%で推定してください。

(解) 前ページの公式(5)のσ、n、$\overline{X}$には、次の値が対応します。

$\sigma = 6.5$、$n = 200$、$\overline{X} = 168.0$

これらを公式(5)に代入して、

$$168.0 - 1.96 \times \frac{6.5}{\sqrt{200}} \leqq \mu \leqq 168.0 + 1.96 \times \frac{6.5}{\sqrt{200}}$$

これから、信頼度95%の信頼区間は

$167.1 \leqq \mu \leqq 168.9$ **(答)**

> **例題3** 例題2で、信頼度を95%ではなく、99%にしたときの信頼区間を求めてください。

(解) 公式(6)のσ、n、$\overline{X}$には、例題2同様、次の値が対応します。

$\sigma = 6.5$、$n = 200$、$\overline{X} = 168.0$

また、信頼度αは0.99であり、kは標準正規分布の両側1%点となるので、3章§11の(2)式より、

$k = 2.58$

これらを公式(6)に代入して、

$$168.0 - 2.58 \times \frac{6.5}{\sqrt{200}} \leqq \mu \leqq 168.0 + 2.58 \times \frac{6.5}{\sqrt{200}}$$

これから、信頼度99%の信頼区間は

$166.8 \leqq \mu \leqq 169.2$ **(答)**

5. t分布を用いた区間推定
〜「分散が未知」の場合

「母分散がわかっていない」場合に「不明」としたままでも区間推定を実現させるのが「t分布」の凄さです。

■ t分布の登場

　推定の考え方がかなりわかってきたところで、もう少し実践的な問題を扱います。前の2つのセクションではいずれも、「母分散が与えられた正規分布」を仮定していました。しかし、通常は母分散が与えられることは稀で、母分散は不明として話を進めるのが実際的です。この場合、役立つのが t **分布**＊です。

> **例題1**　お金が入っている中の見えない箱がたくさん並んでいます。各々の箱の額は不明で、平均金額を知るために、標本として9箱、無作為に抽出し調べた結果は次の通りでした（単位は円）。
> 　530, 515, 470, 545, 440, 530, 455, 560, 455
> この標本から、箱の中の平均金額を信頼度95%で推定してください。ただし、箱の中の金額 X は正規分布に従うとします。

　これまでと同様、箱の中の金額 X の平均値（すなわち母平均）を μ とします。これを区間推定するのが目標です。

　前項では、標本平均を推定量に取り上げ、正規分布を利用して母平均を推定しました。母分散が与えられているときには、標本平均 $\overline{X}$ に関して「正規母集団の標本平均の定理」（3章§8）が利用できたからです。しかし、この例題では母分散が与えられていません。何を推定量にし、どんな

＊ t 分布の詳細については136ページの《分布-E》にまとめました。

確率分布を拠り所にすべきか困ります。ここで救世主として登場するのが次のt分布に関する定理です。

「t分布に関する」定理

正規分布$N(\mu, \sigma^2)$に従う独立したn個の確率変数 $X_1, X_2, \cdots, X_n$ について、次のように$\overline{X}$, s^2（sは標準偏差）を定義する。

$$\overline{X} = \frac{X_1 + X_2 + \cdots + X_n}{n} \cdots (1)$$

$$s^2 = \frac{(X_1 - \overline{X})^2 + (X_2 - \overline{X})^2 + \cdots + (X_n - \overline{X})^2}{n-1} \cdots (2)$$

このとき、次の確率変数Tは自由度$\nu = n-1$のt分布に従う。

$$T = \frac{\overline{X} - \mu}{\frac{s}{\sqrt{n}}} \cdots (3)$$

$n = 9$とすれば、いま調べている例題に定理はピッタリ当てはまります。すなわち、(3)で与えられたTの分布（すなわち自由度$n-1 = 8$のt分布）を調べればよいのです。

実際、自由度8のt分布のグラフにおいて、y軸を対称にして95%の確率の範囲に網を掛けると、その範囲は次のように与えられます（t分布については《分布-E》を参照）。

$$-2.31 \leq T \leq 2.31 \cdots (4)$$

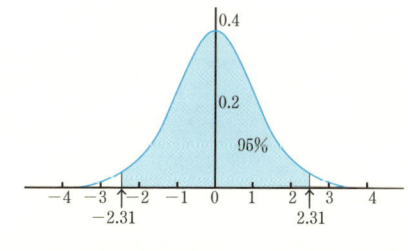

境界値2.31は自由度8のt分布の両側5%点。Excelなどの統計解析ツールを利用して算出できる（分布メモ）。

これが信頼度95%で(3)の値が生起される範囲です。では、その(3)を(4)に代入してみましょう。

5. t分布を用いた区間推定

$$-2.31 \leq \frac{\overline{X}-\mu}{\frac{s}{\sqrt{n}}} \leq 2.31$$

両辺に $\frac{s}{\sqrt{n}}$ を掛け整理すると、

$$\overline{X}-2.31 \times \frac{s}{\sqrt{n}} \leq \mu \leq \overline{X}+2.31 \times \frac{s}{\sqrt{n}} \quad \cdots (5)$$

こうして、統計量(1)、(2)で表わされた信頼区間が得られました。

(5)に含まれる統計量 $\overline{X}$、s^2 を計算しましょう。標本の値から、

$$\overline{X}=\frac{X_1+X_2+\cdots+X_9}{9}=\frac{530+515+\cdots+455}{9}=500 \text{ (円)} \cdots (6)$$

$$s^2=\frac{(X_1-\overline{X})^2+(X_2-\overline{X})^2+\cdots+(X_n-\overline{X})^2}{n-1}$$

$$=\frac{(530-500)^2+(515-500)^2+\cdots+(455-500)^2}{9-1}=2025$$

$$s=\sqrt{s^2}=\sqrt{2025}=45 \quad \cdots (7)$$

これら(6)、(7)を(5)に代入して、

$$500-2.31 \times \frac{45}{\sqrt{9}} \leq \mu \leq 500+2.31 \times \frac{45}{\sqrt{9}}$$

整理すると、

$$465.4 \leq \mu \leq 534.7 \quad \textbf{(答)}$$

これが信頼度95%の平均金額（すなわち母平均）の信頼区間です。

以上の議論の結論の要は(5)式であることがわかるでしょう。これを一般化してみます。すなわち、母平均 μ の正規母集団から抽出した大きさ n の標本において、標本平均を $\overline{X}$、不偏分散を s^2 とします。このとき $T=\frac{\overline{X}-\mu}{\frac{s}{\sqrt{n}}}$ の分布は自由度 $n-1$ の t 分布に従います。これを利用して、標本平均 $\overline{X}$ と不偏分散 s^2 から、母平均 μ が次のように推定できるのです。

「母平均 μ を推定する」公式

信頼度 α の母平均 μ の信頼区間は次のように表わされる。

$$\overline{X} - t_{n-1}(1-\alpha)\frac{s}{\sqrt{n}} \leq \mu \leq \overline{X} + t_{n-1}(1-\alpha)\frac{s}{\sqrt{n}} \cdots (8)$$

ここで、$t_{n-1}(1-\alpha)$ は自由度 $n-1$ の t 分布における両側 $100(1-\alpha)$ % 点。

自由度 $n-1$ の t 分布

確率 $\frac{(1-\alpha)}{2}$　確率 α　確率 $\frac{(1-\alpha)}{2}$

$t_{n-1}(1-\alpha)$

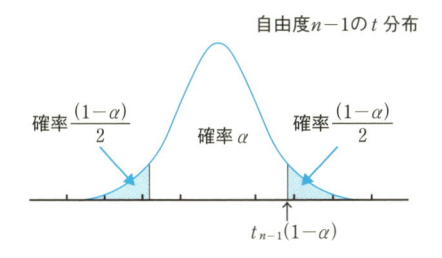

(8)式の $t_{n-1}(1-\alpha)$ の意味。
たとえば、信頼度 α が0.95（すなわち95%）の場合は、
$1-\alpha = 1-0.95 = 0.05$
となるので、$t_{n-1}(1-\alpha)$ は両側5%点となる。

■ t 分布を別の問題で確かめよう

例題2　A県の20歳男子10人を抽出し身長を調べたところ、その標本の平均身長は168.0、不偏分散は 6.5^2 でした。この県の20歳男子の平均身長 μ を信頼度95%で推定してください。なお、自由度9の両側5％点は2.26として計算してください。

（解） 自由度 $n-1=10-1=9$ の t 分布における両側5％点は2.26と与えられていますので（次ページからの《分布-E》参照）、したがって、公式(8)から信頼度95%の信頼区間は

$$168.0 - 2.26 \times \frac{6.5}{\sqrt{10}} \leq \mu \leq 168.0 + 2.26 \times \frac{6.5}{\sqrt{10}}$$

よって、信頼度95%の母平均 μ の信頼区間は次のように与えられます。

$163.4 \leq \mu \leq 172.6$　**（答）**

5. t 分布を用いた区間推定

分布-E t分布でパーセント値、p値を求める

t分布は母平均の推定（前項）や母分散の検定（6章）で登場します。

「t分布」の公式

次の確率密度関数で定義される分布をt分布と呼ぶ。

$$f(\nu, x) = k\left(1 + \frac{x^2}{\nu}\right)^{-\frac{\nu+1}{2}} \quad (k\text{は定数}) \cdots (1)$$

ここで、ν*は自然数の定数で**「自由度」**と呼ばれる。

---

(1)の形からわかるように、t分布の確率密度関数のグラフはy軸に関して左右対称です。νが大きくなると標準正規分布$N(0, 1^2)$に近づくことが証明されています。

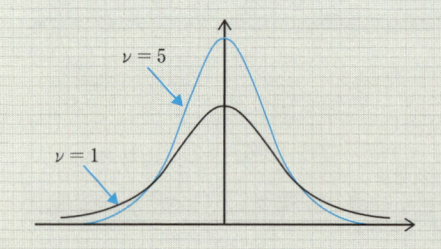

$\nu=1$と$\nu=5$の場合のt分布のグラフ。正規分布に似ている。

■ t分布と平均値の関係

t分布が統計的推定や検定で重要なのは、次の定理があるためです。前項でも示しましたが、再掲します。

---

*νはギリシャ文字で「ニュー」と読みます。なお、定数kは次式で与えられますが、通常計算は不要です。

$$k = \frac{1}{\sqrt{\nu\pi}} \frac{\Gamma\left(\frac{\nu+1}{2}\right)}{\Gamma\left(\frac{\nu}{2}\right)} \quad (\Gamma(x)\text{はガンマ関数})。$$

「t分布と平均値」の定理

平均値μの正規分布に従う独立したn個の確率変数 $X_1, X_2, \cdots, X_n$ について、次のように$\overline{X}$**、s^2（正の平方根をs）を定義する。

$$\overline{X} = \frac{X_1 + X_2 + \cdots + X_n}{n} \cdots (2)$$

$$s^2 = \frac{(X_1 - \overline{X})^2 + (X_2 - \overline{X})^2 + \cdots + (X_n - \overline{X})^2}{n-1} \cdots (3)$$

このとき、次の確率変数Tは自由度$\nu = n-1$のt分布に従う。

$$T = \frac{\overline{X} - \mu}{\frac{s}{\sqrt{n}}} \cdots (4)$$

実際にこの定理をシミュレーションで確かめてみましょう。

PC上で正規分布$N(5, 2^2)$に従う確率変数Xを10個独立に生成し、(4)のTを計算します。これを1000回行ない、得られた1000個のTの値について、相対度数分布をヒストグラムで表示します。さらに、その上に自由度$9 (= 10-1)$のt分布のグラフを重ねます。両者はよく重なることを確かめてください。

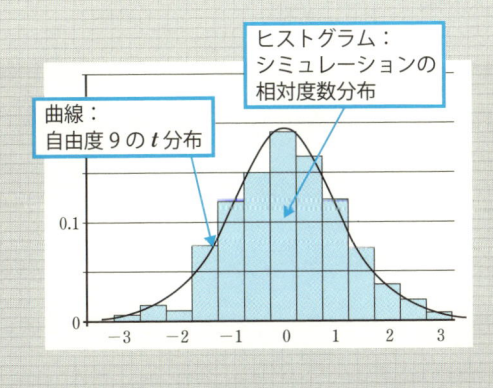

正規分布に従う10個のXから(2)〜(4)を算出する。それを1000回繰り返し、Tの相対度数を示したのが左記のヒストグラム。自由度9のt分布のグラフでよく近似される。

** $\overline{X}$は**標本平均**、s^2は**不偏分散**（sはその標準偏差）を表わします。

分布-E t分布でパーセント値、p値を求める　137

■両側pパーセント点、片側pパーセント点の求め方

ひと昔前はパーセント点（略して%点）を求めるには数表を利用していました。しかし、いまは数表を利用することはありません。Excelなどの統計解析ツールが簡単に算出してくれるからです。次の例で、Excelによるパーセント点の求め方を調べましょう。

> **例題1** 自由度5のt分布において、上側5%点、両側5%点をExcelで求めてみましょう。

（解）次の図が解答例です。上側・両側5%点は順に2.02、2.57***（答）

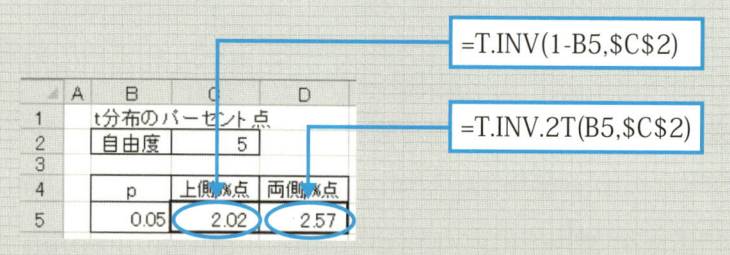

=T.INV(1-B5,C2)

=T.INV.2T(B5,C2)

	A	B	C	D
1		t分布のパーセント点		
2		自由度	5	
3				
4		p	上側%点	両側%点
5		0.05	2.02	2.57

これらの値のグラフ上の意味を確かめましょう。

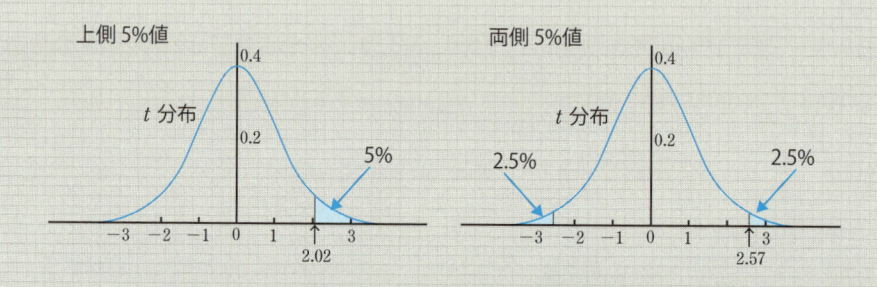

上側5%値 — t分布、5%、2.02

両側5%値 — t分布、2.5%、2.5%、2.57

■両側p値、上側p値の求め方

p値を求めることは後述する検定で大切です。次の例で、Excelによるp値の求め方を調べましょう。

*** t分布の下側5%点は、分布の対称性から、上側5%点にマイナス符号をつけた値になります。

> **例題2** 自由度5のt分布において、$x=2$の上側p値、両側p値をExcelで求めてみましょう。

(解) 下図が解答例です。上側・両側p値は順に0.051、0.102 **(答)**

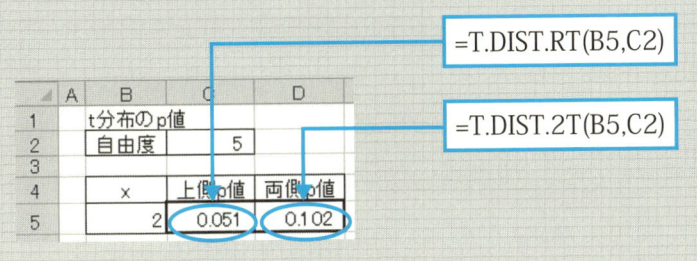

	A	B	C	D
1		t分布のp値		
2		自由度	5	
3				
4		x	上側p値	両側p値
5		2	0.051	0.102

C5: =T.DIST.RT(B5,C2)
D5: =T.DIST.2T(B5,C2)

これらの値のグラフ上の意味を確かめましょう。

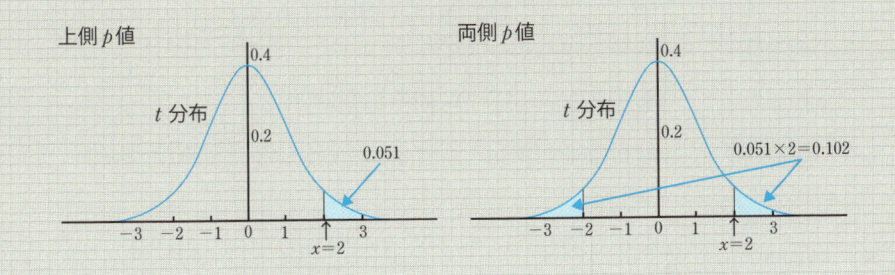

上側p値 — t分布、$x=2$ において右側の裾の面積 0.051

両側p値 — t分布、$x=2$ において $0.051 \times 2 = 0.102$

MEMO
☑ t分布の名づけ親

t分布は「**スチューデントのt分布**」とも呼ばれます。スチューデントはt分布の発案者の名ですが、その「スチューデント」はペンネームです。イギリスの統計学者**ゴゼット**（1876年～1937年）が本名です。彼はビールで有名なギネス社に勤務していましたが、その勤務の研究上、小標本の問題に取り組みt分布を発案しました。ギネス社は社員が論文を出すことを禁止していたといいます。そこで、ペンネームを用いてt分布の研究（上記の定理）を発表したといいます。

6. 大きな標本の母平均の推定
～母集団分布が不明のときの推定法

> 区間推定ではいつでも正規分布を前提に考えてきたものの、もし正規分布ではない場合にはどうすればいいのでしょうか。

　多くの場合、母集団は正規分布に従うことが仮定されます。ところで、もしこの「正規分布」という仮定を採用できない場合はどうすればよいでしょうか。

　このときに利用される定理が、前にも説明した中心極限定理です。3度目となりますが、大事なので掲載しておきます。

中心極限定理

　平均値がμ、分散がσ^2の母集団から抽出した標本の大きさnが大きいとき、標本平均$\overline{X}$の分布は平均値μ、分散$\dfrac{\sigma^2}{n}$の正規分布に従う。

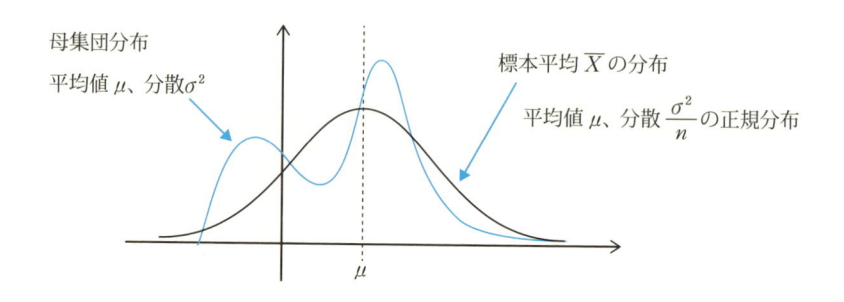

母集団分布
平均値μ、分散σ^2

標本平均$\overline{X}$の分布
平均値μ、分散$\dfrac{\sigma^2}{n}$の正規分布

　この定理を利用して、標本の大きさnが大きいときの母集団の平均値（すなわち母平均）の区間推定の方法を調べてみましょう。

■ nが大きいとき、母分散σ^2は不偏分散s^2で近似する

　標本の大きさnが大きいときには、母集団の分散（母分散σ^2）は標本の不偏分散s^2で近似できるでしょう。そこで、母分散σ^2を標本から得ら

れる不偏分散 s^2 で置き換え、上の定理から次の定理が得られます。

「大標本の標本平均」の定理

平均値が μ の母集団から抽出した標本の大きさ n が大̇き̇い̇とする。このとき、標本平均 $\overline{X}$ の分布は平均値 μ、分散 $\dfrac{s^2}{n}$ の正規分布に従う。ただし、s^2 は標本から得られた不偏分散の値である。

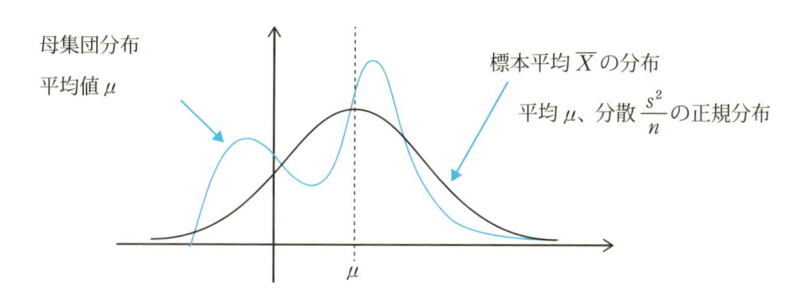

こうすれば、5章§4で調べた「母分散既知の正規母集団」の場合の母平均の区間推定の方法がそのまま利用できます。たとえば、信頼度95%の区間については、次の公式が得られます。

「信頼度95%」の公式

標本の大きさ n が大̇き̇い̇と̇き̇、母平均 μ について信頼度95%の信頼区間は次のように与えられる。

$$信頼度*95\% \quad \overline{X} - 1.96 \times \frac{s}{\sqrt{n}} \leq \mu \leq \overline{X} + 1.96 \times \frac{s}{\sqrt{n}} \cdots (1)$$

■信頼度を具体例で調べてみよう

これまで調べてきた例をそのまま利用してみましょう。ただし、今度は抽出する標本の大きさが大きいことに留意してください。

---

*信頼度が α (すなわち $100\alpha\%$) のときには、標準正規分布の両側 $100(1-\alpha)$ パーセント点をExcelなどの統計解析ツールで計算し、(1)の係数1.96に充てます (3章§11)。

> **例題1** 中の見えないたくさんの箱の中にはお金が入っています。箱の中の金額 X の平均値を知るために、大きさ100の標本を取り出し調べたところ、次のように標本平均 $\overline{X}$ と不偏分散 s^2 が求められました。これらの値から、箱の中の金額の平均値 μ を信頼度95%で推定してください。
>
> $$\overline{X} = 500、s^2 = 50^2 \cdots (2)$$

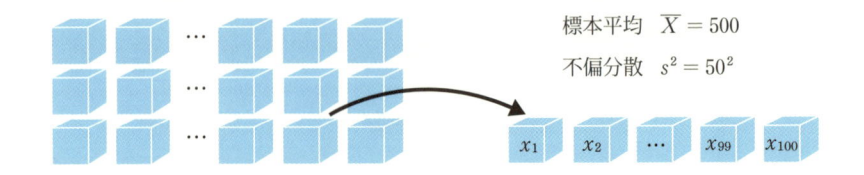

標本平均 $\overline{X} = 500$
不偏分散 $s^2 = 50^2$

(解) (1)の公式に(2)の数値をあてはめてみます。

$$500 - 1.96 \times \frac{50}{\sqrt{100}} \leqq \mu \leqq 500 + 1.96 \times \frac{50}{\sqrt{100}}$$

よって、 $490.2 \leqq \mu \leqq 509.8$ **(答)**

以上が、大きい標本が得られているときの母平均の信頼区間の求め方で、基本的には5章§4の「母分散が与えられているときの推定」と同じです。

次の新たな問題で、公式(1)の使い方を調べましょう。

> **例題2** A県の20歳男子200人を抽出し調べたところ、その標本の平均身長は168.0、不偏分散は 6.5^2 でした。この県の20歳男子の平均身長 μ を信頼度95%で推定してください。

(解) 公式(1)から、信頼度95%の信頼区間は、

$$168.0 - 1.96 \times \frac{6.5}{\sqrt{200}} \leqq \mu \leqq 168.0 + 1.96 \times \frac{6.5}{\sqrt{200}}$$

これを計算して、信頼区間は次のようになります。

$$167.1 \leqq \mu \leqq 168.9 \textbf{ (答)}$$

7. 母比率の推定
～比率も標本から推定できる

世の中の現象を見ると、「内閣支持率」「禁煙率」など、比に関することが目につきます。この比率に関する推定を調べてみましょう。

■「日本全体では？」という疑問に答える

いま、「夫婦別姓」の問題で、1000人を調査し「賛成が7割」という結果が公表されたとします。このとき、「日本全体ではどれくらいなの？」という疑問に応えてくれるのが**母比率の推定**です。

この賛否の例のように、特性の有無で母集団が2つに分けられる場合があります。このとき、母比率 R は次のように定義されます。

$$母比率 R = \frac{特性を有する要素の数}{母集団の大きさ} \quad \cdots (1)$$

さて、母集団と同様、標本においても特性を有する要素の割合が考えられます。これを標本比率と呼びます。

$$標本比率 r = \frac{特性を有する要素の数}{標本の大きさ} \quad \cdots (2)$$

たとえば、JTが19,064人を対象にした喫煙調査では、成人の日本人の21.7%が喫煙しているといいます。このとき、この21.7%が標本比率 r になり、母比率 R は不明なので、推定するしかありません。

■母比率を推定する

標本比率 r から母比率 R を推定するのが、ここでの課題です。では、そのための公式を紹介しましょう。証明は後に回し、結論を先に示します。

なお、後の6章「検定」の§6では、別のアプローチで母比率問題を処理しています。どちらでも結論は同じですが、比較してみてください。

「母比率Rの信頼区間」の公式

大きな標本のとき、標本比率をrとすると、母比率Rの信頼区間は次のようになる。

信頼度95%　$r-1.96\sqrt{\dfrac{r(1-r)}{n}} \leqq R \leqq r+1.96\sqrt{\dfrac{r(1-r)}{n}}$ … (3)

では、(3)式を証明しておきましょう。ある特性の有無で母集団が2つに分かれている場合、この母集団は、特性のあるものを「1」、そうでないものを「0」とするようにモデル化できます。すると、この母集団から大きさnの標本$\{X_1, X_2, \cdots, X_n\}$を抽出すると、各$X_i (i = 1, 2, \cdots, n)$は**ベルヌーイ分布***に従います。ベルヌーイ分布の平均値と分散の公式から、特性「1」の比率がRのとき、

　　　母平均R、母分散 $R(1-R)$ … (4)

ここで標本平均を考えてみましょう。

$$\overline{X} = \frac{X_1 + X_2 + \cdots + X_n}{n}$$

これは(2)を数式で表現したものですから、標本比率rそのものです。

　　　$\overline{X} = r$

中心極限定理と(4)から、nが大きいとき、このrは次の分布に従います。

　　　平均R、分散 $\dfrac{R(1-R)}{n}$ の正規分布 … (5)

nは大きいと仮定しているので、母比率Rは標本比率rで近似できます。すると、(5)の「標本比率rの分布」は次のようにまとめられます。

　　　標本比率rは平均値R、分散 $\dfrac{r(1-r)}{n}$ の正規分布 … (6)

この分布において、たとえば、信頼度95%の信頼区間を調べてみまし

---

*ベルヌーイの分布や公式については146ページ《分布-F》を参照。

144　　5章「推定」という方法で、偶然から真の値を見つけ出す

ょう。(6)の両側5%点は3章§11(2)式から、次のように与えられます。

$$R+1.96\sqrt{\frac{r(1-r)}{n}}$$

したがって、(6)の分布でRを中心に95%の範囲に入る確率は、正規分布の対称性から、次のように表わされます。

$$R-1.96\sqrt{\frac{r(1-r)}{n}} \leq r \leq R+1.96\sqrt{\frac{r(1-r)}{n}} \quad \cdots (7)$$

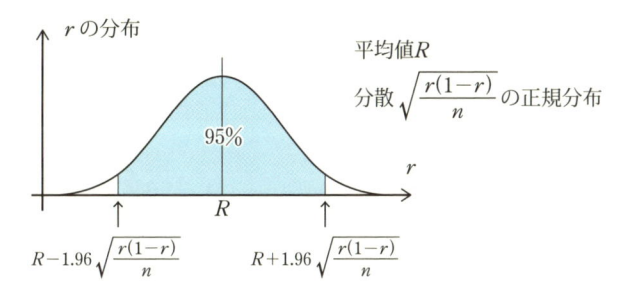

rの分布

平均値R

分散$\sqrt{\frac{r(1-r)}{n}}$の正規分布

95%

$R-1.96\sqrt{\frac{r(1-r)}{n}}$ $R+1.96\sqrt{\frac{r(1-r)}{n}}$

(7)に対して、本章§3(5)〜(6)で調べた式の変形をここでも利用し、次の式が得られます。これが(3)式です。

$$r-1.96\sqrt{\frac{r(1-r)}{n}} \leq R \leq r+1.96\sqrt{\frac{r(1-r)}{n}}$$

例題 日本全体のペットの飼育率を調べるために大きさ500の標本を抽出して標本比率を調べたところ、0.62でした。これをもとに日本全体のペットの飼育率Rを信頼度95%で推定してください。

(解) 公式から、信頼度95%の信頼区間は次のようになります。

$$0.62-1.96\sqrt{\frac{0.62(1-0.62)}{500}} \leq R \leq 0.62+1.96\sqrt{\frac{0.62(1-0.62)}{500}}$$

よって、信頼区間は次のように求められます。

$$0.58 \leq R \leq 0.66 \quad \textbf{(答)}$$

分布-F ベルヌーイ分布

「コインを投げて表が出るかどうか」「合格するかどうか」など、二者択一的な試行（**ベルヌーイ試行**）で得られる確率分布が**ベルヌーイ分布**です。これらの例からわかるように、身近な確率分布です。比率の推定・検定で母集団分布として活用されます。

「ベルヌーイ分布」の公式

次の確率分布表で示す確率分布を**ベルヌーイ分布**という（pは定数）。

確率変数X	0	1
確率	$1-p$	p

この分布に従う確率変数Xの平均値μ、分散σ^2は次の式となる。

$$\mu = p 、 \sigma^2 = p(1-p) \cdots (1)$$

> **例題** 1枚のコインを投げ、表が出たら1、裏が出たら0という値をとる確率変数Xを考えます。この確率変数Xの平均値と分散を求めましょう。ただし、表の出る確率は0.6とします。

（解） 確率分布表は次のようになります。

X	0	1
確率	0.4	0.6

確率変数Xの平均値μ、分散σ^2は公式(1)から次のように求められます*。

$$\mu = 0.6 、 \sigma^2 = 0.6 \times 0.4 = 0.24 \quad \textbf{(答)}$$

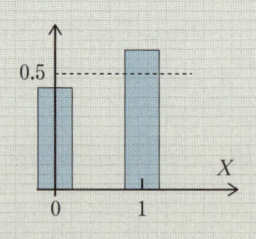

---

*公式を用いず平均値や分散の定義式からも簡単に得られます。

8. 母分散の推定
～χ^2分布を用いて母分散が推定できる

標本から母分散を推定しようとするとき、「χ^2分布を利用する」のがカギになります。

■不偏分散の分布は χ^2 分布

　工場から出荷される製品において、大きさや重さの分散が大きいということは、製造ラインに異常があることの証拠になります。そこで、標本から母分散を推定することは品質管理において重要です。このとき、**「期待値からのズレの度合いを判定する」**ものとしてχ^2**分布**＊（カイ2乗）が使われます。標本から母分散を推定する方法の基本は「正規母集団では、不偏分散s^2の分布がχ^2分布に従う」という定理です。

> **例題1**　K工場から出荷されるカップラーメン10個について、その内容量（グラム）を調べたところ、次のような結果が得られました。
>
> 　　　　184.2, 176.4, 168.0, 170.0, 159.1
> 　　　　177.7, 176.0, 165.3, 164.6, 174.4
>
> この標本から、製造されるカップラーメン全体の内容量の分散σ^2を信頼度95%で推定してください。

母分散を推定するには、次の定理が利用されます。

「母分散を推定する」定理

　母分散σ^2の正規母集団から抽出した大きさnの標本の不偏分散をs^2とする。このとき、$Z = \dfrac{(n-1)s^2}{\sigma^2}$ は自由度 $n-1$ の χ^2 分布に従う。

　工場のラインから大量生産される製品の内容量は正規分布に従うことを

＊ χ^2分布の詳細については150ページ《分布-G》を参照してください。

仮定できます。したがって、この定理が利用できることになります。

いま、標本の大きさは10なので、定理から自由度9のχ^2分布を調べましょう。下側及び上側の2.5%点は次のように得られます（《分布-G》）。

上側2.5%点 = 19.0、下側2.5%点 = 2.70

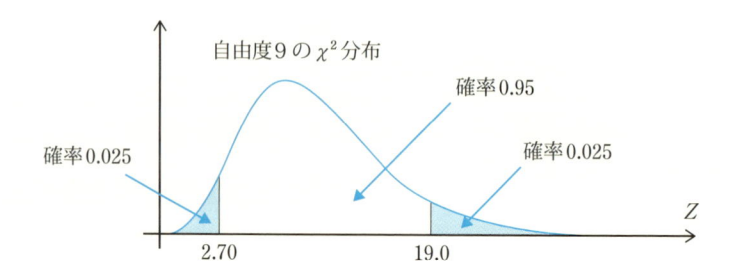

すると、定理に示された$Z = \dfrac{(n-1)s^2}{\sigma^2}$は、95%の確率で次の区間に生起されることになります($n=10$)。

$$2.70 \leq \dfrac{(10-1)s^2}{\sigma^2} \leq 19.0$$

変形して、次の式が得られます。

$$\dfrac{9s^2}{19.0} \leq \sigma^2 \leq \dfrac{9s^2}{2.7} \cdots (1)$$

次に、不偏分散s^2の値は、標本平均$\overline{x} = 171.6$（g）より、

$$s^2 = \dfrac{(184.2-\overline{x})^2 + (176.4-\overline{x})^2 + \cdots + (174.4-\overline{x})^2}{10-1} = 56.3 \cdots (2)$$

(1)のs^2にこの56.3を代入し計算すると、

$$26.6 \leq \sigma^2 \leq 187.7 \quad \text{（答）}$$

こうして、95%の母分散σ^2の信頼区間が得られました。

■母分散の推定の公式は

母分散の推定の式(1)を一般化し、公式としてまとめましょう。

「母分散の推定」の公式

正規母集団から抽出した大きさ n の標本において、不偏分散が s^2 のとき、母分散 σ^2 の信頼度 α の信頼区間は次のように与えられる。

$$\frac{(n-1)s^2}{k_2} \leq \sigma^2 \leq \frac{(n-1)s^2}{k_1} \cdots (3)$$

ここで、k_1、k_2 ** は自由度 $n-1$ の χ^2 分布の下側 $100\dfrac{1-\alpha}{2}$%点、上側 $100\dfrac{1-\alpha}{2}$%点である。

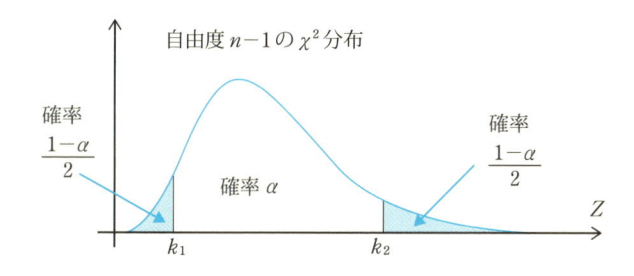

この図の意味を、$\alpha = 0.95 (= 95\%)$ の場合の先の図と比較して確かめてみよう。

例題2 ある都市の住民の体重の分散 σ^2 を推定するために大きさ10の標本を抽出して調べたところ、不偏分散 s^2 が35.4でした。この都市の住民の体重の分散 σ^2 を信頼度95%で推定してください。

（**解**） χ^2 分布の下側、及び上側2.5%点は順に2.70、19.0です（《分布-G》）。これを公式に代入して、

$$\frac{(10-1) \times 35.4}{19.0} \leq \sigma^2 \leq \frac{(10-1) \times 35.4}{2.70}$$

計算すると、信頼区間が次のように得られます。

$$16.7 \leq \sigma^2 \leq 118.0 \quad \text{（答）}$$

** k_1、k_2 はExcelなど統計解析ツールで求めることができます（3章§9、及び《分布-G》）。

分布-G　χ^2分布と自由度

　χ^2分布は母分散の推定（5章）だけでなく、母分散の検定（6章）でも利用されます。χ^2分布は次のように定義されます。

χ^2分布の公式

確率密度関数が次の形の確率分布を**自由度ν（ニュー）のχ^2分布**という。
$$f(x, \nu) = kx^{\frac{\nu}{2}-1} e^{-\frac{x}{2}} \quad (kは定数、0 \leq x) \quad *$$

　χ^2分布のグラフの形は自由度νによって決まります。自由度が5と10の場合を以下に示します。

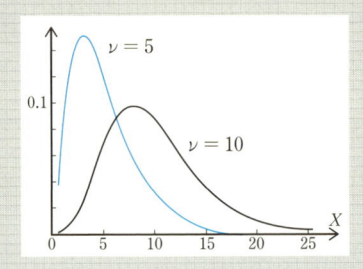

自由度が5と10のχ^2分布。左右対称ではないことに注意。

■χ^2分布と不偏分散の関係

　χ^2分布が大切なのは、次の定理が成立するからです。

定理

分散σ^2の同一の正規分布に従うn個の確率変数$X_1, X_2, \cdots, X_n$について、$\overline{X} = \dfrac{X_1 + X_2 + \cdots + X_n}{n}$として、次の和を考える。
$$\chi^2 = \left(\frac{X_1 - \overline{X}}{\sigma}\right)^2 + \left(\frac{X_2 - \overline{X}}{\sigma}\right)^2 + \cdots + \left(\frac{X_n - \overline{X}}{\sigma}\right)^2$$

---

*eはネイピア数で$e = 2.718\cdots$。定数kは、$k = \dfrac{1}{2^{\frac{n}{2}}} \Gamma\left(\dfrac{n}{2}\right)$（$\Gamma$はガンマ関数）。しかし、これらを実際に計算することは稀です。

この確率変数χ^2は自由度$n-1$のχ^2分布に従う。

正規母集団$N(\mu, \sigma^2)$から抽出された標本の不偏分散をs^2としましょう。すると、

$$\chi^2 = \frac{(X_1-\overline{X})^2+(X_2-\overline{X})^2+\cdots+(X_n-\overline{X})^2}{\sigma^2}$$

$$= \frac{n-1}{\sigma^2}\frac{(X_1-\overline{X})^2+(X_2-\overline{X})^2+\cdots+(X_n-\overline{X})^2}{n-1} = \frac{n-1}{\sigma^2}s^2$$

こうして、χ^2は不偏分散s^2と次の関係を持っていることがわかります。

$$\chi^2 = \frac{n-1}{\sigma^2}s^2 \cdots (1)$$

χ^2分布は不偏分散の分布を表わしていることになります。

■定理を確認する

実際にこの定理をシミュレーションで確かめてみましょう。

PC上で正規分布$N(0, 2^2)$に従う確率変数Xを10個独立に生成し、その不偏分散s^2から(1)を利用してχ^2を計算します。こうして得られるχ^2を1000個用意し、その相対度数をヒストグラムで表示してみます。それが次の図です。自由度9のχ^2分布のグラフとよく重なることを確かめてください。なお、自由度9は10−1から算出されました。

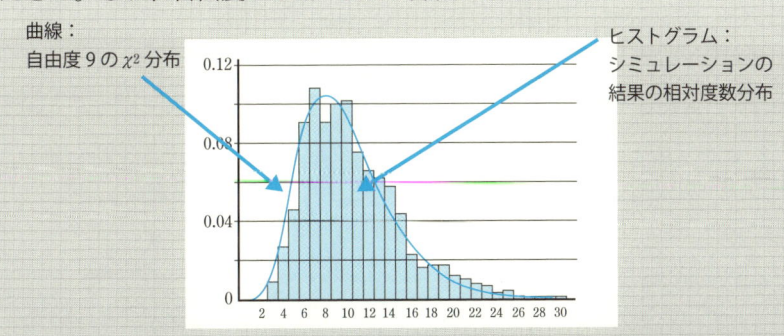

曲線：
自由度9のχ^2分布

ヒストグラム：
シミュレーションの結果の相対度数分布

1000個のχ^2値の相対度数分布をヒストグラムにし、それに自由度9のχ^2分布のグラフを重ねたもの。よく近似されている。

分布-G　χ^2分布と自由度

■下側pパーセント点、上側pパーセント点の求め方

ひと昔前はパーセント点を求めるには数表を利用していました。しかし、いまは数表を利用することはありません。Excelなどの統計解析ツールが簡単に算出してくれるからです。次の例で、Excelによるパーセント点の求め方を調べましょう。

> **例題1** 自由度5のχ^2分布において、下側5%点、上側5%点をExcelで求めてみましょう。

(解)次の図が解答例です。下側・上側5%点は順に1.15、11.07 **(答)**

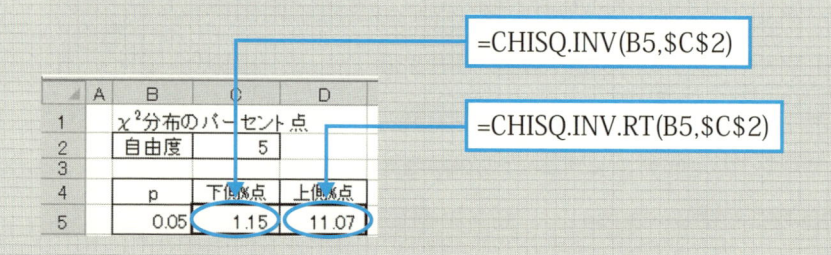

=CHISQ.INV(B5,C2)

=CHISQ.INV.RT(B5,C2)

	A	B	C	D
1		χ^2分布のパーセント点		
2		自由度	5	
3				
4		p	下側%点	上側%点
5		0.05	1.15	11.07

これらの値のグラフ上の意味を確かめましょう。

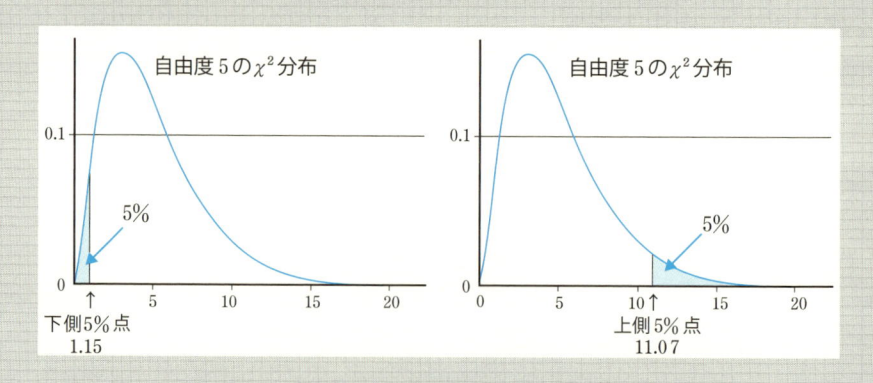

自由度5のχ^2分布　　　　　　　自由度5のχ^2分布

下側5%点 1.15　　　　　　　　　上側5%点 11.07

152　5章「推定」という方法で、偶然から真の値を見つけ出す

■下側p値、上側p値の求め方

p値を求めることは後述する検定で大切です。次の例で、Excelによるp値の求め方を調べましょう。

> **例題2** 自由度5のχ^2分布において、$x = 12$の下側p値、上側p値をExcelで求めてみましょう。

(**解**) 下図が解答例です。下側・上側p値は順に0.965、0.035 (**答**)

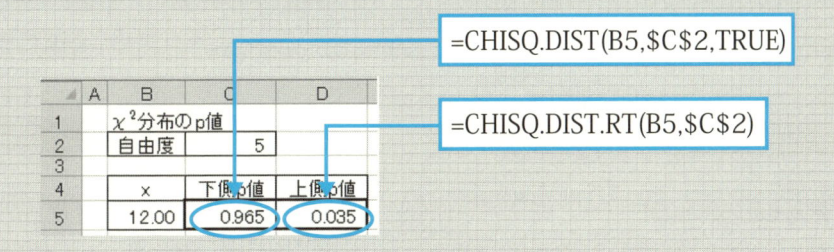

	A	B	C	D
1		χ^2分布のp値		
2		自由度	5	
3				
4		x	下側p値	上側p値
5		12.00	0.965	0.035

C列: =CHISQ.DIST(B5,C2,TRUE)
D列: =CHISQ.DIST.RT(B5,C2)

これらの値の意味をグラフ上で確かめましょう。

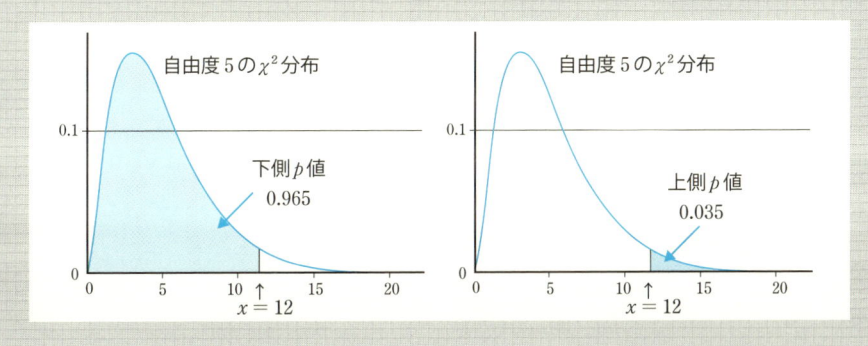

左図: 自由度5のχ^2分布、下側p値 0.965、$x = 12$
右図: 自由度5のχ^2分布、上側p値 0.035、$x = 12$

分布-G χ^2分布と自由度

6章
「検定」によって「仮説の真偽」を判定する

1. 「検定」とは何か
～標本から仮説の真偽を判定する

「検定の論理はめんどうだ」といわれているので、ここでは物語風に検定のエッセンスに迫ってみましょう。

■賭博師に「偶然だよ」と逆襲されないために

海外旅行の途上、Aさんは街頭で次のような賭博を見かけました。
「このコインは表と裏の出る確率は等しい。表が出たらお客さんが1ドル、裏が出たら私が1ドルもらう。さあ、この賭けをやらないかい！」

様子を見ていると、どうも裏の出る確率が多いと思い、60回賭博の結果をメモしました。すると、38回裏が出ました。そこでAさんは思い切って、その賭博師に「八百長じゃないの？」と声を掛けてみました。

すると賭博師は「表裏の出る確率が半々でも、偶然に60回中、裏が38回出ることだってあるよ、数学を勉強しな！」と逆襲されたのです。

この話のように、確率が介在する場合、「偶然だよ」といわれると、それ以上反論がしにくいのです。そこで、確率の世界に特有の論証方法が研究されました。「**検定**」（正式には**統計的検定**）です。

■「検定」の基本的な考え方は？

確率的な現象を前にして、統計学はどのようにして相手の主張が誤りであることを論証するのでしょうか。少しひねくれていますが、次のような基本スタンスをとります。回りくどい表現ですが、とにかく確率という気まぐれ者を相手にするので仕方がありません。

〔基本スタンス〕
君の主張のもとでは、私の主張に有利となる範囲に結果が現れるのは極めて稀なはず。でも、その結果が得られたのだから、君の主張は

> 誤りで、私の主張は正しい。

　確率の問題は正面からは責めにくいので、このように外堀を埋めながら反対から攻める論法をとるのです。

■まず相手の主張を認める──帰無仮説の第一歩

　統計的検定の論法のツボは、「誤りだ」と思う相手のいわれるなりに、一度なることです。それが「基本スタンス」の第1段「君の主張のもとでは……」という仮定です。「君の主張はもっともだ」と、相手のいうことに一応、従うのです。賭博師の例でいうなら、賭博師が「表と裏の出る確率は等しい」というなら、「はいはい、その通り」と応えます。

　このとき、「誤り」と思われる相手の主張を**帰無仮説**(きむ)と呼びます。賭博師の「表と裏の出る確率は等しい」という主張が帰無仮説になります。**無に帰したい仮説**という意味で、そう名づけられています。それに対して、「正しい」と思う自分の主張を**対立仮説**と呼びます。「実際には、裏の出る確率が表の出る確率より大きい」が対立仮説になります。

> **帰無仮説H_0**：表と裏の出る確率は等しい
> **対立仮説H_1**：裏の出る確率が表の出る確率より大きい

このように帰無仮説をH_0、対立仮説をH_1という記号で表わします。

■「偶然だ」といわせない「数値的基準」を設定

　次に、「基本スタンス」の第2段「私の主張に有利となる範囲に結果が現れるのは極めて稀」に話を進めましょう。

　統計的検定では、まず「君の主張はもっともだ」と認めるといいましたが、次のような確認をとっておくことが肝要です。

　「もしそれを認めるなら、こんなことはめったに起こらないですね」

別な言い方をすれば次のようになるでしょう。

「もし万が一、こんな稀なことが起こったならば、あなたのいうように偶然なんかではなく、私のいうことを正しいと認めますね」

さて、このとき**「極めて稀」と判断する基準を数値的に確認しておく**ことが大切です。たとえば「10%以下のことが起こったら、それは偶然とはいえない」というように、具体的な確率の値を確定しておくのです。そうしないと、「極めて稀」という解釈でもめてしまいます。この基準確率を**有意水準**と呼びます。「その確率より小さいならば、偶然ではなく、必然的な意味がある」という意味で、**有意**と呼ぶのです。

有意水準は正誤の判断をする前にあらかじめ設定しておく必要があります。通常5%（つまり0.05）または1%（つまり0.01）が利用されます。歴史的な経緯もありますが、「まあ、その確率のことが起こったなら『偶然』とはいえない」という常識的でキリのいい確率値だからです。以下では5%を有意水準に設定しましょう。

有意水準は**危険率**とも呼ばれます。いま有意水準を5%としましたが、仮に賭博師が正しくても、この5%の確率で「賭博師は誤り」と判断される危険があるからです。確率現象を対象にしているのですから、「絶対に正しい」ことは期待できません。常に間違える危険をはらんでいます。

■自分の主張を取り入れる「棄却域」

「基本スタンス」の第2段の「私の主張に有利となる範囲に結果が現れるのは極めて稀」の「極めて稀」の基準を有意水準5%と確定しました。次に、同じ第2段の「私の主張に有利となる範囲」を調べましょう。ここは「私の主張」を取り入れることができる大切な部分です。

賭博師の例で考えてみましょう。「私の主張」は対立仮説「このコインの場合、裏が出る確率は表の出る確率より大きい（イカサマだ！）」です。この「私の主張」が正しければ、60回の試行の結果において、「裏の出る

回数」は半分の30回よりも大きい値になるはずです。そこでたとえば、

　　「60回中37回以上裏が出れば、それは偶然ではなく、私のいう主
　　張が正しいですね」

と「37回以上の範囲」を提示するのです。こうすれば、「裏が出る確率は表の出る確率より大きい」という「私の主張」が取り入れられることになります。この範囲が「基本スタンス」で示した「私の主張に有利となる範囲」です。これを統計学では**棄却域**と呼びます。

■棄却域は有意水準と連動する

　ところで、突然「37回以上」という基準を示しましたが、この37という数には、実をいうと大切な意味があります。先に設定した「偶然ではない」基準の有意水準5%に絡んでいるのです。その関係を詳しく調べてみましょう。

　賭博師の主張「表と裏の出る確率は等しい」（帰無仮説）が成立するとき、60回投げた中でコインの裏の出る回数 X が x 回のときの確率は次のように求められます（3章§4、および62ページ《分布-A》参照）。

　　「裏の出る回数」が x 回の確率 $= {}_{60}C_x \times 0.5^x \times 0.5^{60-x}$

　これがどんな分布かを見るために、グラフに描いてみましょう。横軸は「裏の出る回数」X で、**二項分布**と呼ばれる分布を表わしています。

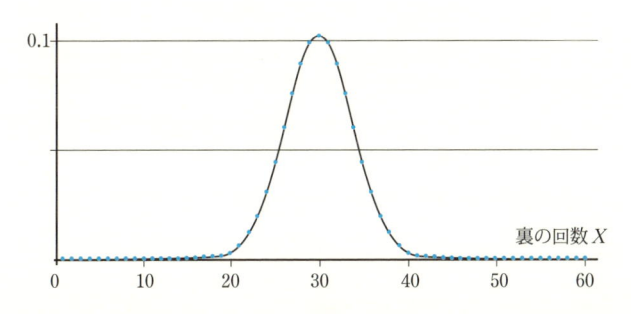

60回中「裏の出る回数」が X 回の確率の分布。これは二項分布である。

さて、私の主張である対立仮説「裏の出る確率は表の出る確率より大きい」が正しければ、当然「裏の出る回数」は大きくなるはずです。したがって、「私の主張に有利となる範囲」とは「裏の出る回数」が大きい領域のはずです。それを、このグラフで解釈してみましょう。

横軸は「裏の出る回数」Xなので、私の主張である対立仮説「裏の出る確率は表の出る確率より大きい」に有利な範囲とは、グラフの右端です。

ところで、Excelなどの統計解析ツールを利用すると、二項分布から次の数値が求められます。

36回以上裏の出る確率 $= 0.0755 = 7.55\%$

37回以上裏の出る確率 $= 0.0462 = 4.62\%$

38回以上裏の出る確率 $= 0.0259 = 2.59\%$

これを見ると、「37回以上」裏の出る確率が有意水準5%の意味にピッタリ合致していることがわかります。もし「36回以上」とすると、それらが起こる確率は7.55%で、「稀なこと」の基準である有意水準5%をオーバーしてしまいます。つまり、36回では「稀」とはみなされなくなってしまうのです。また、「38回以上」までいくと、それらが起こる確率値は2.59%になり、有意水準5%より厳しいハードルを自らに課すことになります。

よって、対立仮説「裏の出る確率は表の出る確率より大きい」に有利で有意水準以下の最適な確率の範囲は「37回以上」、すなわち次の式の範囲なのです。

$X \geqq 37$ … (1)

この範囲が**棄却域**となります。標本から得られた結果がこの範囲に含まれるなら帰無仮説を捨てる、という意味が込められています。

（対立仮説に有利で有意水準以下の最適な確率の範囲が棄却域。）

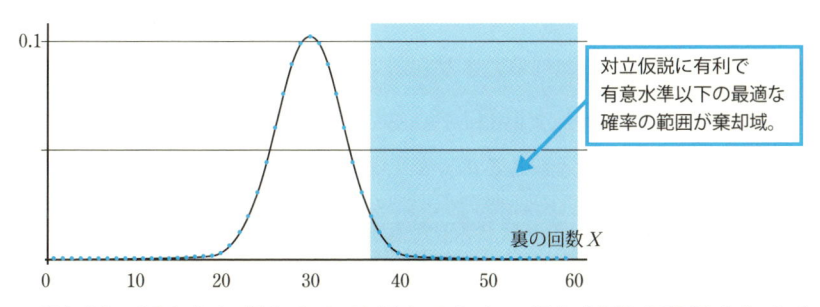

棄却域に標本から得られた値が入るとき、帰無仮説は**棄却**されます。「極めて稀なこと」が起こったからです。そして、対立仮説が「正しい」とされます。対立仮説が**採択**されるのです。

■標本から棄却の判断

さて、いよいよクライマックスに入ります。賭博師とコインの問題で、次の記述があります。

Aさんは「裏の出る確率が大きい」と思い、60回賭博の結果をメモしました。すると、この60回中38回裏が出ました。

この裏の回数38回は棄却域(1)に含まれています。「基本スタンス」で述べた「私の主張に有利となる範囲に結果が現れた」のです。ということは、賭博師のいうことは極めて稀な結果であり、言い訳の**「偶然だよ」は通じない**ことになります。こうして、帰無仮説「表と裏の出る確率は等しい」は棄却され、対立仮説「裏の出る確率は表の出る確率より大きい」が採択されることになります。

以上が「検定」の考え方のエッセンスです。話がくどかったかもしれませんが、話の筋自体は、むずかしくはなかったでしょう。

■もし、結果が棄却域に入らなかったら？

もし、得られた結果が棄却域に入っていなかったらどうすべきでしょう。たとえば、「60回調べたなら裏が35回出た」という結果のときには、

どう判断すべきでしょうか。

35回は棄却域(1)に入っていません。このときは、残念ながら相手の仮説（すなわち帰無仮説）を許容するしかありません。「確率現象なのだから、それくらいの偶然は起こるのかもしれない」と大目に見るのです。大目に見ることを、統計学では帰無仮説を「**受容**する」といいます。また「**採択**する」とも呼びます。

注意すべきことは、帰無仮説が受容されても、「正しい」ことが示されたわけではないことです。「大目に見よう」というだけであり、あくまで「標本からは否定できなかった」というだけのことです。積極的に「帰無仮説が正しい」と主張しているわけではありません。

■対立仮説を変えたら？

繰り返しますが、棄却域は対立仮説が有利になるように決められます。賭博師とコインの例でいうなら、対立仮説「裏の出る確率は表の出る確率より大きい」のもとで、棄却域(1)が決定されたのです。

さて、賭博師とコインの例で、もし次の仮説を対立仮説として採用したなら棄却域はどう変化するでしょうか。

対立仮説H_1：「表と裏の出る確率は等しくない」

この対立仮説が有利になるような分布の範囲は、今度は棄却域が下図のように変化します。表と裏の出る確率の大小には触れていないので、左右対称になるのです。

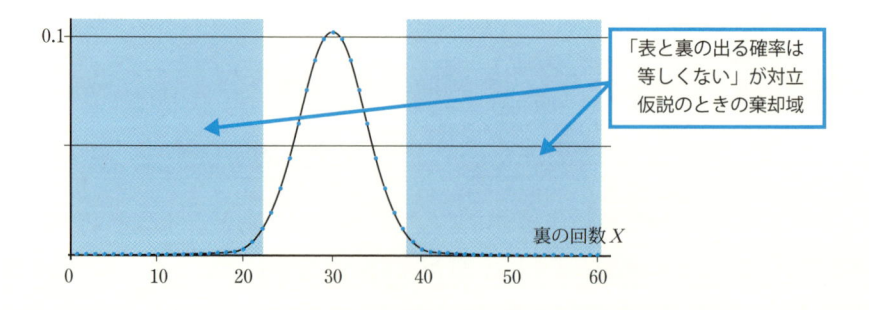

「表と裏の出る確率は等しくない」が対立仮説のときの棄却域

裏の回数 X

この棄却域を求めてみましょう。分布が表裏同数の30回を中心に左右対称であることを踏まえ、Excelを利用して確率を計算してみます。

22回以下または38回以上裏の出る確率 = 0.0519 = 5.19%
21回以下または**39回以上**裏の出る確率 = 0.0273 = 2.73%
20回以下または40回以上裏の出る確率 = 0.0135 = 1.35%

5%以下で最も5%に近い範囲は「21回以下または39回以上」です。これが棄却域になります。「裏の出る回数」Xを用いて式で表わすと、

棄却域：$X \leq 21$、$39 \leq X$ … (2)

となります。賭博師のコインは「60回中38回裏」です。この38は(2)の棄却域には入っていません。このとき、帰無仮説は棄却できないことになります。対立仮説「表と裏の出る確率は等しくない」のもとでは、賭博師が「偶然だ」ということを認めることになります。

■片側検定と両側検定

先の(1)のように棄却域を確率分布の右側だけに設定する検定を**右片側検定**と呼びます。ここでは調べていませんが、棄却域を左側にとる検定もあります。先の賭博師とコインの問題でいうと、次のような対立仮説を設定した場合の検定です。

対立仮説H_1：「裏の出る確率は表の出る確率より小さい」

このような場合の検定を**左片側検定**と呼びます。また、(2)のように棄却域を確率分布の両側に設定する検定は**両側検定**と呼びます。対立仮説の設定によって、これらが区別されることに留意してください。

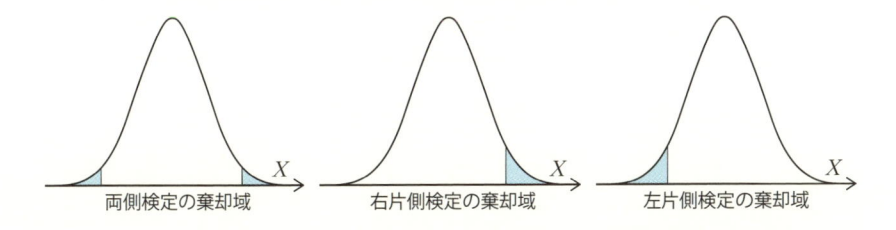

両側検定の棄却域　　右片側検定の棄却域　　左片側検定の棄却域

1.「検定」とは何か　163

■「検定」のまとめ

もう一度最初に述べた統計的検定の基本スタンスを確認しましょう。

〔基本スタンス〕

　　君の主張のもとでは、私の主張に有利となる範囲に結果が現れるのは極めて稀なはず。でも、その結果が得られたのだから、君の主張は誤りで、私の主張は正しい。

この文章の各単語は次のように統計学の言葉に一般化されます。

例	統計学の用語
君の主張	帰無仮説
私の主張	対立仮説
「極めて稀」の基準値	有意水準
範囲	棄却域
結果	標本から得られた値
君の主張は誤り	帰無仮説の棄却
私の主張は正しい	対立仮説の採択

この一般化のもとで基本スタンスは次のように表現されます。

　帰無仮説のもとで、有意水準と対立仮説から棄却域が決められる。その棄却域に入る標本が得られたなら、帰無仮説は棄却され対立仮説が受容される。

調べてきた検定のシナリオは次のように手順化できるでしょう。

(i) 帰無仮説と対立仮説を設定する。

（例）賭博師とコインの例では次の設定をいう。

　　帰無仮説H_0：表と裏の出る確率は等しい

　　対立仮説H_1：裏の出る確率が表の出る確率より大きい

(ii) 帰無仮説のもとで、対象となる統計量の分布を数学的に定める。

（例）賭博師とコインの例では、統計量は「裏の出る回数」であり、その分布とは二項分布である。

(iii) 有意水準を決め、(ii)の分布において対立仮説に有利となる棄却域を設定する。

（例）賭博師とコインの例では、有意水準を5%と設定。二項分布の性質から、対立仮説の意を汲む棄却域は次のように設定できる。

（棄却域）$X \geq 37$ … (1)（再掲）

(iv) 標本を抽出し、統計量が(iii)の棄却域にあるかを調べる。棄却域にあれば帰無仮説を棄却する。

（例）賭博師とコインの例では、観測の結果「裏の出る回数」が38回。これは棄却域に入っているので、帰無仮説H_0は棄却され、対立仮説H_1が採択される。

以下では、この公式の手順に従って具体的に話を進めることにします。

MEMO

☑ **棄却値とp値**

本項の例では「60回コインを投げたなら38回裏が出た」とあります。このとき、帰無仮説「表裏の出る確率は等しい」のもとで、「60回コインを投げたなら38回以上裏が出る確率」を調べてみましょう。その値は3章§10で調べた上側p値です。Excelなどの統計解析ツールを利用すれば、このp値は簡単に計算されます。

　　　　上側p値＝2.59%

このp値は有意水準5%を超えていません。「極めて稀」の判断基準よりさらに小さい稀な現象であることが、このp値からすぐにわかります。したがって「賭博師のいうことは誤り」と結論つけられることになります。

このように、棄却域を用いずp値から検定を行なう手法も頭に入れておいてください。ただし、両側検定、片側検定などの区別には、やはり棄却域のアイデアが使われることになります。

2. 母平均の検定
～最もキホンとなる検定法

「母平均がある値と一致するか？」「母平均がある値から変化したか？」など、母平均とある値との関係の検定方法を調べてみましょう。

■帰無仮説と対立仮説を設定

「検定」を理解するための例題を解いてみましょう。ここでは、正規母集団を仮定し、母分散が既知として考えていきます。

実は、「母分散が既知」というのは現実的ではありませんが、検定を理解するには最適です。

> **例題1** 5年前の全国調査の結果、小学校4年生の身長Xは平均値が143.5cm、分散7.8^2でした。この5年間で子供の成長に変化が生じたと思い、現在の小学校4年生100人を全国から無作為に抽出し平均身長を調べてみたところ、144.9cmでした。このことから、小学校4年生の平均身長が変化したといえますか。有意水準5%で検定してください。ただし、身長の分布は正規分布とし、分散の値に変化はないと仮定します。

問題文には、検定者は「子供の成長に変化が生じたと思い」とあります。そこで、帰無仮説と対立仮説を次のように設定します。検定者の意図する方を対立仮説にしていることを確認してください。

   帰無仮説H_0：小学校4年生の平均身長に変化はない
   対立仮説H_1：小学校4年生の平均身長は変化した

さて、この帰無仮説、対立仮説を式で表わしてみます。現在の全国の小学校4年生の平均身長をμとすると、次のように式で表現されます。

  帰無仮説H_0：$\mu = 143.5$

対立仮説H_1：$\mu \neq 143.5$

■検定のための統計量が従う分布を定める

次に、帰無仮説のもとで対象となる統計量（この場合は標本平均）の分布を調べてみましょう。ここで、3章§8で調べた次の「正規母集団の標本平均の定理」が使えます。この定理から、「平均値μ、分散σ^2の正規分布に従う独立したn個の確率変数$X_1, X_2, \cdots, X_n$」について、

$$\overline{X} = \frac{X_1+X_2+\cdots+X_n}{n} \cdots (1)$$

は平均値μ、分散$\frac{\sigma^2}{n}$の正規分布に従います。

例題では、帰無仮説のもとで、現在の小学校4年生の身長Xは平均値143.5、分散7.8^2の正規分布に従う、とあります。すると、この定理から、(1)の$\overline{X}$は次の分布に従うことがわかります（$n=100$とおきました）。

$$平均値\mu = 143.5、分散\frac{7.8^2}{100}（標準偏差\frac{7.8}{10}）の正規分布 \cdots (2)$$

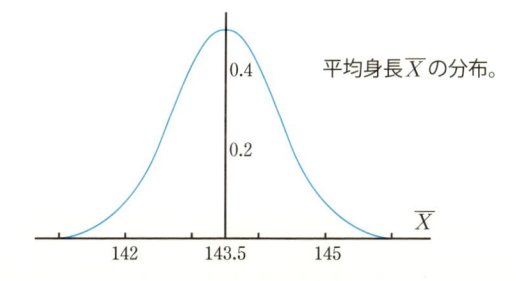

平均身長$\overline{X}$の分布。

ところで、(1)の$\overline{X}$は標本平均を表わしています。すなわち、小学校4年生100人の平均身長$\overline{X}$の分布は、この(2)の分布に従うのです。

■有意水準を決めて棄却域を設定する

「偶然か否か」を見極める基準が有意水準でしたが、題意から5%と与えられています。さて、この有意水準と(2)の分布から、棄却域が決定さ

れます。棄却域は対立仮説に有利となるように設定されますが、いまの対立仮説「$\mu \neq 143.5$」のもとでは、(2)の分布の両側が棄却域になります（すなわち、両側検定となります）。(2)の正規分布の両側5%点は145.0であり、分布の対称性から、この棄却域は次のように求められます。

$$\overline{X} \leq 142.0、145.0 \leq \overline{X} \cdots (3)$$

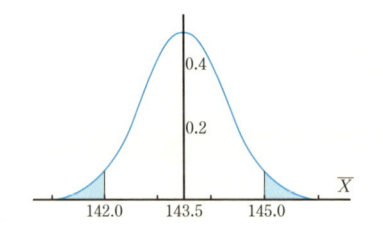

網を掛けた部分が有意水準5%の確率部分であり、それが棄却域になる。その境界値は両側5%点から簡単に算出される。

いよいよ検定のクライマックスです。題意から、現在の小学校4年生の身長の標本平均は144.9cmですが、これは棄却域(3)に入っていません。すなわち、帰無仮説H_0は棄却できないのです。有意水準5%の両側検定では、標本平均144.9cmのデータからは、小学4年生の全国の平均身長が変化したとは結論づけられないことになります。**(答)**

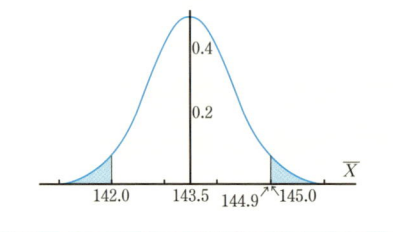

標本平均144.9cmは棄却域に入っていない。

■対立仮説の取り方で、逆の結果が……

以上で例題の解答は終わりです。検定作業の具体的な流れがつかめたことと思います。さて、ここで問題を多少アレンジしてみましょう。対立仮説を次のように変えてみるのです。

H_1：小学校4年生の平均身長は伸びた（すなわち、$\mu > 143.5$）

実際、年々栄養管理がよくなっているので、子供の身長は伸びていると考え、対立仮説を上記のようにした方が現実的かもしれません。

では、対立仮説を変えると、どこが変化するのでしょうか。前項で詳しく調べたように、対立仮説が効いてくるのは棄却域の設定の箇所です。すなわち、棄却域は対立仮説が有利となるように設定されるのです。そこで、対立仮説「$\mu > 143.5$」のもとでは、(2)の分布、すなわち、

$$\text{平均値}\mu = 143.5、\text{分散}\frac{7.8^2}{100}（\text{標準偏差}\frac{7.8}{10}）\text{の正規分布} \cdots (2)（\text{再掲}）$$

の右側が棄却域（すなわち、片側検定）になります。すると、(2)の正規分布の上側5%点*は144.8であることから、棄却域は次のように求められます。

$$\overline{X} \geqq 144.8$$

現在の小学校4年生の身長の標本平均144.9cmはこの棄却域に入っています。すなわち、帰無仮説H_0は棄却されます。対立仮説の「$\mu > 143.5$」、すなわち「小学校4年生の平均身長は伸びた」が採択されるのです。

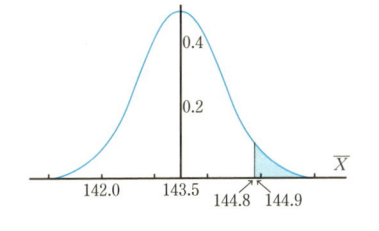

標本平均144.9cmは棄却域に入っている。

同じ有意水準でも、対立仮説「平均身長は変化した」では帰無仮説「平均身長に変化はない」は棄却されませんでしたが、対立仮説「平均身長は伸びた」ではその帰無仮説が棄却されました。**同じ帰無仮説でも、対立仮説の取り方で逆の結果が得られる**ことに留意してください。

例題1では、母分散7.8^2の正規分布に従う身長Xについて、大きさ100の標本の標本平均$\overline{X} = 144.9$から、全国の平均身長$\mu = 143.5$を、有

---

*上側5%点の具体的な求め方については94ページ《分布-D》を参照。

意水準5%で検定しました。これを統計学の言葉で一般化してみましょう。

> 母分散σ_0^2の正規母集団から大きさnの標本を抽出し、その標本平均$\overline{X}$の値が$\overline{x}$とする。これから、母平均$\mu = \mu_0$を有意水準α（すなわち100α%）で検定する。

これに対する検定法は次のようにまとめられます。

「検定」を考える手順

(i) 帰無仮説と対立仮説を設定する。

帰無仮説H_0：$\mu = \mu_0$

(ii) 帰無仮説のもとで統計量の分布を定める。

帰無仮説と「正規母集団の標本平均の定理」（3章§8）から、標本平均$\overline{X}$は平均値μ_0、分散$\dfrac{\sigma_0^2}{n}$の正規分布に従う（nは標本の大きさ）。

(iii) 有意水準を決め、棄却域を設定する。

有意水準が100α%のとき、(ii)の分布のもとで棄却域は次のように設定できる。

（両側検定）$\overline{X} \leq$ 左側の両側100α%点、右側の両側100α%点$\leq \overline{X}$

（右片側検定）上側100α%点$\leq \overline{X}$

（左片側検定）$\overline{X} \leq$ 下側100α%点

(iv) 標本を抽出し、$\overline{X}$が棄却域にあるかを調べる。

■別の問題で確かめよう

> **例題2** A社製造のロール紙の平均長は従来150mでしたが、サービス改善のため、平均長を長くしたと主張しています。それを確かめるため、新製品100個を無作為に抽出して検査したところ、その平均長は151.0mでした。このロール紙の長さの母分散は2^2として、A社の主張が正しいか否かを有意水準5%で検定してください。

(解) A社は「長くした」と主張しているので、帰無仮説と対立仮説は次のようになります。

帰無仮説H_0：平均長$\mu = 150$

対立仮説H_1：平均長$\mu > 150$

帰無仮説のもとで、ロール紙長Xの標本平均$\overline{X}$は平均が150、分散が$\dfrac{2^2}{100}$の正規分布に従います（標本の大きさは100、母分散は2^2より）。この分布の上側5%点は150.3より、棄却域は次のように表わされます。

$\overline{X} \geq 150.3$

標本平均151.0mは棄却域にあります。したがって、帰無仮説は棄却され、A社の主張「平均長を長くした」が認められました。**(答)**

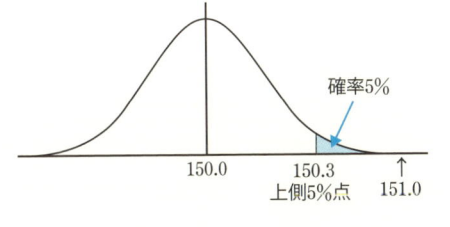

標本平均$\overline{X}$は平均が150、分散が$\dfrac{2^2}{100}$の正規分布に従う。

大きな標本の場合、母集団分布が何であれ、標本平均は正規分布に従います（中心極限定理）。また、母分散は不偏分散で近似できます。したがって、ここでの内容は大きな標本の平均値の検定にそのまま利用できることになります。

3. t検定とは
～t分布を用いた現実的な検定法

母分散を「不明」とする、より現実的な母平均の検定を行なうのが、この「t検定」です。

■検定のための統計量が従う分布を定める

引き続き、検定する方法を調べていきますが、ここでは「正規母集団を仮定し、母分散が未知」とします。これはさまざまな分野に使われている現実的な検定法で、t分布を用いるので「**t検定**」と呼ばれます。

> **例題1** ある工場の生産ラインから製造されるペットボトルの平均内容量は500mLとされていますが、疑いを感じた管理者は、それを検定しようと9本を無作為に抽出し、次のような結果を得ました。
> 　502.2, 501.6, 499.8, 502.8, 498.6, 502.2, 499.2, 503.4, 499.2
> この標本を元に、「内容量は500mL」が正しいか否かを有意水準5%で検定してみてください。なお、内容量は正規分布に従うと仮定します。

題意から母平均をμとして帰無仮説と対立仮説を次のように設定します。

　　　帰無仮説H_0：$\mu = 500$

　　　対立仮説H_1：$\mu \neq 500$

帰無仮説のもとで対象となる統計量の分布を調べてみましょう。ここで、推定のときにも調べた「**t分布に関する定理**」が使えます。それは、「平均値μの正規分布に従う独立したn個の確率変数 $X_1, X_2, \cdots, X_n$ について、次のように$\overline{X}$、s^2（正の平方根をs）を定義するとき、

$$\overline{X} = \frac{X_1 + X_2 + \cdots + X_n}{n} \cdots (1)$$

$$s^2 = \frac{(X_1-\overline{X})^2+(X_2-\overline{X})^2+\cdots+(X_n-\overline{X})^2}{n-1} \cdots (2)$$

次の確率変数

$$T = \frac{\overline{X}-\mu}{\frac{s}{\sqrt{n}}} \cdots (3)$$

は、自由度$n-1$のt分布に従う」というものでした。

さて、例題では帰無仮説のもとで、ペットボトルの内容量Xは平均値$\mu=500$の正規分布に従いますから、nを9とすれば、この定理の(3)式に示すTは自由度$9-1=8$のt分布に従うことになります。

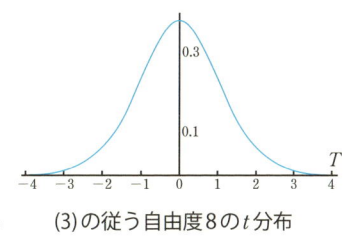

(3)の従う自由度8のt分布

■有意水準を決め棄却域を設定する

有意水準は題意から5%と与えられています。また、対立仮説「$\mu \neq 500$」のもとでは両側検定となります。自由度8のt分布の両側5%点2.31*を利用して、棄却域は次のように求められます。

$$T \leq -2.31、2.31 \leq T \cdots (4)$$

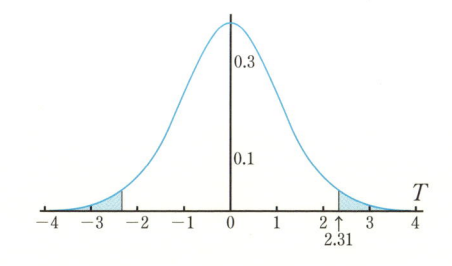

網を掛けた部分が有意水準5%の確率部分であり、その境界値は自由度8のt分布の両側5%点である。

■検定のための統計量が棄却域にあるかを調べる

標本から、(3)のTを求めてみましょう。(1)の標本平均$\overline{X}$と(2)の不偏分散s^2、及びそれから得られる標準偏差sを算出してみましょう。

---

*t分布の両側5%点の具体的な求め方については136ページ《分布-E》参照。

3. t検定とは　　173

データ代入

$$\overline{X} = \frac{\boxed{502.2+501.6+499.8+\cdots+499.2}}{9} = 501.0$$

$$s^2 = \frac{(502.2-501.0)^2+(501.6-501.0)^2+\cdots+(499.2-501.0)^2}{9-1} = 3.24$$

$$s = \sqrt{3.24} = 1.80$$

帰無仮説の$\mu=500$と、これらを(3)に代入してみましょう。

$$T = \frac{\overline{X}-\mu}{\frac{s}{\sqrt{n}}} = \frac{501.0-500}{\frac{1.80}{\sqrt{9}}} = 1.67 \cdots (5)$$

これが標本から得られたTの値（T値）です。

(5)のT値は棄却域(4)に入っていません。すなわち、帰無仮説H_0は棄却できないことになります。帰無仮説H_0は受容されるのです。有意水準5％の両側検定では、大きさ9の標本からは、「500mLの製造ラインから501mLの製品が生まれる」誤差は許容されることになります。**（答）**

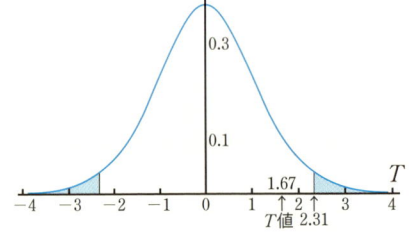

標本平均501.0から得られるT値1.67は棄却域に入っていない。

このように検定の結果、「問題はなかった」ことが判明したのです。

■片側検定ならば？

問題を多少アレンジし、対立仮説を次のように変えてみましょう。

　　H_1：平均内容量は500mLより大（すなわち$\mu > 500$）

対立仮説が効いてくるのは棄却域の設定の箇所ですが、この対立仮説のもとでは、(3)の従う自由度8のt分布の右側が棄却域になります。すなわ

ち、右片側検定です。棄却域の境界はt分布の上側5%点**1.86となり、棄却域は次のように与えられます。

$$T \geq 1.86 \cdots (6)$$

T値(5)はこの棄却域(6)にも入っていません。両側検定のときと同様、帰無仮説H_0は棄却できないのです。有意水準5%の片側検定でも、「500mLの製造ラインから501mLの製品が生まれる」誤差は許容されることになります。

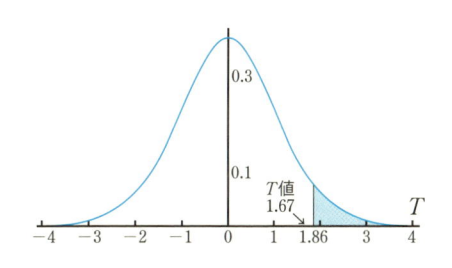

標本平均501.0から得られるT値1.67は、上側の5%棄却域にも入っていない。

■一般化してみよう

例題では、正規母集団から大きさ9の標本を抽出し、それから得られる$T = \dfrac{\overline{X} - \mu}{\dfrac{s}{\sqrt{n}}}$が自由度8の$t$分布に従うことを利用して、製品の内容量500mLであることを有意水準5%で検定しました。これを統計学の言葉で一般化すると、次のようになります。

Xについての正規母集団から大きさnの標本を抽出し、$T = \dfrac{\overline{X} - \mu}{\dfrac{s}{\sqrt{n}}}$が自由度$n-1$の$t$分布に従うことを利用して、母平均$\mu = \mu_0$を有意水準$\alpha$で検定する。

これに対する検定法は次のようになります。以下で、μは母平均、μ_0は定数、sは不偏分散から得られた標準偏差とします。

**上側5%点の具体的な求め方については136ページ《分布-E》参照。

「仮説と棄却」を考える手順

(i) 帰無仮説と対立仮説を設定する。

帰無仮説$H_0: \mu = \mu_0$

(ii) 帰無仮説のもとで統計量の分布を定める。

帰無仮説とt分布の定理から、次のTは自由度$n-1$のt分布に従う（nは標本の大きさ）。

$$T = \frac{\overline{X} - \mu}{\frac{s}{\sqrt{n}}}$$

(iii) 有意水準を決め、棄却域を設定する。

有意水準がα（すなわち$100\alpha\%$）のとき、(ii)の分布のもとでTの棄却域は次のように設定できる。

（両側検定）　$T \leqq -$両側$100\alpha\%$点，両側$100\alpha\%$点$\leqq T$

（右片側検定）上側$100\alpha\%$点$\leqq T$

（左片側検定）$T \leqq$下側$100\alpha\%$点

(iv) 標本を抽出し、Tの値が棄却域にあるかを調べる。

■ t分布の検定法を別の問題で確かめよう

前項（§2）の例題2と似た問題で、t分布の検定法を確認します。

> **例題2**　A社製造のロール紙の平均長は従来150mでしたが、サービス改善のため、平均長を長くしたと主張しています。それを確かめるため、新製品10個を無作為に抽出して検査したところ、その平均長は151.0m、不偏分散は2^2でした。A社の主張が正しいか否かを有意水準5%で検定してください。

(解)「長くした」との主張に対して、帰無仮説と対立仮説は次のようになります。

帰無仮説H_0：平均長$\mu = 150$

対立仮説H_1：平均長$\mu > 150$

帰無仮説のもとで、次の量は自由度$9(=10-1)$のt分布に従います。

$$T = \frac{\overline{X} - \mu}{\frac{s}{\sqrt{n}}} \cdots (7)$$

この分布の上側5％点は1.83より、棄却域は次のように表わされます。

$$T \geq 1.83 \cdots (8)$$

実際にTの値を求めてみましょう。題意から、

ロール紙長Xの標本平均$\overline{X} = 151.0$、不偏分散$s^2 = 2^2$

帰無仮説$\mu = 150$とこれらの値より、(7)のTの値は次のように求められます。

$$T = \frac{151.0 - 150}{\frac{2}{\sqrt{10}}} = \frac{1.0}{0.632} = 1.58$$

これは棄却域(8)の$T \geq 1.83$に入りませんから、帰無仮説は受容され、A社の主張「平均長を長くした」は認められないことになります。**(答)**

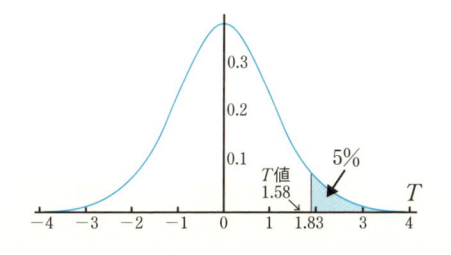

T値1.58は棄却域$T \geq 1.83$に入らない。

4. t 検定を用いた「差の検定」
～2標本による母平均の差の検定

2つの母集団から標本を取ってきて標本平均に差があれば、元の母平均にも差があるといってよいでしょうか？

■2つの母集団に差はあるといってよいか？

いま、2つの正規母集団から標本をそれぞれ抽出して標本平均を比較したときに差があったとします。このとき、「元の母平均も異なる」と結論づけてよいでしょうか。これには次のような例が考えられます。

(例1) 日本のサラリーマンのお小遣いを調べるために、20代と40代の2つの標本を抽出し調べたところ、20代のお小遣い平均は41,100円だったのに対し、40代は35,500円であった。これらに統計学的な違いはあるか？

(例2) ある病気を治すためのA、B二種の薬を、無作為に抽出した2つの患者グループに投与したところ、Aを投与したグループは治癒に平均3日を要したのに対して、Bを投与したグループは平均5日を要した。統計学的に「薬Aの方が効く」といえるか？

このような疑問に応えるのが**2標本による母平均の差の検定**です。2つの標本から、それらを抽出した元の2つの母集団の平均値の違いを検定します。次の例題を通して、この検定の仕組みを調べることにします。なお、ここでは「2母集団の母分散は等しい」と仮定します。

> **例題1** 教育法A、Bの優劣を確かめるために、中学3年生を50人ずつ抽出し教育法A、Bを施し、教育終了後に試験を行なったところ、Aの教育法の平均点は57点、不偏分散は8^2であり、Bの教育法の平均点は51点、不偏分散は12^2でした。この成績から教育法AはBより優

> れているといえるか否かを有意水準1％で検定してください。ただし、得点は正規分布に従い、A、Bについて2つの母集団の分散は等しいとします。

　この問題の題意から、帰無仮説と対立仮説を次のように設定します。
　　帰無仮説H_0：教育法A、Bに優劣はない。
　　対立仮説H_1：教育法Aは教育法Bより優れている。
　教育法Aを施した母集団の母平均をμ_A、教育法Bを施した母集団の母平均をμ_Bとすると、これらは次のように式で表現されます。
　　帰無仮説H_0：$\mu_A = \mu_B$
　　対立仮説H_1：$\mu_A > \mu_B$
　帰無仮説、対立仮説は$\mu_A - \mu_B$が0か正かを問うているといえます。そのため、このような検定を「2標本による母平均の差の検定」と呼びます。

■検定のための統計量が従う分布を定める

　A、Bが対象とする2つの母集団とは、全国の中学3年生を仮想的に等分し、各々に2つの教育法A、Bを施したと仮定したものです。さて、その2つの母集団から抽出した標本から得られる統計量の分布を調べてみましょう。ここで新たに登場する次の定理がその分布を定めます。以下、$\overline{X}$、s^2を標本平均、不偏分散とし、添字A、Bで抽出する母集団を区別しています。

「自由度とt分布」の定理

　同じ母平均、母分散を持つ2つの母集団A、Bの各々から、順に大きさn_A、n_Bの標本を抽出したとする。このとき、次の統計量Tは自由度$n_A + n_B - 2$のt分布＊に従う。

$$T = \frac{\overline{X}_A - \overline{X}_B}{\sqrt{\left(\dfrac{1}{n_A} + \dfrac{1}{n_B}\right)\dfrac{(n_A-1)s_A^2 + (n_B-1)s_B^2}{n_A + n_B - 2}}} \quad \cdots (1)$$

＊t分布については136ページ《分布-E》で詳述。

例題1において、帰無仮説のもとでは「2つの母集団の母平均は等しい」としています。また、題意から「2つの母分散は等しい」と仮定されています。そこで、この定理が利用できます。題意から、標本の大きさ n_A、n_B は各々50なので、(1)の T は自由度 $50+50-2=98$ の t 分布に従うことになります。

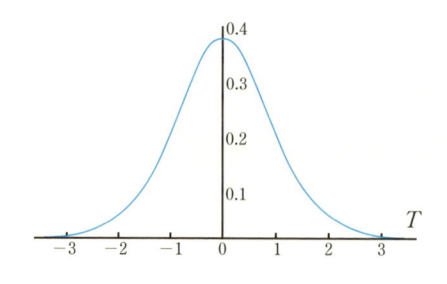

(1)の T の従う自由度98の t 分布。標準正規分布とほぼ一致。

■検定のための統計量が棄却域にあるかを調べる

有意水準は題意から1%と与えられています。また、対立仮説「$\mu_A > \mu_B$」のもとでは右片側検定となります。したがって、棄却域の境界は t 分布の上側1%点**2.37となり、棄却域が次のように求められます。

$$T \geq 2.37 \cdots (2)$$

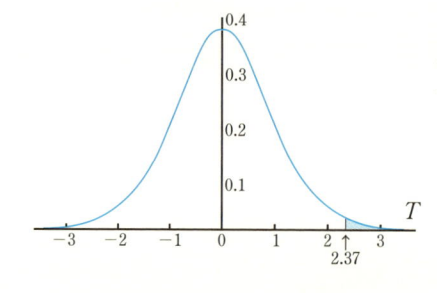

網を掛けた部分が有意水準1%の確率部分であり、その境界値は上側1%点である。

標本平均 $\overline{X}_A$、$\overline{X}_B$、不偏分散 s_A^2、s_B^2 を確認しましょう。ここで、添え字（小さな文字）のA、Bは教育法A、Bを区別するための記号です。

$$\overline{X}_A = 57、s_A^2 = 8^2、\overline{X}_B = 51、s_B^2 = 12^2 \cdots (3)$$

**t 分布の上側1%点の具体的な求め方は136ページ《分布-E》参照。

これらを(1)に代入してみましょう。

$$T = \frac{57-51}{\sqrt{\left(\frac{1}{50}+\frac{1}{50}\right)\frac{(50-1)\times 8^2+(50-1)\times 12^2}{50+50-2}}} = 2.94 \cdots (4)$$

これは棄却域(2)に含まれ、帰無仮説H_0は棄却されることになります。こうして教育法Aの方がBより優れていることが検定されました。**(答)**

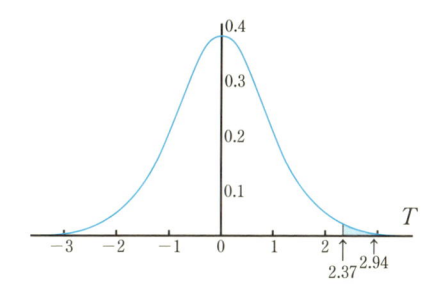

T値2.94は棄却域に入っている。

一般的に、正規母集団A、Bの母平均μ_A、μ_Bについて、「μ_Aはμ_Bと等しい」「μ_Aはμ_Bより大きい」を検定する方法を調べましょう。ただし、母集団A、Bの母分散は等しいことを仮定します。

「μ_Aとμ_Bの差の検定」を考える手順

(i) 帰無仮説と対立仮説を設定する。

  帰無仮説H_0：$\mu_A = \mu_B$

(ii) 帰無仮説のもとで統計量の分布を定める。

  帰無仮説のもとで、次のTは自由度$n_A + n_B - 2$のt分布に従う。

$$T = \frac{\overline{X}_A - \overline{X}_B}{\sqrt{\left(\frac{1}{n_A}+\frac{1}{n_B}\right)\frac{(n_A-1)s_A{}^2+(n_B-1)s_B{}^2}{n_A+n_B-2}}} \cdots (1)\ (再掲)$$

(iii) 有意水準を決め、棄却域を設定する。

  有意水準がα（すなわち100α％）のとき、(ii)の分布のもとで棄却域は次のように設定できる。

  （両側検定）$T \leq -$両側100α％点、 両側100α％点$\leq T$

（右片側検定） 上側100α%点 $\leq T$

(iv) 標本を抽出し、Tの値が棄却域にあるかを調べる。

なお、以上の「まとめ」で、nは標本の大きさ、$\overline{X}$はその標本平均、s^2は不偏分散を表わし、添え字で母集団A、Bを区別しています。

> **例題2** 母分散が等しいと仮定できる2つの正規母集団A、Bから抽出した次の標本A、Bがあります。
> 　　　標本A：68, 53, 65, 57, 54, 54, 34, 71, 63, 50
> 　　　標本B：58, 40, 25, 49, 48, 55, 55, 45, 44, 47, 55, 39
> このとき、母集団A、Bの母平均μ_A、μ_Bが等しいか否かを、有意水準5%で検定してください。

(解) 帰無仮説H_0と対立仮説H_1を次のように設定し、両側検定を行ないます。

　　　帰無仮説H_0：$\mu_A = \mu_B$

　　　対立仮説H_1：$\mu_A \neq \mu_B$

標本の大きさn_A、n_Bは順に10、12より、まとめ(ii)の統計量Tは自由度$20(=10+12-2)$のt分布に従います。このt分布の両側5%点は2.086（《分布-E》参照）より、棄却域は次のように求められます。

　　　棄却域：$T \leq -2.086$、$2.086 \leq T$　…(5)

また、標本から次の値が得られます。

　　　$\overline{X}_A = 56.90$、$\overline{X}_B = 46.67$、$s_A^2 = 114.32$、$s_B^2 = 84.24$

よって、まとめ(2)のTの値は

$$T = \frac{56.90 - 46.67}{\sqrt{\left(\frac{1}{10} + \frac{1}{12}\right)\frac{(10-1)\times 114.32 + (12-1)\times 84.24}{10+12-2}}} = 2.42$$

このT値2.42は棄却域(5)に入るので、帰無仮説は棄却されます。母集団A、Bの母平均μ_A、μ_Bは等しくないことが確認されました。**(答)**

5. ウェルチの検定
～等分散を仮定しない母平均の差の検定

2つの正規母集団から標本を抽出し、標本平均に差があったなら元の母集団にも差があるかを等分散を仮定せずに考えます。

■ 「等分散の仮定」を外してみる

　前項では、標本を抽出した2つの母集団の平均値に違いがあるかを検定する方法を調べました。ただしその場合、2つの正規母集団について「母分散が等しい」ということを仮定していた点に留意してください。

　今回はその仮定を外すことにします。その場合の検定を**ウェルチの検定**と呼びます。前項で調べた例題から等分散の仮定を除外した次の例題で、この検定の仕組みを調べることにしましょう。

> **例題1** 教育法A、Bの優劣を確かめるために、中学3年生を50人ずつ抽出し教育法A、Bを施し、教育終了後に試験を行なったところ、Aの教育法の平均点は57点、不偏分散は8^2であり、Bの教育法の平均点は51点、不偏分散は12^2でした。この成績から教育法AはBより優れているといえるか否かを有意水準1%で検定してください。ただし、得点は正規分布に従うとします。

　前項の例題では「A、Bについて2つの母集団の分散は等しいとします」という1文が最後に入っていました。今回は入っていませんから、「母集団の分散は等しい」と仮定することはできません。

　さて前項、教育法A及びBを施した母集団の母平均を各々μ_A、μ_Bとすると、題意から帰無仮説と対立仮説を次のように設定できます。

　　帰無仮説H_0：$\mu_A = \mu_B$
　　対立仮説H_1：$\mu_A > \mu_B$

■検定のための統計量が従う分布を定める

　帰無仮説のもとで、検定に利用する統計量の分布を調べてみます。ここで、新たに登場する次の定理が利用されます。

「統計量と自由度νの定理」

　同じ母平均を持つ正規母集団A、Bの各々から、順に大きさn_A、n_Bの標本を抽出したとする。このとき、次の統計量Tは自由度ν（ニュー）のt分布に従う。

$$T = \frac{\overline{X}_A - \overline{X}_B}{\sqrt{\frac{s_A^2}{n_A} + \frac{s_B^2}{n_B}}} \quad \cdots (1)$$

ここで、自由度νは次のように与えられる。

$$\nu = \frac{\left(\frac{s_A^2}{n_A} + \frac{s_B^2}{n_B}\right)^2}{\frac{\left(\frac{s_A^2}{n_A}\right)^2}{n_A - 1} + \frac{\left(\frac{s_B^2}{n_B}\right)^2}{n_B - 1}} \text{ に最も近い整数} \cdots (2)$$

　帰無仮説のもとでは2つの母集団の母平均は等しいことになりますので、この定理を利用できます。さて、題意より、

$$\overline{X}_A = 57、s_A^2 = 8^2、\overline{X}_B = 51、s_B^2 = 12^2 \quad \cdots (3)$$

これらを上の公式(2)の自由度νに代入して、

$$\nu = \frac{\left(\frac{8^2}{50} + \frac{12^2}{50}\right)^2}{\frac{\left(\frac{8^2}{50}\right)^2}{50 - 1} + \frac{\left(\frac{12^2}{50}\right)^2}{50 - 1}} \text{ に最も近い整数}$$

$$= 85.3711\cdots \text{に最も近い整数} = 85$$

　こうして、(1)のTは自由度85のt分布に従うことがわかりました。

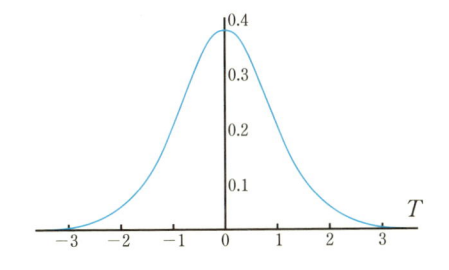

(1)の従う自由度85のt分布。
標準正規分布とほぼ一致。

■有意水準を決め棄却域を設定する

有意水準は題意から1%と与えられています。また、対立仮説「$\mu_A > \mu_B$」のもとでは右片側検定となります。したがって、自由度85のt分布の上側1%点が2.37より、棄却域は次のように求められます。

$$T \geq 2.37 \quad \cdots (4)$$

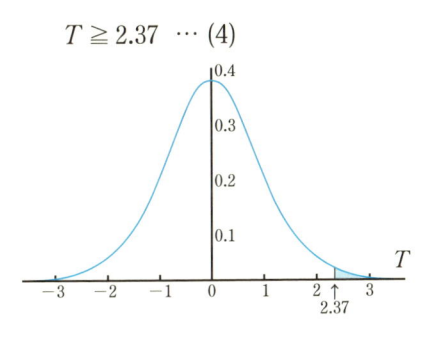

網を掛けた部分が有意水準1%の確率部分であり、その境界値は上側1%点($= 2.37$)である。ちなみに、この2.37については《分布-E》参照(136ページ)。

■検定のための統計量が棄却域にあるかを調べる

これから検定の対象になる統計量Tの値(T値)は、(3)を(1)に代入して、次のように求められます。

$$T = \frac{57 - 51}{\sqrt{\dfrac{8^2}{50} + \dfrac{12^2}{50}}} = 2.94$$

これは棄却域(4)に含まれます。すなわち、帰無仮説H_0は棄却されることになります。前項と同様、教育法AのほうがBよりも優れている

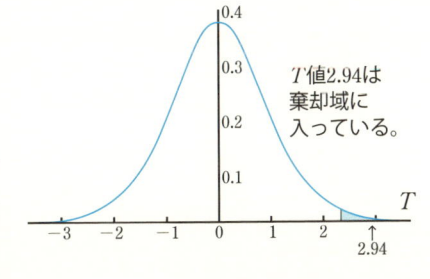

T値2.94は棄却域に入っている。

5. ウェルチの検定　185

ことが認められました。**(答)**

　一般的に、等分散を仮定できない2つの正規母集団A、Bの母平均μ_A、μ_Bについて、「μ_Aはμ_Bと等しい」「μ_Aはμ_Bより大きい」を検定する方法を調べましょう。以下で、nは標本の大きさ、$\overline{X}$はその標本平均、s^2は不偏分散を表わし、添え字で母集団A、Bを区別しています。

「ウェルチの検定」を考える手順

(i) 帰無仮説と対立仮説を設定する。

$$\text{帰無仮説} H_0 : \mu_A = \mu_B$$

(ii) 帰無仮説のもとで、次のTは自由度νのt分布に従う。

$$T = \frac{\overline{X}_A - \overline{X}_B}{\sqrt{\dfrac{s_A^2}{n_A} + \dfrac{s_B^2}{n_B}}} \cdots (1)(再掲)$$

ここで、νは次のように与えられる。

$$\nu = \frac{\left(\dfrac{s_A^2}{n_A} + \dfrac{s_B^2}{n_B}\right)^2}{\dfrac{\left(\dfrac{s_A^2}{n_A}\right)^2}{n_A - 1} + \dfrac{\left(\dfrac{s_B^2}{n_B}\right)^2}{n_B - 1}} \text{に最も近い整数} \cdots (2)(再掲)$$

(iii) 有意水準がα（すなわち100α%）のとき、(ii)の分布のもとで棄却域は次のように設定できる。

　　　（両側検定）　$T \leq -$両側100α%点、両側100α%点$\leq T$

　　　（右片側検定）　上側100α%点$\leq T$

(iv) 標本を抽出し、Tの値が棄却域にあるかを調べる*。

---

*最初に述べたように、この検定をウェルチの検定と呼びます。

■ウェルチの検定を別の問題で確かめよう

> **例題2** 正規母集団A、Bから抽出した次の標本A、Bがあります。
> 　標本A：68, 53, 65, 57, 54, 54, 34, 71, 63, 50
> 　標本B：58, 40, 25, 49, 48, 55, 55, 45, 44, 47, 55, 39
> このとき、母集団A、Bの母平均μ_A、μ_Bが等しいか否かを、有意水準5%で検定してください。

この例題は前項の例題2と同じですが、大きな違いは「2つの母集団の等分散性を仮定していない」ことです。

(解) 前項の帰無仮説や対立仮説、計算結果を踏襲します。

　　　　帰無仮説H_0：$\mu_A = \mu_B$

　　　　対立仮説H_1：$\mu_A \neq \mu_B$

題意から、前項で算出した値を利用して、

$n_A = 10$、$n_B = 12$、$\overline{X}_A = 56.90$、$\overline{X}_B = 46.67$、$s_A^2 = 114.32$、$s_B^2 = 84.24$

帰無仮説のもとで、公式(1)のTが従うt分布の自由度νは次のように求められます。

$$\nu = \frac{\left(\dfrac{114.32}{10} + \dfrac{84.24}{12}\right)^2}{\dfrac{\left(\dfrac{114.32}{10}\right)^2}{10-1} + \dfrac{\left(\dfrac{84.24}{12}\right)^2}{12-1}} \text{に最も近い整数}$$

$$= 17.919\cdots \text{に最も近い整数} = 18$$

自由度$\nu=18$のt分布の両側5%点は2.12（《分布-E》）なので、棄却域は次のようになります。

　棄却域：$T \leqq -2.12$、$2.12 \leqq T$ … (5)

　公式(1)から、

$$T = \frac{56.90 - 46.67}{\sqrt{\dfrac{114.32}{10} + \dfrac{84.24}{12}}} = 2.38$$

このTの値2.38（T値）は棄却域(5)の範囲に入ります。したがって、帰無仮説は棄却されることになります。**(答)**

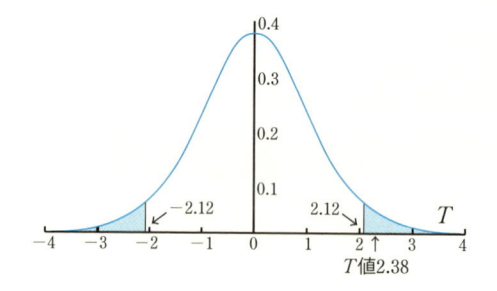

T値は棄却域(5)に入り、帰無仮説は棄却される。

6. 母比率の検定［大きな標本のとき］
～母比率を正規分布で検定する

母比率についての仮説が正しいかを検定するのが「母比率の検定」で、ここでは「大きな標本のとき」を扱います。

■検定のための統計量が従う分布を定める

「内閣支持率は22%」「このコインの表の出る確率は0.5」といった比率を疑ったり、確かめる際に利用される検定法が**母比率の検定**です。ここでは、大きな標本の場合を考えることにします。

> **例題1** 2012年のJTの調査では、日本のタバコの喫煙率は男女合わせて21%でした。しかし、周りを見るともっと多くの人が喫煙しているように思えます。そこで、100人を無作為に抽出し、喫煙率を調べたところ、25人が喫煙者でした。このデータをもとに、喫煙率21%が正しいか否かを有意水準5%で検定してください。

題意から帰無仮説と対立仮説を次のように設定します。

　　　帰無仮説H_0：日本人の喫煙率は0.21（すなわち21%）に等しい
　　　対立仮説H_1：日本人の喫煙率は0.21（すなわち21%）より大

日本人の喫煙率をRとすると、これらは次のように表わせます。

　　　帰無仮説H_0：$R = 0.21$
　　　対立仮説H_1：$R > 0.21$

次に、帰無仮説のもとで対象となる統計量（この場合は標本平均）の分布を調べてみましょう。ここで利用されるのが反復試行の定理（3章§4）と、その近似公式（詳細は193ページ《分布-H》参照）です。なお、5章§7では、本項とは別のアプローチで母比率問題を処理しています。結論は同じになりますが、アプローチの方法を比較検討してみてください。

「反復試行の定理」と「近似公式」

(ア) (**反復試行の定理**) 試行 T で事象 A の起こる確率が p とする。このとき、この試行 T を n 回繰り返したとき、事象 A の現れる回数 X は二項分布 $B(n, p)$ に従う。

(イ) (**二項分布の正規分布近似**) 二項分布 $B(n, p)$ は、n が大きい場合、正規分布 $N(np, np(1-p))$ で近似される。

本問では、それぞれ上の定理 (ア) の、

　　「試行 T」に「一人を抽出すること」が対応

　　「n 回」に「100」が対応

　　「事象 A」に「喫煙者であること」が対応

　　「確率 p」に「日本人の喫煙率は 0.21」(帰無仮説) が対応

　　「事象 A の現れる回数 X」に「標本の喫煙者数 X」が対応

しています。また、標本の大きさ 100 は十分大きいと考えられるので、上の定理 (イ) が利用できます。そこで、標本の喫煙者数 X の分布は次の分布に従うことがわかります。

　　　　平均値 100×0.21、分散 $100 \times 0.21 \times (1-0.21)$ の正規分布 … (1)

すなわち、標本の喫煙者数 X は平均値 21、分散 $16.59 (= 4.07^2)$ の正規分布に従うのです。

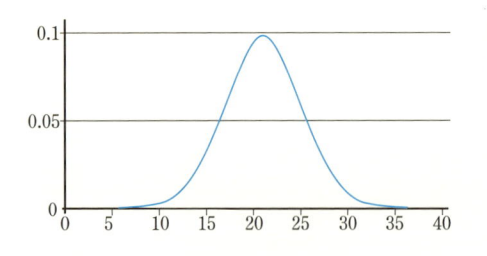

喫煙者数 X は平均値 21、分散 $16.59 (= 4.07^2)$ の正規分布に従う。

■有意水準から棄却域を設定する

有意水準は題意から 5% と与えられ、また、対立仮説「$R > 0.21$」のも

とでは右片側検定となり、棄却域の境界は正規分布の上側5%点*の27.7となります。こうして、(1)の正規分布の棄却域が次のように求められます。

$$X \geq 27.7 \cdots (2)$$

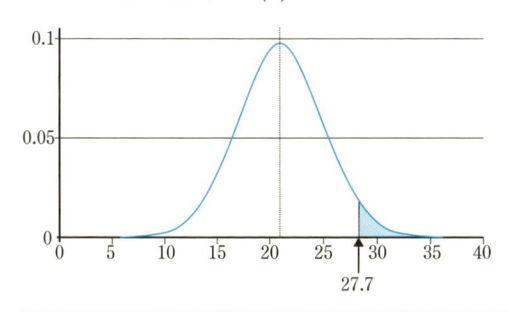

網を掛けた部分が有意水準5%の確率部分であり、その境界値27.7は上側5%点である。

■検定のための統計量が棄却域にあるかを調べる

題意から、観測された喫煙者数Xは25です。これは棄却域(2)に入っていません。そこで、帰無仮説H_0は棄却できません。帰無仮説H_0は受容されるのです。有意水準5%の片側検定では、100人中25人の喫煙者数からは、全国平均の喫煙率0.21を否定できないのです。**(答)**

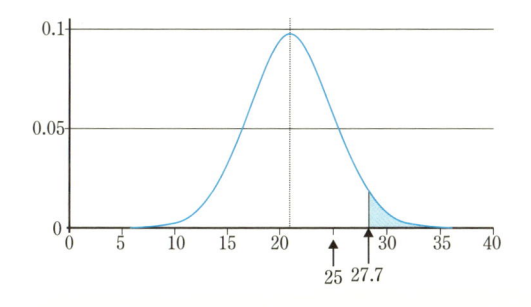

$X = 25$は棄却域に入っていない。

例題1では、100人を抽出し25人が喫煙者であるということから有意水準5%で帰無仮説「母比率$R = 0.21$」を検定しました。これを一般化すると、

大きさnの標本を抽出し、そのうち対象となる個体数Xはxとする。このことから、帰無仮説「母比率$R = R_0$」を有意水準αで検定せよ。

となります。これに対する検定法は次のようにまとめられます。

---

*上側5%点の具体的な求め方は94ページ《分布-D》を参照。

6. 母比率の検定［大きな標本のとき］　　191

「母比率の検定法」を考える手順

(i) 帰無仮説と対立仮説を設定する。

　　帰無仮説H_0：母比率$R = R_0$

(ii) 帰無仮説のもとで、対象となる個体数Xは次の正規分布に従う。ただし、標本数nは大きいと仮定する。

　　平均値$n \times R_0$、分散$n \times R_0(1 - R_0)$

(iii) 有意水準がα（すなわち100α％）のとき、(ii)の分布のもとで棄却域は次のように設定できる。

　（両側検定）　　$X \leq$ 左側の両側100α％点、右側の両側100α％点 $\leq X$
　（右片側検定）　上側100α％点 $\leq X$
　（左片側検定）　$X \leq$ 下側100α％点

(iv) 標本を抽出し、Xの値xが棄却域にあるかを調べる。

■内閣支持率は低下したか？

例題2　ある年の内閣支持率は0.38でしたが、最近、支持率が低下したと思い、500人を無作為に抽出して調べたところ170人が支持者でした。支持率は低下したといえるか否かを有意水準5％で検定してください。

（解） 帰無仮説H_0と対立仮説H_1を設定し、左片側検定を行ないます。

　　H_0：$p = 0.38$、H_1：$p < 0.38$

帰無仮説のもとで、支持者数Xは二項分布$B(500, 0.38)$に従いますが、これは正規分布$N(190, 117.8)$で近似されます。この正規分布の下側5％点は172.1より、左片側検定の棄却域は、

　　$X \leq 172.1$

$X = 170$（支持者数）はこの棄却域に入っていますので、帰無仮説は棄却されます。**（答）**

分布-H　二項分布の正規分布近似

　二項分布 $B(n, p)$ に従う確率変数 X は、n が大きいとき正規分布で近似されます。二項分布の式にある階乗の計算は、n が大きいとき、莫大な数になり数値がオーバーフローし、扱いに困ります。そこで、このように近似できるのは大変ありがたいことです。この近似公式を**二項分布の正規分布近似**といいます。母比率の検定などで利用されます。

二項分布の正規分布近似の定理*

　二項分布 $B(n, p)$ に従う確率変数 X は、n が大きいとき、近似的に平均値が np、分散が $np(1-p)$ の正規分布 $N(np, np(1-p))$ に従う。

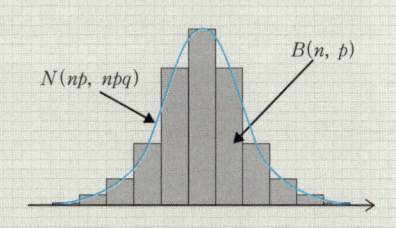

この近似が適用できるには次の条件が必要であることが知られています。

$$p \leq 0.5 \text{であれば } np > 5、\quad p \geq 0.5 \text{であれば } n(1-p) > 5$$

(例) 二項分布 $B(50, 0.4)$ と正規分布 $N(50 \times 0.4, 50 \times 0.4 \times 0.6)$ のグラフを重ねて描きました。2つのグラフがよく重なることを確かめてください。

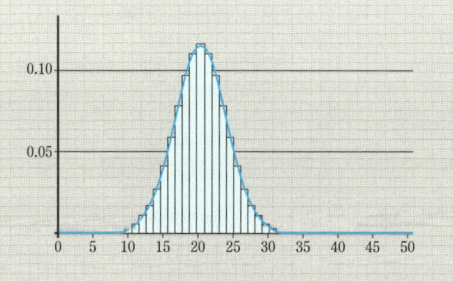

二項分布 $B(50, 0.4)$ は正規分布 $N(50 \times 0.4, 50 \times 0.4 \times 0.6)$ で近似される。

---

*二項分布 $B(n, p)$ の平均値は np、分散は $np(1-p)$ (62ページ《分布-A》参照)。したがって、その平均値と分散をそのまま正規分布の平均値と分散にあてはめたのが、この定理の内容です。

7. χ^2検定
〜χ^2分布を用いた母分散の検定法

母分散についての仮説が正しいか否かを検定するのが「母分散の検定」です。χ^2分布を用いたχ^2検定が行なわれます。

■ χ^2検定とは何ぞや？ 何に使える？

工場で製造される製品において、製品の散らばりが一定の基準を満たしているか否かを調べるときなどに大切な役割を果たすのが**母分散の検定**です。χ^2（カイ2乗）分布を用いた検定（χ^2**検定**）が利用されます。

> **例題1** ある工場の生産ラインから製造される500mL入りペットボトルの分散は1.5^2（mL^2）とされている。それを確かめるために9本を無作為に抽出し、容量を調べたら、次の結果を得ました。
> 　502.2, 501.6, 499.8, 502.8, 498.6, 502.2, 499.2, 503.4, 499.2
> この標本を元に「分散1.5^2」が正しいかを有意水準5%で検定してください。

題意から帰無仮説と対立仮説を次のように設定します。

　帰無仮説H_0：ペットボトルの分散σ^2は1.5^2（mL^2）である。

　対立仮説H_1：ペットボトルの分散σ^2は1.5^2（mL^2）と異なる。

分散の分布に関しては次の定理があります。

「分散の分布」に関する定理

分散σ_0^2の同一の正規分布に従うn個の確率変数$X_1, X_2, \cdots, X_n$から不偏分散s^2を算出する。このとき、次のχ^2は自由度$n-1$のχ^2分布に従う[*]。

$$\chi^2 = \frac{n-1}{\sigma_0^2} s^2 \cdots (1)$$

製造されるペットボトルの容量は正規分布に従うと仮定できます。そこ

[*] 定理の中の「χ^2分布」の詳細については150ページ《分布-G》参照。

で、母分散σ_0^2を1.5^2とする帰無仮説のもとで、この定理がそのまま使えます。すなわち、いま調べている例題では、(1)のχ^2は自由度$8(=9-1)$のχ^2分布に従うのです（9は標本の大きさ）。

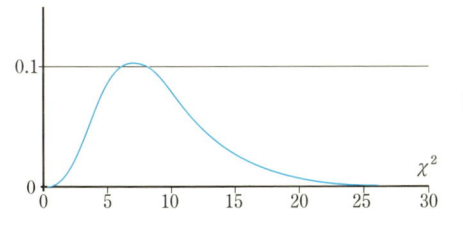

(1)の従う自由度8のχ^2分布。

■有意水準を決め、統計量が棄却域にあるかを調べる

題意から有意水準5%の両側検定となります。(1)の従う自由度8のχ^2分布の下側2.5%点2.18と上側2.5%点**17.53を用いて、棄却域は次のように求められます。

$$\chi^2 \leq 2.18、17.53 \leq \chi^2 \quad \cdots (2)$$

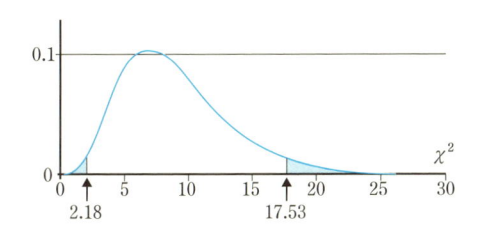

網を掛けた部分が有意水準5%の確率部分であり（両側各々2.5%）、その境界値は下側及び上側の2.5%点である。

得られた標本から、標本平均$\overline{X}$の不偏分散s^2の値を算出してみましょう。

$$\overline{X} = \frac{502.2+501.6+499.8+\cdots+499.2}{9} = 501$$

データ代入

$$s^2 = \frac{(502.2-501)^2+(501.6-501)^2+\cdots+(499.2-501)^2}{9-1} = 3.24$$

これらから、(1)のχ^2値は次のように得られます。

** 上側2.5%点と下側2.5%点の具体的な求め方については150ページ《分布-G》参照。

$$\chi^2 = \frac{(9-1) \times 3.24}{1.5^2} = 11.52$$

これは棄却域(2)に入っていません。すなわち、帰無仮説H_0は棄却できないことになります。製造ラインのバラつきは設計通りに収まっていると考えてよいでしょう。

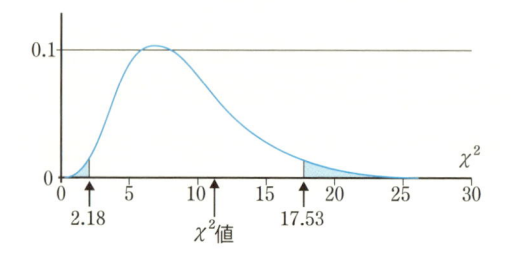

標本から算出されたχ^2値は棄却域に入っていない。

■ χ^2検定を一般化してみよう

例題では、内容量が正規分布に従うと仮定されたペットボトル9本を標本として抽出し、不偏分散s^2の値3.24を算出しました。この値を用いて、帰無仮説「母分散$\sigma^2 = 1.5^2$」を有意水準5%で検定しました。これを統計学の言葉で一般化すると、次のようになります。

> 正規母集団から大きさnの標本を抽出し、その不偏分散s^2の値を算出する。これから、帰無仮説「母分散$\sigma^2 = \sigma_0$」を有意水準α（すなわち100α%）で検定する。

これに対する検定法は次のようになります。

「χ^2検定」を考える手順

(i) 帰無仮説と対立仮説を設定する。

  帰無仮説$H_0 : \sigma^2 = \sigma_0^2$

(ii) 帰無仮説のもとで統計量の分布を定める。

帰無仮説のもとで、次のχ^2は自由度$n-1$のχ^2分布に従う。

$$\chi^2 = \frac{(n-1)s^2}{\sigma_0^2} \quad (s^2\text{は不偏分散}) \cdots (1)(再掲)$$

(iii) 有意水準 α（すなわち $100\alpha\%$）のとき、(ii)の分布のもとで棄却域は次のように設定できる。

（両側検定）$\chi^2 \leq$ 下側 $\dfrac{100\alpha}{2}\%$点、上側 $\dfrac{100\alpha}{2}\%$点 $\leq \chi^2$

（右片側検定）上側 $100\alpha\%$点 $\leq \chi^2$

（左片側検定）$\chi^2 \leq$ 下側 $100\alpha\%$点

(iv) 標本を抽出し、χ^2の値を求め、それが棄却域にあるかを調べる。

■ χ^2検定を別の問題で確かめよう

例題2 いま、母分散が 7^2 とされる正規母集団から抽出した大きさ20の標本があります。これらの標本をもとに、母分散 σ^2 が 7^2 といえるか否かを有意水準5%で検定してください。

54, 39, 49, 58, 60, 37, 47, 72, 39, 55, 71, 47, 50, 53, 40, 43, 44, 52, 65, 64

（解） 帰無仮説 H_0 と対立仮説 H_1 を設定し、両側検定を行ないます。

$H_0 : \sigma^2 = 7^2$、$H_1 : \sigma^2 \neq 7^2$

帰無仮説のもとで、(1)の統計量 χ^2 は自由度 $19 (= 20-1)$ の χ^2 分布に従います。

$$\chi^2 = \frac{(20-1)s^2}{7^2} = \frac{19s^2}{49} \quad \cdots (3)$$

この分布の下側2.5%点、上側2.5%点の8.91、32.85が棄却域の境になります（《分布-G》）。よって、

棄却域：$\chi^2 \leq 8.91$、$32.85 \leq \chi^2 \quad \cdots (4)$

標本から不偏分散 s^2 は110.68。それを(3)に代入して χ^2 の値は

$\chi^2 = 42.92$

これは棄却域(4)に入っているので、帰無仮説は棄却されます。**（答）**

8. F 検定
〜 F 分布を用いた「等分散の検定」

2つの正規母集団から標本を抽出し、それらの不偏分散の値が違っていたとき、「母分散も異なる」と考えてよいか調べてみましょう。

■「等分散の検定」はどういう場合に使えるか

　2つの正規母集団の分散が等しいかどうかを、各々から取り出した2つの標本から判定したいことがあります。たとえば、工場の2つの生産ラインの優劣の比較は、分散値の大小の比較で行なわれる場合があります。製品の分散が小さいほうが製品は均一となり、優れていると考えられるからです。その大小の検定に使われるのが**等分散の検定**と呼ばれる検定法です。

> **例題1**　ラインA、Bで生産されている500mL入り飲料水の内容量のバラつきの大小を調べるために、ラインAで作られている製品を20本抽出し不偏分散を調べたところ1.6^2でした。また、ラインBで作られている製品を25本抽出し不偏分散を調べたら1.0^2でした。これらの不偏分散をもとに、ラインA、Bで生産されている製品の分散が等しいかどうかを有意水準5%で検定してください。なお、製品の分布は正規分布に従うと考えられます。

　ラインA、Bについて、それらの製造する製品の分散（すなわち母分散）を順にσ_A^2、σ_B^2とします。題意から帰無仮説と対立仮説を次のように設定します。

　　帰無仮説H_0：$\sigma_A^2 = \sigma_B^2$
　　対立仮説H_1：$\sigma_A^2 \neq \sigma_B^2$

■検定のための統計量が従う分布を定める

分散の大小を調べるには次の定理が使えます。

「分散の大小を調べる」定理

平均値μ_A、分散σ_A^2の正規母集団Aから抽出した標本について、それから算出した自由度k_Aの不偏分散をs_A^2とする。また、平均値μ_B、分散σ_B^2の正規母集団Bから抽出した標本について、それから算出した自由度k_Bの不偏分散をs_B^2とする。このとき、次の比Fは自由度k_A, k_BのF分布*に従う。

$$F = \frac{\dfrac{s_A^2}{\sigma_A^2}}{\dfrac{s_B^2}{\sigma_B^2}}$$

工場の生産ラインA、Bの製品から抽出された大きさn_A、n_Bの標本について、その不偏分散の自由度は順にn_A-1、n_B-1です。そこで、帰無仮説$\sigma_A^2 = \sigma_B^2$のもとで、この公式は次のように変形できます。

F分布の公式の変形

同一の母分散を持つ2つの正規母集団から標本A、Bを抽出し、それらから算出される不偏分散をs_A^2、s_B^2とする。このとき、次のFは自由度n_A-1, n_B-1のF分布に従う。

$$F = \frac{s_A^2}{s_B^2} \quad \cdots (1)$$

この例題では$n_A = 20$、$n_B = 25$なので、(1)のFは自由度19、24のF分布に従うことになります。

(1)のFは自由度19、24のF分布に従う。

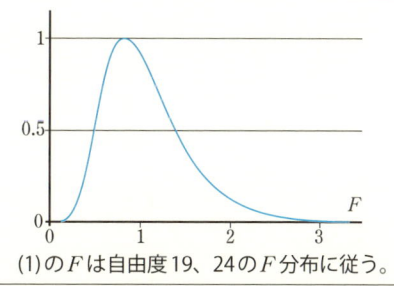

*F分布の詳細については203ページ《分布-I》参照。

■有意水準を決め棄却域を設定する

有意水準は題意から5%と与えられています。対立仮説から両側検定になるので、このF分布の下側2.5%点、上側2.5%点**の0.41、2.35が棄却域の境になります。こうして、棄却域が次のように求められます。

$$F \leqq 0.41、2.35 \leqq F \cdots (2)$$

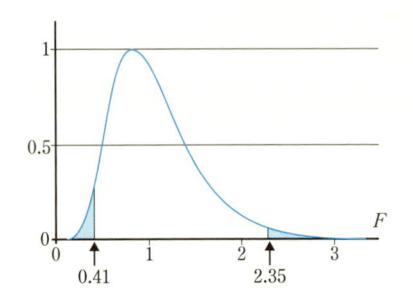

網を掛けた部分の合計が有意水準5%の確率部分である（両側各々2.5%）。

■検定のための統計量が棄却域にあるかを調べる

生産ラインA、Bについて、抽出する標本の大きさを順にn_A、n_B、それらの不偏分散を順に$s_A{}^2$、$s_B{}^2$とします。題意から、

$$s_A{}^2 = 1.6^2、s_B{}^2 = 1.0^2$$

とおくことができます。これから、(1)のF値は次のように得られます。

$$F = \frac{1.6^2}{1.0^2} = 2.56$$

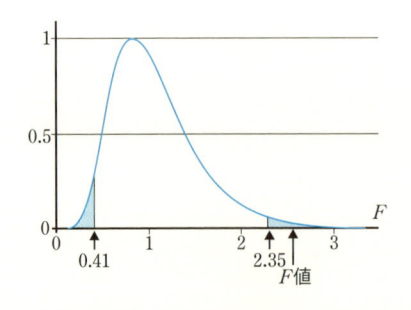

標本から算出されたF値は棄却域に入っている。

**下側2.5%点と上側2.5%点の具体的な求め方については203ページ《分布-I》参照。

200　6章「検定」によって「仮説の真偽」を判定する

このF値は棄却域(2)に入っています。すなわち、帰無仮説H_0は棄却されます。ラインA、Bから製造される製品の内容量のバラつきは異なることが検定されました。**(答)**

■F分布を一般化してみよう

例題1では、帰無仮説の「2つの母集団の分散(すなわち母分散)は等しい」のもとで、正規分布に従うペットボトルの内容量の分散比Fを算出し、それからF分布を用いて有意水準5%で帰無仮説を検定しました。これを統計学の言葉で一般化すると、次のようになります。

> 2つの正規母集団A、Bから各々大きさn_A、n_Bの標本を抽出し、不偏分散s_A^2、s_B^2を得た。このとき、有意水準α(すなわち100α%)で帰無仮説を検定する。

これに対する検定法は次のようになります。

「F検定」を考える手順

(i) 帰無仮説を設定する。

  帰無仮説H_0：$\sigma_A^2 = \sigma_B^2$

(ii) 帰無仮説のもとで統計量の分布を定める。

帰無仮説のもとで、次のFは自由度n_A-1，n_B-1のF分布に従う。

$$F = \frac{s_A^2}{s_B^2} \cdots (1)（再掲）$$

(iii) 有意水準α(すなわち100α%)のとき、(ii)の分布のもとで棄却域は次のように設定する。

  (両側検定) $F \leq $ 下側 $\dfrac{100\alpha}{2}$%点、上側 $\dfrac{100\alpha}{2}$%点 $\leq F$

  (右片側検定) 上側100α%点 $\leq F$

  (左片側検定) $F \leq $ 下側100α%点

(iv) 標本を抽出し、Fの値が棄却域にあるかを調べる。

■ 「等分散の検定」を別の問題で確かめる

以上の「等分散の検定」法を次の例題で再確認しましょう。

> **例題2** 2つの正規母集団A、Bから抽出した大きさ20、15の標本A、Bがあります。
> 標本A：31, 76, 54, 49, 56, 38, 42, 46, 61, 54,
>   55, 54, 28, 49, 56, 59, 48, 67, 43, 69
> 標本B：51, 52, 62, 50, 55, 45, 45, 47, 44, 65, 48, 55, 52, 47, 39
> 母分散σ_A^2、σ_B^2が等しいか否かを有意水準5%で検定してください。

（解）帰無仮説H_0と対立仮説H_1を次のように設定し、両側検定を行ないます。

$$H_0：\sigma_A^2 = \sigma_B^2$$
$$H_1：\sigma_A^2 \neq \sigma_B^2$$

標本A、Bの大きさは20、15なので、帰無仮説のもとで「まとめ」(ii)の統計量Fは自由度19, 14のF分布に従います。有意水準は題意から5%と与えられています。対立仮説から両側検定になるので、このF分布の下側2.5%点、上側2.5%点***の0.38、2.86が棄却域の境になります。

$$棄却域：F \leqq 0.38、2.86 \leqq F \cdots (3)$$

標本から、不偏分散s_A^2、s_B^2を求めると、順に143.99、46.70なので、

$$F値 = \frac{143.99}{46.70} = 3.08$$

F値の3.08は(3)の範囲に入るので、帰無仮説は棄却されます。**(答)**

***下側2.5%点と上側2.5%点の具体的な求め方については次ページの《分布-I》を参照してください。

分布-I F 分布と不偏分散

F 分布は等分散の検定（6 章）だけでなく、分散分析（8、9 章）でも利用します。この分布は次のように定義されます。

■ F 分布の公式

確率密度関数が次の形の確率分布を**自由度 m、n の F 分布**という。

$$f(x) = \frac{kx^{\frac{m}{2}-1}}{\left\{1+\left(\frac{m}{n}\right)x\right\}^{\frac{m+n}{2}}} \quad (k\text{は定数、}0<x) \;*$$

典型的な確率密度関数のグラフを示しましょう。

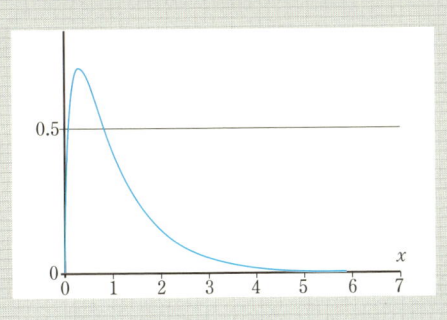

自由度 3, 15 の F 分布

■ F 分布と不偏分散の関係

F 分布が大切なのは、次の定理が成立するからです。

F 分布の定理

分散 $\sigma_1{}^2$ の正規母集団 A から抽出した標本について、それから算出した自由度 k_1 の不偏分散を $s_1{}^2$ とする。また、分散 $\sigma_2{}^2$ の正規母集団 B から抽出

---

* $k = \dfrac{\Gamma\left(\frac{m+n}{2}\right)\left(\frac{m}{n}\right)^{\frac{m}{2}}}{\Gamma\left(\frac{m}{2}\right)\Gamma\left(\frac{n}{2}\right)}$ （ Γ はガンマ関数）ですが、利用するのは稀です。

した標本について、それから算出した自由度k_2の不偏分散をs_2^2とする。

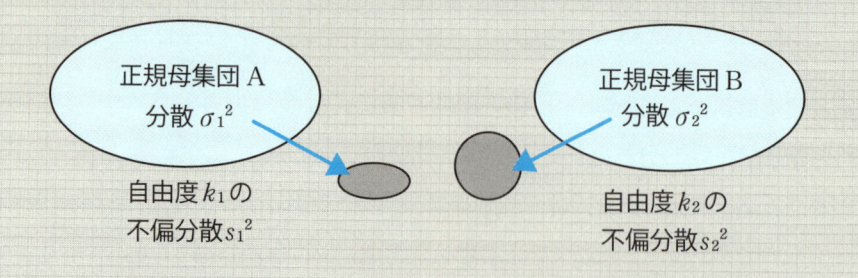

```
  正規母集団 A              正規母集団 B
   分散 $σ_1^2$              分散 $σ_2^2$

  自由度$k_1$の              自由度$k_2$の
  不偏分散$s_1^2$             不偏分散$s_2^2$
```

このとき、次の比Fは自由度k_1, k_2のF分布に従う。

$$F = \frac{\dfrac{s_1^2}{\sigma_1^2}}{\dfrac{s_2^2}{\sigma_2^2}} \cdots (1)$$

とくに、2つの正規母集団の母分散が等しいことを仮定できたり、同一の正規母集団から抽出された2標本の分散について議論したりするときには、$\sigma_1^2 = \sigma_2^2$なので(1)は約され、定理は次のように簡潔化されます。

定理

等分散の正規母集団から抽出した2つの標本について、それらから算出された不偏分散をs_1^2、s_2^2とする。このとき、

$$F = \frac{s_1^2}{s_2^2}$$

は自由度k_1, k_2のF分布に従う。ここで、k_1は不偏分散s_1^2の自由度、k_2は不偏分散s_2^2の自由度とする。

■定理の確認

実際にこの定理をシミュレーションで確かめてみましょう。

PC上で正規分布$N(0, 1^2)$に従う確率変数Xを10個独立に生成し、$N(0, 2^2)$に従う確率変数Xを7個独立に生成します。これらの各々から不偏分散$s_1{}^2$、$s_2{}^2$を計算し、(1)のF値（いまは$\sigma_1{}^2 = 1^2$、$\sigma_2{}^2 = 2^2$）を計算します。このように算出されたF値を1000個集め、その相対度数をヒストグラムで表示してみましょう。それが下図です。自由度9, 6**のF分布のグラフとよく重なることを確かめてください。

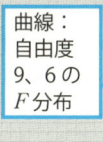

曲線：自由度9, 6のF分布

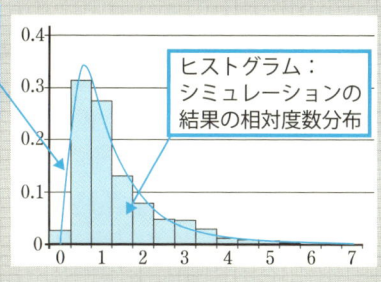

ヒストグラム：シミュレーションの結果の相対度数分布

1000個のF値の相対度数をヒストグラムにし、それに自由度9, 6のF分布のグラフを重ねたもの。よく近似されている。

■下側pパーセント点、上側pパーセント点の求め方

ひと昔前はパーセント点（略して％点）を求めるには数表を利用していました。しかし、いまは数表を利用することはありません。Excelなどの統計解析ツールが簡単に算出してくれるからです。

例題1 自由度5, 7のF分布において、下側5%点、上側5%点をExcelで求めてみましょう。

（解） 次の図が解答例です。下側・上側5%点は順に0.21、3.97 **（答）**

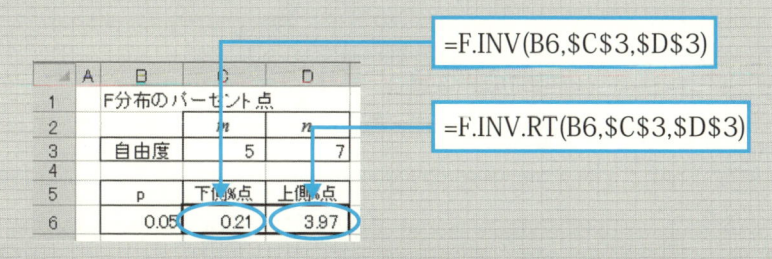

=F.INV(B6,C3,D3)

=F.INV.RT(B6,C3,D3)

	A	B	C	D
1		F分布のパーセント点		
2			n	n
3		自由度	5	7
4				
5		p	下側点	上側点
6		0.05	0.21	3.97

** 自由度9, 6は各々$10-1=9$、$7-1=6$から算出されました。

分布-I　F分布と不偏分散　205

これらの値の意味をグラフ上（右の図）で確かめましょう。

自由度5, 7のF分布
下側5%点 0.21
上側5%点 3.97

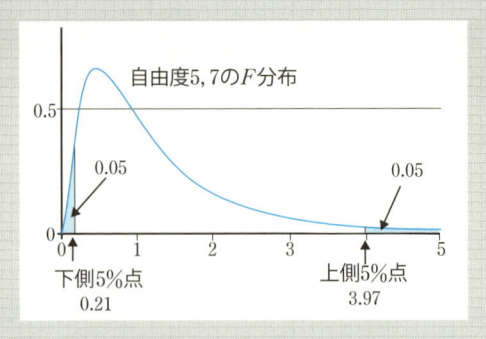

■下側p値、上側p値の求め方

例題2 自由度5, 7のF分布において、$x=2$の上側p値、下側p値をExcelで求めてみましょう。

(解) 下図が解答例です。上側・下側p値は順に0.196、0.804　**(答)**

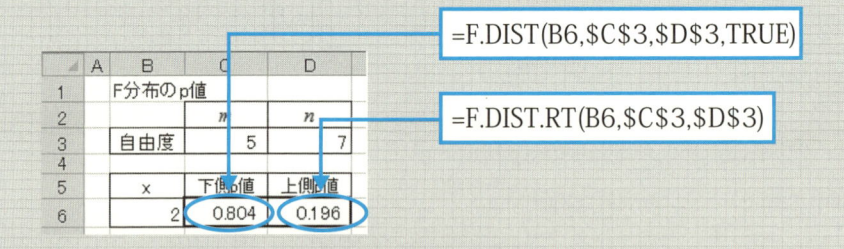

=F.DIST(B6,C3,D3,TRUE)
=F.DIST.RT(B6,C3,D3)

	A	B	C	D
1		F分布のp値		
2			m	n
3		自由度	5	7
4				
5		x	下側p値	上側p値
6		2	0.804	0.196

これらの値の意味をグラフ上（右の図）で確かめましょう。

自由度5, 7のF分布
下側p値 0.804
上側p値 0.196

206　6章「検定」によって「仮説の真偽」を判定する

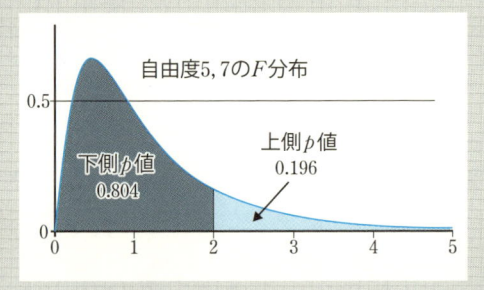

7章
「相関分析」でデータの関係を見つけ出す

1. クロス集計表
〜2項目をまとめた度数分布表

2変量の資料が与えられたなら、最初にクロス集計表をつくってみるといいでしょう。2変量の関係がよくわかるからです。

■クロス集計表はとても便利

同時に調査した2つの項目について、該当数を表にまとめたものが**クロス集計表**で、**分割表**とも呼んでいます。クロス集計表を使うことで、2変量の値を共有するデータの度数を表現できます。

> **例題1** 次の内容のアンケート調査を20人に実施しました。
> 問1. 血液型は何型ですか。
> 問2. 自分の性格で最も適しているものを1つ選んでください。
>   (1) 明瞭快活　(2)「おたく」的　(3) 几帳面
>
> このときの調査結果が次の通りでした。この結果からクロス集計表を作成してください。
>
> | No | 1 | 2 | 3 | 4 | 5 | 6 | 7 | 8 | 9 | 10 |
> |---|---|---|---|---|---|---|---|---|---|---|
> | 血液型 | B | A | O | O | AB | B | O | B | AB | A |
> | 性格 | 2 | 1 | 1 | 1 | 2 | 1 | 3 | 3 | 1 | 3 |
> | No | 11 | 12 | 13 | 14 | 15 | 16 | 17 | 18 | 19 | 20 |
> | 血液型 | A | O | B | O | O | O | O | A | B | B |
> | 性格 | 2 | 1 | 1 | 1 | 3 | 3 | 1 | 1 | 1 | 1 |

(解) 右の表が、この資料のクロス集計表です。

		性格		
		α	β	γ
血液型	A	2	1	1
	AB	1	1	0
	B	4	1	1
	O	5	0	3

このように集計することで、「血液型と性格」の関係という調査結果がぐっと見やすいものに整理されました。

■連続的な変量のクロス集計表

先の例では、アンケートなどのように、トビトビの値をとるデータのクロス集計表の意味を調べました。もし、「身長と体重」のように連続的な変量のときにはどうすればよいでしょうか。このときには、2章で調べた「階級」を利用します。適当な間隔に値を区切り、その区間に入るデータ数をカウントすればよいのです。それを次の例で調べてみましょう。

> **例題2** 次の資料はA女子大生の10人の身長（cm）と体重（kg）を調べた資料です。身長、体重を階級幅10の階級に分け、クロス集計表を作成してください。
>
> | 番号 | 身長 | 体重 | 番号 | 身長 | 体重 |
> |---|---|---|---|---|---|
> | 1 | 147.9 | 41.7 | 6 | 158.7 | 55.2 |
> | 2 | 163.5 | 60.2 | 7 | 172.0 | 58.5 |
> | 3 | 159.8 | 47.0 | 8 | 161.2 | 49.0 |
> | 4 | 155.1 | 53.2 | 9 | 153.9 | 46.7 |
> | 5 | 163.3 | 48.3 | 10 | 161.6 | 52.5 |

（解）身長、体重ともに階級幅を10にせよといっていますので、次の表が、この資料のクロス集計表となります。

		体重		
		40〜	50〜	60〜
身長	140〜	1	0	0
	150〜	2	2	0
	160〜	2	1	1
	170〜	0	1	0

Excelなどの統計解析ツールを利用すれば、容易に作成できます。現在では、簡単な集計以外は、手作業で作成することはほとんどありません。

2. 相関図と正の相関・負の相関
～2者の関係をビジュアルに

変量の関係をクロス集計表で捉えるだけでなく、視覚的に捉える相関図を使うと、データの性質を大づかみしやすくなります。

■2変量の値をタテ・ヨコの座標とみなす

クロス集計表は2変量の関係を端的に表わしてくれましたが、この2者の関係を視覚的に示してくれる図が**相関図**（**散布図**ともいう）です。いわば、クロス集計表をグラフ化したものと考えられます。

相関図は、2変量の片方を横軸に、他方を縦軸にとり、各個体の値を座標とする点で表現したものです。

例題 次の資料はA女子大生10人の身長と体重を調べた資料です。身長を横軸に、体重を縦軸にした相関図を作成してください。

番号	身長	体重	番号	身長	体重
1	147.9	41.7	6	158.7	55.2
2	163.5	60.2	7	172.0	58.5
3	159.8	47.0	8	161.2	49.0
4	155.1	53.2	9	153.9	46.7
5	163.3	48.3	10	161.6	52.5

まず、番号1の女子大生を図示する方法を考えましょう。それには、座標の考え方を利用します。すなわち、身長の値をx座標、体重の値をy座標とみなすのです。

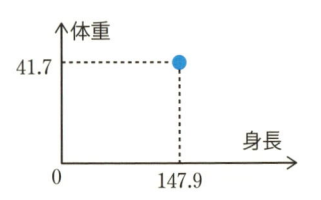

■資料すべてを点でプロットしていく

いま調べた操作を、資料全部に行ないます。すると、2変量の資料全体が平面に描かれることになります。これが相関図です。

身長と体重の相関図

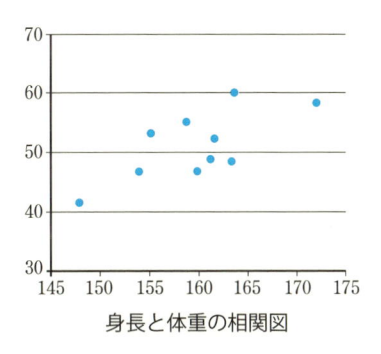

　この図の点列はおおむね右上がりに並んでいます。これは「身長が高くなると、体重も重くなる」ということを表現しているのです。この例が示すように、相関図は2変量の関係をビジュアルに示してくれます。

■正の相関、負の相関、相関なし──の3パターン

　相関図において、特徴あるパターンとして、次の3つがあります。ここで、軸名のx、yは2つの変量x、yを表わすとします。

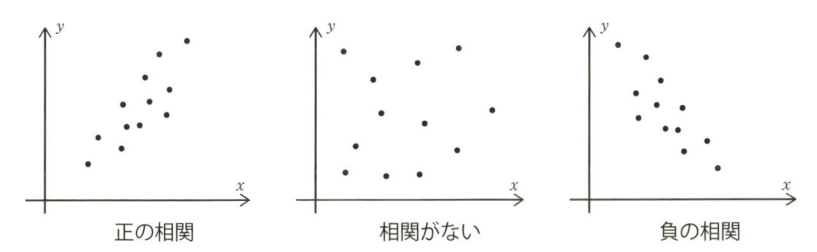

正の相関　　　　相関がない　　　　負の相関

　左の図は、「xが増加すれば、yも増加する」という関係で、先の身長と体重の相関図がこの例です。この関係を**正の相関**があるといいます。それに対して右の図は、「xが増加すれば、yは減少する」ことを表わし、この関係を**負の相関**があるといいます。さらに真ん中の図の場合、「x、yの間にはとりたてて特徴（関係）は見当たらない」といえます。このような場合、**相関はない**といいます。

　「正の相関」「負の相関」「相関がない」という関係は、2つの変量の関係を調べるときの基本的な関係となります。

2. 相関図と正の相関・負の相関

3. 共分散
～2つの変量の相関関係を「正負」で判断する

相関図はイメージを得るにはいいですが、その相関レベルを「正負」の数値で表わそうというのが「共分散」です。

■「共分散」で「相関図の正負」を判断する

「正の相関」「負の相関」「相関がない」の意味を理解してもらえたと思いますが、これら2変量の関係を数値化してくれるのが**共分散**です。

右に示すような2変量x、yの資料を考えてみましょう。最下欄の平均値にある記号$\overline{x}$、$\overline{y}$は2変量x、yの平均値を表わします。

個体名	x	y
1	x_1	y_1
2	x_2	y_2
…	…	…
n	x_n	y_n
平均値	$\overline{x}$	$\overline{y}$

ここで、たとえば1番目のデータx_1、y_1について、偏差の積、

$$(x_1-\overline{x})(y_1-\overline{y}) \cdots (1)$$

の正負を調べてみましょう。平均値を表わす平面上の点$G(\overline{x}, \overline{y})$との相対的位置関係で、平面は下図のように4つの領域に分類されます。それら4つの領域で、(1)の値は下図のような正負の値をとります。

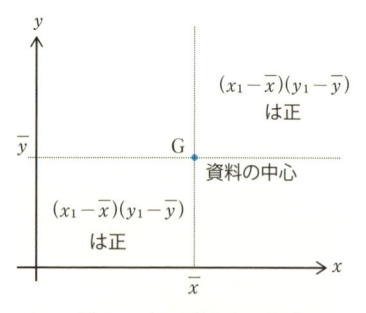

$(x_1-\overline{x})(y_1-\overline{y})$ が右上の場合は
正×正、左下の場合は負×負となる。したがって、計算結果は共に正になる。

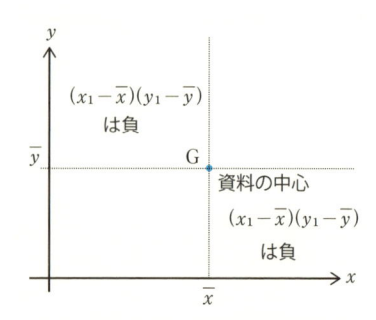

$(x_1-\overline{x})(y_1-\overline{y})$ が右下の場合は
正×負、左上の場合は負×正となる。したがって、計算結果は共に負になる。

いまは1番目のデータについて調べましたが、残りの他のデータについても同様のことがいえます。そこで、この図と前項で調べた次の図とを重ねてみましょう。

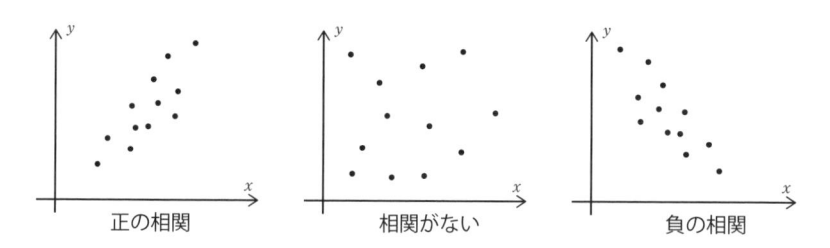

正の相関　　　　　相関がない　　　　　負の相関

これらの図の関係から、次の結論が得られます。

正の相関	$(x-\overline{x})(y-\overline{y})$ が正となる点が多い
負の相関	$(x-\overline{x})(y-\overline{y})$ が負となる点が多い
相関がない	$(x-\overline{x})(y-\overline{y})$ の正負はいろいろ

この表が得られたので、資料全体について次の和を求めてみましょう。

$$Q_{xy} = (x_1-\overline{x})(y_1-\overline{y})+(x_2-\overline{x})(y_2-\overline{y})+\cdots+(x_n-\overline{x})(y_n-\overline{y})$$

上の表の$(x-\overline{x})(y-\overline{y})$の正負の多寡の関係から、$Q_{xy}$について、

正の相関	$Q_{xy} > 0$
負の相関	$Q_{xy} < 0$
相関がない	$Q_{xy} \fallingdotseq 0$

ということがわかります。こうして、**Q_{xy}の正負が相関の有無を調べるのに適している**ことがわかりました。

ところで、資料の個体数nが大きくなると、2変量x、yの相関が小さくても、Q_{xy}は値が大きくなってしまうことがあります。そこで、Q_{xy}を個体数nで割って平均化した次の値s_{xy}が、2変量x、yの相関を見るのによい指標になります。

「共分散」の公式

$$s_{xy} = \frac{(x_1-\overline{x})(y_1-\overline{y})+(x_2-\overline{x})(y_2-\overline{y})+\cdots+(x_n-\overline{x})(y_n-\overline{y})}{n}$$

これを2変量x、yの**共分散**＊と呼びます。

共分散は、いま調べたように次の性質を持ちます。2変量の関係を数値化したときの最も基本となる値です。

	正の相関	相関がない	負の相関
共分散の値	正	0に近い値	負

■共分散を具体的に計算してみると

具体的な資料で、共分散を計算してみましょう。前項での例題で示したA女子大生の身長と体重の資料を見てみます。

番号	身長	体重	番号	身長	体重
1	147.9	41.7	6	158.7	55.2
2	163.5	60.2	7	172.0	58.5
3	159.8	47.0	8	161.2	49.0
4	155.1	53.2	9	153.9	46.7
5	163.3	48.3	10	161.6	52.5

この資料から共分散s_{xy}の値を求めてみましょう。身長、体重の平均値が各々159.7、51.2であることを利用して、

$$s_{xy} = \frac{1}{10}\{(147.9-159.7)(41.7-51.2)+(163.5-159.7)(60.2-51.2)$$
$$+\cdots+(161.6-159.7)(52.5-51.2)\} = 23.7$$

共分散s_{xy}の値は正の値になっています。正の相関があることがわかり

＊推定や検定で利用する際には、不偏性を保持するために分母を$n-1$にします。

ます。先にも示したように、身長が高くなれば体重も重くなる、という常識的な関係を「数値で表現」したのです。

4. 相関係数
～共分散の値を標準化する

「共分散」をさらにリファインすることで2者の関係を客観化する「相関係数」という統計ツールを紹介しましょう。

■共分散にも、なお欠点があった？

前項では、「正の相関」「負の相関」「相関がない」を数値化する共分散のメリットについて、「共分散s_{xy}の値が正の値のときには、正の相関がある」ことを調べました。しかし、共分散にも多少の欠点があります。それは、**「共分散の値が正か負がわかるだけでは、大きな相関があるのか、それとも小さい相関なのかは区別できない」**ことです。

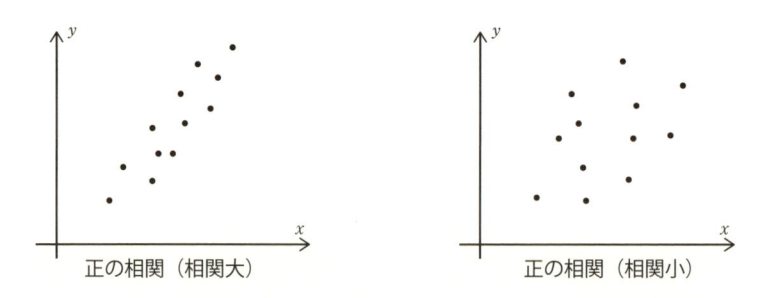

正の相関（相関大）　　　正の相関（相関小）

読者の中には、「共分散s_{xy}の値が大きければ大きな相関を表わすのでは？」と思う人もいるかもしれません。しかし、共分散s_{xy}の定義式、

$$s_{xy} = \frac{(x_1-\bar{x})(y_1-\bar{y})+(x_2-\bar{x})(y_2-\bar{y})+\cdots+(x_n-\bar{x})(y_n-\bar{y})}{n}$$

からもわかるように、これは単位（m、cmなど）によって影響を受けてしまいます。たとえば、前項で調べた女子大生の身長（x）と体重（y）の共分散は、

$$s_{xy} = 23.7$$

でしたが、もし身長をメートル（m）単位に表現すると、それだけで次の

ように2ケタも小さい値になってしまいます。

$$s_{xy} = 0.237$$

同じ相関なのに、これら2つの値から受ける印象はかなり違います。このように、共分散の値の大小で相関の有無を議論するのは危険なのです。

■相関係数を使って「客観的に判断」する

2変量の関係を表現する「共分散」の欠点がわかったところで、それを改良する**相関係数**を紹介します。共分散と同様、2変量の関係を表現する数値としてとても応用範囲の広い指標です。

2変量x、yの相関係数r_{xy}は次のように定義されます。なお、下記の「相関係数」は厳密には**ピアソンの積率相関係数**と呼ばれているものです。

「相関係数」の公式

$$r_{xy} = \frac{s_{xy}}{s_x s_y} \quad (s_{xy}は共分散、s_xはxの、s_yはyの標準偏差) \cdots (1)$$

このように定義された相関係数r_{xy}は、次の範囲内にあることが数学的に証明されています。

$$-1 \leq r_{xy} \leq 1$$

つまり、**相関関数r_{xy}の値が1に近いほど「正の相関」が強く、−1に近いほど「負の相関」が強い**ことを表わします。また、0に近いほど相関がないことを表わします。左が1に近い相関、右が−1に近い相関、そして真中が0に近い相関です。

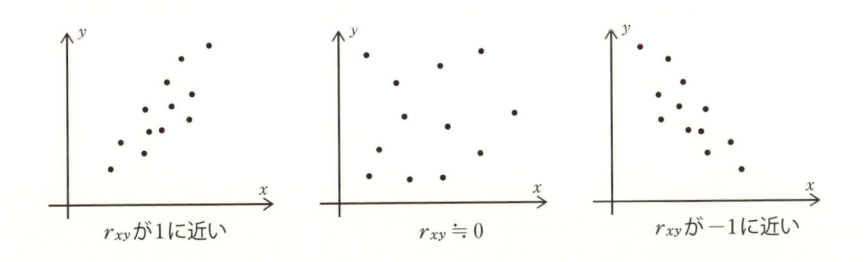

| r_{xy}が1に近い | $r_{xy} \fallingdotseq 0$ | r_{xy}が−1に近い |

4. 相関係数　217

■「0.6」が相関の大小の目安

> **例題** 前項で調べたA女子大生10人の身長と体重の資料について、相関係数を求めてみましょう。
>
> | 番号 | 身長 | 体重 | 番号 | 身長 | 体重 |
> |---|---|---|---|---|---|
> | 1 | 147.9 | 41.7 | 6 | 158.7 | 55.2 |
> | 2 | 163.5 | 60.2 | 7 | 172.0 | 58.5 |
> | 3 | 159.8 | 47.0 | 8 | 161.2 | 49.0 |
> | 4 | 155.1 | 53.2 | 9 | 153.9 | 46.7 |
> | 5 | 163.3 | 48.3 | 10 | 161.6 | 52.5 |

(解) 前項の例題の計算から、身長（x）と体重（y）の共分散s_{xy}は、

$$s_{xy} = 23.7$$

また、身長（x）と体重（y）の標準偏差s_x、s_yは計算から（2章§8）、

$$s_x = 6.16、 s_y = 5.45$$

これらを(1)に代入して、「相関係数」r_{xy}は次のように求められます。

$$r_{xy} = \frac{23.7}{6.16 \times 5.45} = 0.706 \quad \textbf{(答)}$$

この0.706という数値は相関が大きいといえるのかどうかを判断するには、目安が必要です。資料に含まれるデータ数が大きいとき、一般的には下の表のように、**「0.6」が1つの目安**といえます。よって、A女子大生の身長と体重との間には「高い正の相関がある」といえます。

$r_{xy} \leq -0.6$	高い負の相関
$-0.6 < r_{xy} \leq -0.2$	ほどほどの負の相関
$-0.2 < r_{xy} < 0.2$	無相関
$0.2 \leq r_{xy} < 0.6$	ほどほどの正の相関
$0.6 \leq r_{xy}$	高い正の相関

5. スピアマンの順位相関係数
～ノンパラメトリックな相関係数

「相関係数」というと「ピアソンの積率相関係数」を指すことが多いのですが、それ以外にも相関係数があります。

■正規分布を前提とする「ピアソンの積率相関係数」

相関係数（ピアソンの積率相関係数）は、次の図のような分布を想定した相関の数値化でした。

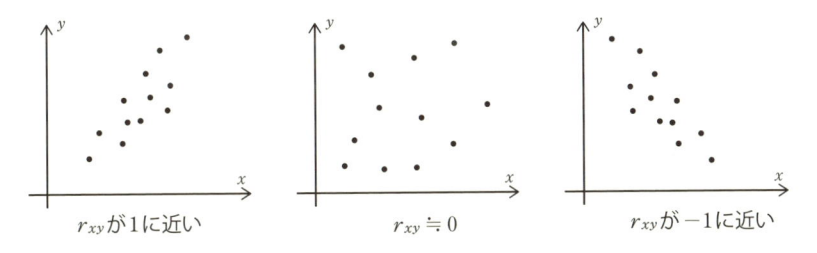

r_{xy}が1に近い　　　　$r_{xy} ≒ 0$　　　　r_{xy}が−1に近い

これらの分布をx軸やy軸の方向から見ると、下図のように正規分布で近似されます。つまり、**ピアソンの積率相関係数は正規分布で説明されるような2つのデータの関係を見るのに適している**のです。

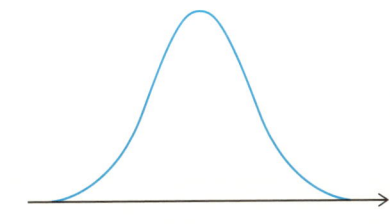

ピアソンの相関係数が意味を持つのはデータが正規分布で近似される分布に従う場合。

■正規分布を前提としない「スピアマンの順位相関係数」

では、もし軸方向から見て正規分布的でない場合はどうやって2変量の関係を数値化すればよいでしょうか。たとえば、次図のような分布のときにも有効な数値化の方法はないでしょうか。このような場合、**スピアマン**

の**順位相関係数**と呼ばれる相関係数が有効なことがあります。

「スピアマンの順位相関係数」は分析に際して、**正規分布などの確率分布を前提としていない**ところに特色があります。

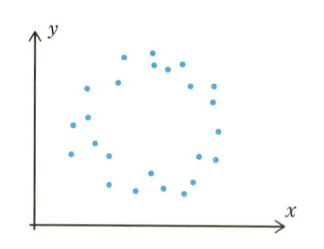

相関はあるが、（ピアソンの積率）相関係数は0に近い値になる。

「スピアマンの順位相関係数」の公式

変量x, yに関して、右の表の各欄には1からnまでの各個体の**順位データ**が入っているとする。

個体名	x	y
1	x_1	y_1
2	x_2	y_2
3	x_3	y_3
…	…	…
n	x_n	y_n

このとき、**スピアマンの順位相関係数**ρは次のように定義される。

$$\rho = 1 - \frac{6\{(x_1-y_1)^2+(x_2-y_2)^2+(x_3-y_3)^2+\cdots+(x_n-y_n)^2\}}{n(n^2-1)} \quad \cdots (1)$$

例題 下の資料から、スピアマンの相関係数を算出してみましょう。

番号	身長	体重	番号	身長	体重
1	147.9	41.7	6	158.7	55.2
2	163.5	60.2	7	172.0	58.5
3	159.8	47.0	8	161.2	49.0
4	155.1	53.2	9	153.9	46.7
5	163.3	48.3	10	161.6	52.5

(解) 資料から、まず、順位表（次ページ右の表）を算出します。次に、その順位表をもとに、(1)からスピアマンの相関係数ρを算出します。

$$\rho = 1 - \frac{6\{(10-10)^2+(2-1)^2+(6-8)^2+\cdots+(4-5)^2\}}{10(10^2-1)} = 0.661 \quad \textbf{(答)}$$

元の資料

番号	身長	体重
1	147.9	41.7
2	163.5	60.2
3	159.8	47.0
4	155.1	53.2
5	163.3	48.3
6	158.7	55.2
7	172.0	58.5
8	161.2	49.0
9	153.9	46.7
10	161.6	52.5

順位の資料

番号	身長	体重
1	10	10
2	2	1
3	6	8
4	8	4
5	3	7
6	7	3
7	1	2
8	5	6
9	9	9
10	4	5

この資料に関するピアソンの積率相関係数は0.706で、スピアマンの相関係数0.661と近い値になっていますが、常に近くなるとは限りません。

> **MEMO**
> ### ✓ ピアソンの積率相関係数の長所
>
> 資料を標本と考えるとき、「資料から算出される相関係数が母集団の相関係数と一致する保証」はありません。そこで、相関係数が意味を持つ、すなわち「母集団にも相関があるかどうか」は検定にかける必要があります。次の帰無仮説を検定する必要があるのです。
>
> H_0：母集団の相関係数 $= 0$
>
> ピアソンの積率相関係数では、母集団が正規母集団であることを仮定することで、この検定が容易に行なえます。次の定理が成立するからです。
>
> ---
> 標本から算出される相関係数を r とするとき、上に示した帰無仮説 H_0 のもとで、
>
> $$T = \frac{r\sqrt{n-2}}{\sqrt{1-r^2}} \cdots (2)$$
>
> は自由度 $n-2$ の t 分布に従う。ここで、n は資料の個体数である。
>
> ---
>
> t 検定などと同様（6章§3）、この t 分布の棄却域に(2)の T 値が入るかどうかで、検定が行なわれます。

6. 単回帰分析
～２変量の関係の最も有名な分析法

相関分析で最もポピュラーなツールが「単回帰分析」で、２変量の片方だけで他方を説明し、分析します。

■メインの１つから他を説明する「回帰分析」

これまでは２変量を対等の関係で調べてきましたが、「一方を主、他方を従」とする主従関係を仮定するのが**単回帰分析**です。すなわち、**一方から他方を説明する**という発想をとります。この単回帰分析の手法はさまざまな分野で応用されています。その原理を説明しましょう。

一般的に、２変量以上の多変量の資料において、ある１変量を残りの他の変量で説明しようとする解析法を**回帰分析**といいます。本書では２変量の単回帰分析のみを扱いますが、ここで調べる技法は３変量以上の回帰分析にもそのまま成立します。

これまで通り、次のA女子大生10人の２変量資料を用いて、具体的に単回帰分析の考え方を調べましょう。

番号	身長	体重	番号	身長	体重
1	147.9	41.7	6	158.7	55.2
2	163.5	60.2	7	172.0	58.5
3	159.8	47.0	8	161.2	49.0
4	155.1	53.2	9	153.9	46.7
5	163.3	48.3	10	161.6	52.5

単回帰分析では、身長と体重の関係を調べるために、「身長xがいくらのときには、体重yはいくらになるだろう」という発想をとります。すなわち、身長xの式で体重yを説明しようとするのです（もちろん、体重と身長が逆でもよい）。このとき、説明される変量yを**目的変量**（あるいは**従属変数**）、説明する変量xを**説明変量**（あるいは**独立変数**）といいます。そして、説明する式を**回帰方程式**といいます。

方程式にはさまざまな形が考えられます。ここでは最もよく利用される1次式のみを調べることにします。これを**線形**の単回帰分析と呼びます。線形の場合で理解していれば、他の応用は容易です。

■描かれた点のそばを回帰直線が通過する

求め方は後回しにして、最初に結論となる「回帰方程式」を提示しましょう。A女子大生10人の資料の回帰方程式は次のように与えられます。

$$\hat{y} = -48.6 + 0.625x \cdots (1)$$

左辺に新しい記号$\hat{y}$を用いています。これは、(1)の値が目的変量yを説明する理論値なので、変量yと「似て非なる」記号$\hat{y}$を用いました。

(1)は図形でいうと直線を表わし、これを**回帰直線**と呼びます。その回帰直線を同じ資料の相関図に重ねて描いてみましょう。

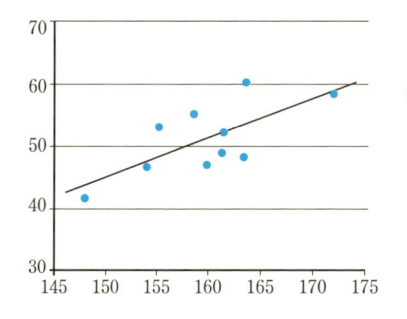

(1)の回帰方程式を表わす直線（回帰直線）を相関図上に描く。

相関図上の点をほぼ追いかけていることがわかります。回帰直線は相関図上の点の散らばりを集約した直線なのです。

回帰分析(1)の定数項-48.6を回帰方程式の**切片**と呼びます。また、変量xの係数0.625を回帰方程式の**回帰係数**と呼びます。一般的に、回帰方程式が次のように与えられているとすると、aが切片、bが回帰係数となります。

$$\hat{y} = a + bx \quad (a、bは定数)$$

■回帰方程式と最小2乗法の関係は

回帰方程式は**最小2乗法**(**最小自乗法**ともいう)という技法で求められます。この技法は、理論の式に含まれるパラメータを次の原理に従って決定します。

「回帰方程式」の原理

資料において、目的変量yのi番目の値y_iとその理論値$\hat{y}_i$との誤差を差$y_i - \hat{y}_i$と考え、「資料全体の理論値の誤差」を次の式で定義する(nは資料の個体数)。

$$Q_e = (y_1 - \hat{y}_1)^2 + (y_2 - \hat{y}_2)^2 + \cdots + (y_n - \hat{y}_n)^2 \qquad (i = 1, 2, \cdots, n) \cdots (2)$$

このQ_eを**残差平方和**(または**残差変動**)と呼ぶ。これを最小にするように理論式のパラメータを決定する方法が**最小2乗法**である。

この原理の解説の中で、目的変量yのi番目の値y_iを**実測値**と呼び、回帰方程式から算出されたその理論値$\hat{y}_i$を**予測値**と呼びます。また、誤差$y_i - \hat{y}_i$を**残差**と呼びます。

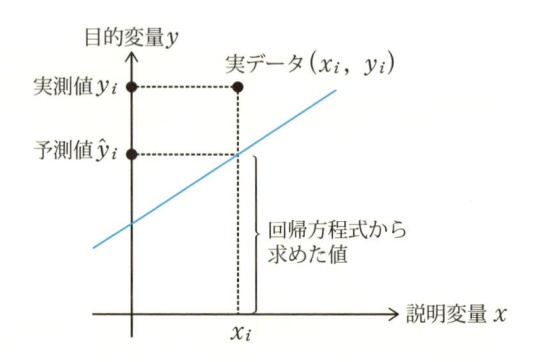

上に示した最小2乗法の原理をこれらの言葉で表現するなら、「実測値と予測値の差の平方和を最小にするように理論式を決めるのが最小2乗法である」といえます。

では、この最小2乗法を利用して、実際に回帰方程式の決定の仕方を見

> **例題1** 最小2乗法に従って、先のA女子大生10人の資料から次の回帰方程式 $\hat{y} = a + bx$ を決定してください。
>
> $$\hat{y} = a + bx \quad (a、b は定数) \cdots (3)$$
>
> | 番号 | 身長 | 体重 | 番号 | 身長 | 体重 |
> |---|---|---|---|---|---|
> | 1 | 147.9 | 41.7 | 6 | 158.7 | 55.2 |
> | 2 | 163.5 | 60.2 | 7 | 172.0 | 58.5 |
> | 3 | 159.8 | 47.0 | 8 | 161.2 | 49.0 |
> | 4 | 155.1 | 53.2 | 9 | 153.9 | 46.7 |
> | 5 | 163.3 | 48.3 | 10 | 161.6 | 52.5 |

(解) 資料の値を(2)、(3)に代入します。

$$Q_e = \{41.7 - (a + 147.9b)\}^2 + \{60.2 - (a + 163.5b)\}^2 + \cdots + \{52.5 - (a + 161.6b)\}^2$$

この式を展開し、次のように整理してみます。

$$Q_e = 10(51.23 - a - 159.7b)^2 + 379.6(b - 0.625)^2 + 149.02 \quad \cdots (4)$$

これを最小にする a、b の値は平方項が0になる場合なので、

$$51.23 - a - 159.7b = 0、\quad b - 0.625 = 0$$

これから、a、b の値が得られます。

$$a = -48.60、\quad b = 0.625 \quad \cdots (5)$$

こうして、最初に示した(1)の回帰方程式が得られます。

$$\hat{y} = -48.60 + 0.625x \quad \textbf{(答)} \quad \cdots (1)（再掲）$$

以上が最小2乗法のシナリオです。論理は単純ですが、(4)を導き出す計算をするのは非常に大変です。

■回帰方程式を活用する

いま述べたように、(4)式を算出するのはとても面倒なことです。そこで、次のような公式が用意されています。(4)式を出すときの計算を公式化したもので、証明はむずかしくありません。腕に覚えのある読者は証明してみてください。

「回帰方程式」の公式

2変量 x、y についての資料があり、回帰方程式が(1)で表わされるとき、切片 a と回帰係数 b は次のように求められる。$\overline{x}$、$\overline{y}$ は変量 x、y の平均値、s_x^2 は変量 x の分散、s_{xy} は変量 x、y の共分散である。

$$b = \frac{s_{xy}}{s_x^2}、\quad a = \overline{y} - b\overline{x} \quad \cdots (6)$$

> **例題2** 先のA女子大生10人の身長と体重の資料について、上の公式を利用して回帰方程式を求めてください。

（解） $\overline{x} = 159.7$、$\overline{y} = 51.23$、$s_x^2 = 37.96$、$s_{xy} = 23.73$ なので、

$$b = \frac{s_{xy}}{s_x^2} = \frac{23.73}{37.96} = 0.625$$

$$a = \overline{y} - b\overline{x} = 51.23 - 0.625 \times 159.7 = -48.60$$

よって回帰方程式は次のように求められ、先ほどと同一の結果になります。

$$\hat{y} = -48.60 + 0.625x \quad \cdots (1)（再掲） \quad\quad \textbf{（答）}$$

　回帰方程式は変量間の関係を調べたり、予測にも利用されます。たとえば、回帰方程式(1)を見ると、身長 x が1cm増えるごとに、体重は0.625kg増えることがわかります。こうして、身長と体重の結びつきの強さが理解されます。

　また、回帰方程式によって、資料にないデータまで予測できます。いま、A女子大生10人の資料には身長が170cmの人のデータはありませんが、回帰方程式に170を代入することで、その体重が予測可能なのです。

$$\hat{y} = -48.60 + 0.625 \times 170 = 57.7 \text{（kg）}$$

もし、説明変量に「時」が利用されると、未来が予測可能になります。

7. 回帰方程式の精度と決定係数
～回帰分析の信頼性の指標

回帰方程式がどれくらい正確に資料を説明しているかを示す「決定係数」について調べてみましょう。

■回帰方程式の精度を表現する決定係数

相関図で資料の散らばりを表現したとき、「回帰直線はその散らばりを代表するように描かれる」ことを見ました。ところで、「散らばりを代表する」といってもさまざまです。

下図を見てください。回帰直線は左から右に行くほど、散らばりを代表する精度が悪くなっていきます。そこで、回帰方程式の精度を表わす指標が欲しくなります。

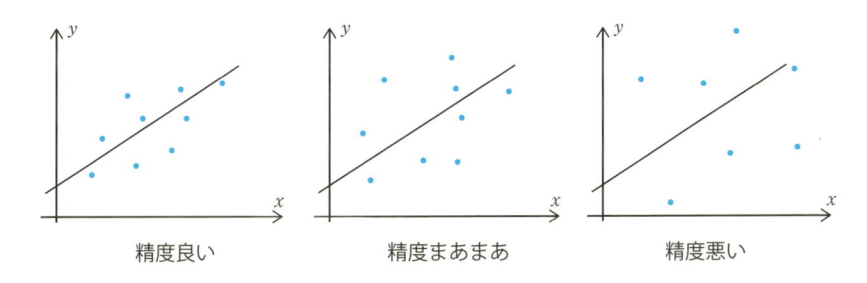

| 精度良い | 精度まあまあ | 精度悪い |

さて、回帰分析において、実際と理論値との誤差は残差平方和 Q_e で表現されます。ところで、目的変量 y の「散らばり」をよく説明することが回帰方程式の使命ですが、その「散らばり」の総量は変量 y の変動 Q で表現されます。すると、回帰分析が説明する変量 y の散らばり部分は $Q - Q_e$ であると考えられます。

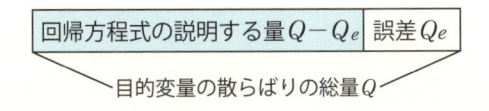

回帰方程式の説明する量 $Q - Q_e$ 　誤差 Q_e
目的変量の散らばりの総量 Q

そこで、次の比を回帰方程式の説明度として採用できることがわかります。このR^2を**決定係数**と呼びます。なお、R^2の正の平方根Rを**重相関係数**といい、目的変量と予測値との相関係数と一致します。

「決定係数」の公式

変量yの変動をQ、残差平方和をQ_eとするとき、**決定係数**R^2は次のように定義される。

$$R^2 = \frac{Q - Q_e}{Q} \quad \cdots (1)$$

$$R^2 = \frac{\boxed{\text{回帰方程式の説明する量}\,Q - Q_e\,|\,\text{誤差}\,Q_e}}{\boxed{\text{目的変量の散らばりの総量}\,Q}}$$

R^2は全体の変動量に対して回帰方程式が表現する変動量の割合を表現。

定義から明らかに次の関係が成立します。

$$0 \leq R^2 \leq 1$$

R^2が1に近ければ回帰方程式はよく資料を説明していることになり、0に近ければほとんど説明していないことになります。

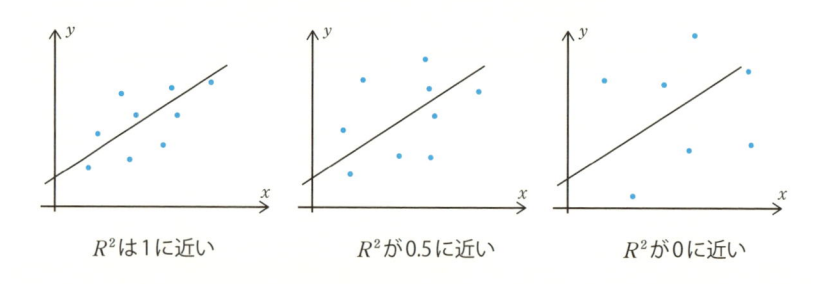

R^2は1に近い　　　R^2が0.5に近い　　　R^2が0に近い

■「決定係数」を確かめよう

次の例題で、決定係数を具体的に求めてみましょう。

> **例題** 先のA女子大生10人の身長と体重の資料において、回帰方程式の決定係数R^2を求めてください（前項例題1と同じ資料です）。
>
> | 番号 | 身長 | 体重 | 番号 | 身長 | 体重 |
> |---|---|---|---|---|---|
> | 1 | 147.9 | 41.7 | 6 | 158.7 | 55.2 |
> | 2 | 163.5 | 60.2 | 7 | 172.0 | 58.5 |
> | 3 | 159.8 | 47.0 | 8 | 161.2 | 49.0 |
> | 4 | 155.1 | 53.2 | 9 | 153.9 | 46.7 |
> | 5 | 163.3 | 48.3 | 10 | 161.6 | 52.5 |

（解） まず、各変量（すなわち身長xと体重y）平均値$\bar{y}$を求めます。

$$\bar{y} = 51.23$$

この$\bar{y}$の値から、目的変量yの変動Qが得られます。

$$Q = (41.7 - 51.23)^2 + (60.2 - 51.23)^2 + \cdots + (52.5 - 51.23)^2 = 297.4$$

また前項例題1の(4)、(5)式から、残差平方和Q_eが求められます。

$$Q_e = 149.0$$

これらを決定係数R^2の定義式(1)に代入して、

$$R^2 = \frac{Q - Q_e}{Q} = \frac{297.4 - 149.0}{297.4} = 0.50 \quad \textbf{（答）}$$

このように手作業で計算することは非常に煩雑なので、通常はExcelなどのツールを用います。最初に示した図を再掲してみました。これぐらいの回帰方程式が決定係数0.50の精度を表わしていることになります。

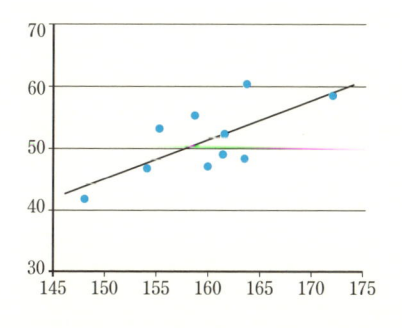

決定係数0.50の精度のイメージ。

7. 回帰方程式の精度と決定係数

8. 偏相関係数とは
〜ニセの相関を見抜く優れもの

本当は相関がないのに相関が大きくなることも……。それを見破るのが偽相関の判定です。

■因果関係がなくても「相関係数は大きい」？

いま、市町村のポストの数と交通事故数の相関係数を算出してみましょう。大きな相関を示す値になります。本来、これら2者に直接的な因果関係はありません。「ポストの数を減らすと交通事故数が減る」ことにはならないからです。このポスト数と交通事故数のように、相関係数が大きいにもかかわらず因果関係がないものを**偽相関**（ぎそうかん）といいます。相関係数と回帰分析を組み合わせることで、この偽相関が見抜けるのです。

「市町村のポストの数と交通事故数」の例で考えてみると、両者ともにその地域の「人口が大きな要因」と考えられます。そこで、この人口で説明される部分を両者から抜き取り、残りの情報だけで相関係数を算出すれば、真の相関が得られると考えるのです。

一般に、2変量 x、y の相関を考える際に、第3の変量 z を導入するとしましょう。そして、z で説明される部分を両者から抜き取り、その後に相関係数を算出するとします。このとき、z の情報を抜き取られた相関係数を、z を**制御変数**とする**偏相関係数**と呼びます。

この偏相関係数を考えることで、2変量 x、y が偽相関かどうかを調べ

z の影響を取り除いたこの部分の相関を調べる

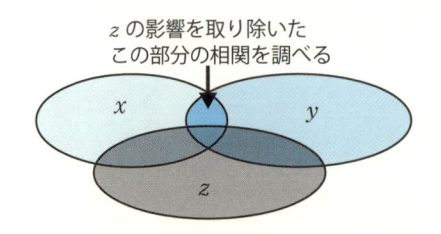

x、y から z の影響を回帰分析で除去し、残差部分だけの相関係数を考える。それが偏相関係数。

られることがあります。2変数x、yから第3の変数zで説明される部分を抜きとるには、回帰分析を利用します。実際に、次の例題でどのような手順で調べるのかを見てみましょう。

> **例題1** 次の資料から、ポストの数xと交通事故数yとの偏相関係数を、人口zを制御変数として求めてください。
>
> | 市 | ポスト数x | 事故数y | 人口z |
> |---|---|---|---|
> | A | 160 | 58 | 85 |
> | B | 175 | 68 | 91 |
> | C | 158 | 55 | 79 |
> | D | 165 | 63 | 88 |
> | E | 177 | 66 | 95 |
> | F | 166 | 67 | 89 |
> | G | 170 | 59 | 87 |
> | H | 171 | 62 | 91 |
> | I | 173 | 65 | 93 |
> | J | 168 | 61 | 90 |
> | | （個） | （件／日） | （千人） |

（解） ポストの数x、および事故数yを目的変量とし、人口zを説明変量として、回帰分析してみます。前項で調べた方法から、回帰方程式は次のように求められます。

$$\hat{x} = 57.98 + 1.242z、\quad \hat{y} = -5.47 + 0.764z$$

次に、ポストの数x、および事故数yの実際の値（すなわち実測値）から回帰分析で予測される値（すなわち予測値）を引いてみましょう。回帰分析の言葉を利用するなら、「残差」を計算するのです。

市	xの残差	yの残差
A	-3.58	-1.50
B	3.97	3.92
C	1.87	0.09
D	-2.31	1.21
E	1.00	-1.14
F	-2.55	4.45
G	3.94	-2.02
H	-0.03	-2.08
I	-0.52	-0.61
J	-1.79	-2.32

元の表から回帰分析を利用して残差を計算。

8. 偏相関係数とは

この表が、人口の要因を取り除いたポストの数と事故数の情報と考えられます。そこで、これらの相関係数を求めます。これが「偏相関係数」です。

　　　　偏相関係数 $r = 0.04$　（**答**）

得られた偏相関係数は非常に小さい数です。ポストの数と事故数の相関関数は大きな値（0.74）となりますが、「人口」という要因を取り除いてしまうと、それらにはほとんど相関がないことがわかります。

■偏回帰係数を公式にまとめてみよう

以上が偏回帰係数の考え方です。これらは簡単に公式化できます。回帰分析の公式（p.226）があるからです。結果のみを示しますが、余裕があれば証明してみてください。

「回帰分析」の公式

zを制御変数とする変量x、yの偏相関係数は次式で求められる。

$$\frac{r_{xy} - r_{xz}\, r_{yz}}{\sqrt{1 - r_{xz}^2}\,\sqrt{1 - r_{yz}^2}} \quad \cdots (1)$$

ここで、たとえばr_{xy}は2変量x、yの相関係数である。

例題2　この公式を利用して、先の例題1を解いてみてください。

（**解**）各変量間の相関係数を求めてみます（本章§4）。

　　　　$r_{xy} = 0.74$、$r_{xz} = 0.90$、$r_{yz} = 0.81$

これらを上の公式(1)に代入して、次のように偏相関係数rが得られます。

$$r = \frac{r_{xy} - r_{xz}\, r_{yz}}{\sqrt{1 - r_{xz}^2}\,\sqrt{1 - r_{yz}^2}} = \frac{0.74 - 0.90 \times 0.81}{\sqrt{1 - 0.90^2}\,\sqrt{1 - 0.81^2}} = 0.04 \quad (\textbf{答})$$

部分相関係数

いま、3変量x、y、zがあるとしましょう。2変量x、zにおいて、zを説明変数とした回帰方程式が次のように求められたとします。

$$\hat{x} = a + bz \quad (a、b は定数)$$

変量xから変量zで説明される回帰部分$\hat{x}$を除いた変量（すなわち残差）をε_xとしましょう。

$$\varepsilon_x = x - \hat{x} \quad \cdots ①$$

このε_xと変量yとの相関係数を（zを制御変数とするx、yの）**部分相関係数**といいます。簡単な計算から、zを制御変数とするx、yの部分相関係数rは次のように書けます。

$$r = \frac{r_{xy} - r_{xz} r_{yz}}{\sqrt{1 - r_{xz}^2}}$$

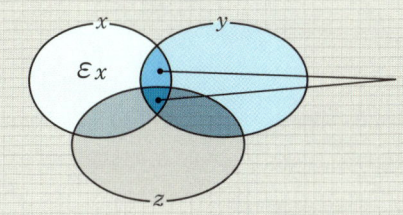

ε_xとこの部分との相関を部分相関係数rが表わす。

変量yについても、変量zで説明される部分を除いた量を①のように式で表わしてみましょう。

$$\varepsilon_y = y - \hat{y} \quad \cdots ②$$

本章§8で調べた偏相関係数は、①、②で得られる変量ε_x、ε_yの相関係数です。

8章
「分散分析」は統計解析のシンボルだ！

1. 分散分析の威力
～「実験結果は偶然か」に答える

肥料の違いで収穫量が違っても、「それは偶然だよ」といわれたら、どうやって反論しますか？

■「偶然か、偶然でないか」それが問題だ！

太郎さんは新種の米と3つの肥料A、B、Cとの相性を調べるために、実験用の水田（4×3 ＝ 12区画）を用意しました。各区画には100m²（すなわち1アール）の面積が割りあてられていて、上から4つずつに肥料A、B、Cが施されます。

やがて半年が過ぎ、実りの秋を迎えると、下図右のように、肥料Bの水田の平均収穫量が最も大きくなりました。

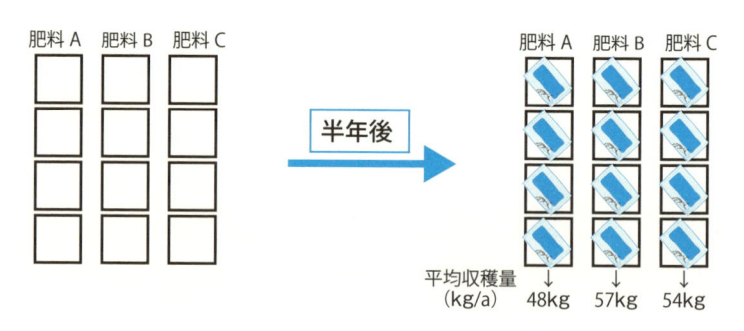

肥料	A	B	C
平均の収穫量(kg /100m²)	48	57	54

太郎さんがこれを農業団体の会報に発表したところ、次のような思わぬ反論がありました。

「結果は偶然性によるもので、肥料A、B、Cの効果に違いは無い」

確かに、「偶然だ」といわれれば、それ以上の反論はしにくいところもあります。でも、しっくりしません。本当に偶然にすぎないのか、そうで

ないのかをハッキリさせる方法はないものでしょうか。

■抗がん剤が効いたのか、それとも偶然か

さて、いろいろな場面で、これと似たような問題に遭遇します。

たとえば、生産現場で4つの改良案A〜Dが出され、試した結果、1つの案Dが優れていることがわかったとします。このとき、その案Dを採用して全生産ラインを改変しても大丈夫でしょうか。たまたま、試験ではそのD案が良い結果を出しただけ、という心配が残ります。

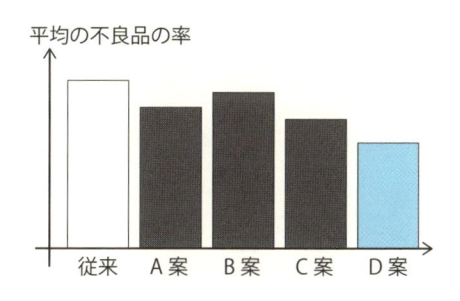

D案の改良案が試験では最も優れていても、実際に採用して大丈夫かには、疑問が残る。

また、教育現場で、3つの学習法X、Y、Zのどれが最も優れているかを確かめるために、実験校でそれらを試行し、X法が最も優れた結果を出したとします。この結果を受けて、X法を全国の学校で実施しても大丈夫でしょうか。たまたま実験校でうまくいっただけかもしれません。

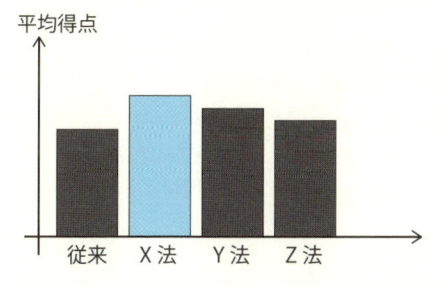

実験校ではX法が優れていても、実際に全国の学校で採用して大丈夫かには、疑問が残る。

さらにまた、医療の現場で3つの抗がん剤の治験薬P、Q、Rを投与し

1. 分散分析の威力　　237

たところ、Qの5年平均生存率が一番高くなったとします。このことから「Qの効果が一番高い」と断言してよいでしょうか。

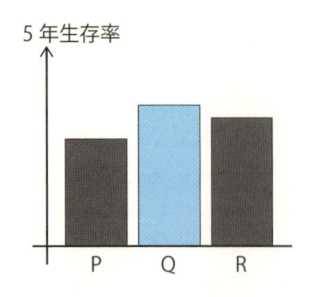

■分散分析は「偶然か否か」を％で明らかにする

このような悩みや疑問に答えるのが**分散分析**です。実験やテストに影響を与えるものを**要因**と呼び、「ある要因による平均値の違いは偶然である」という仮説に対して、「分散分析」を使うことで、**「何パーセントの確度で、それは偶然とはいえない」と主張する論理を提供**します。

分散分析は統計解析で最も重要な理論の一つです。それは、実験や試験結果の分析に不可欠な分析術を提供するからです。

新種の米栽培に関する肥料A、B、Cの効果についての話に戻りましょう。結果が「それは偶然だ」と疑われたことを、統計学の言葉で表現してみると、どうなるでしょうか。

新種の米栽培で「肥料の効果があり、収穫量に差があった」ことを主張したいのに対して、それを否定する「収穫量に差がない」という疑念が生まれているわけです。これは検定でいう「対立仮説と帰無仮説の関係」と同じです。すなわち、

　　　帰無仮説H_0：肥料の違いの効果はない。

　　　対立仮説H_1：肥料の違いの効果はある。

分散分析は、この帰無仮説H_0を棄却できるかどうかを、資料から判断する手法を提供するのです。

2. 分散分析とt検定の違い
～繰り返す検定は「甘くなる」

「肥料と収穫量の違い」が偶然か否かだけなら、t検定を使っても可能に思いますが、t検定だと何か不都合が？

■分散分析は3つ以上、t検定は2つの標本検定

　前項では分散分析の計算などには入らず、考え方だけ触れてみました。肥料の違いに従って、収穫量の平均値に差が生まれたかどうか——それを検定するのが分散分析だといいました。つまり、分散分析は「その差は偶然でしょう？」という疑問に応える技法を提供するのです。

　そういう意味では、**t検定**（平均値の差の検定）も似ていて、2つの標本平均の差から母平均の違いを検定します。

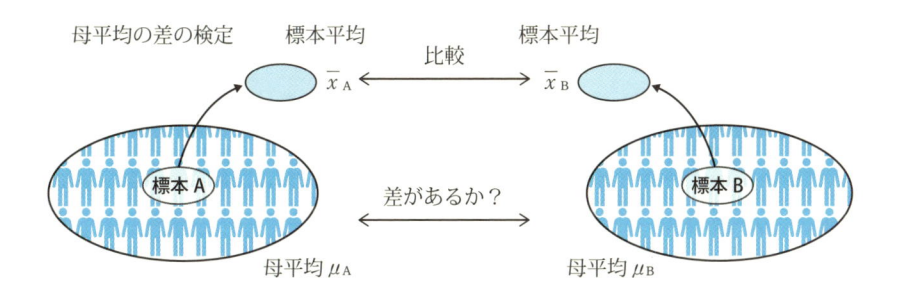

　では、**分散分析**はどうでしょう。先の例では、肥料A、B、Cの違いのもとで、米の収穫量の平均値に差があるかどうかを調べました。この例からわかるように、**分散分析では3つ以上の標本から、元の母集団の平均値に差があるかを検定**します。

　t検定は2つの標本から元の母集団の平均値の差の有無を検定し、分散分析は3つ以上の標本から元の母集団の平均値の差の有無を検定します。「2つ」と「3つ以上」がt検定と分散分析を隔てる境になるのです。

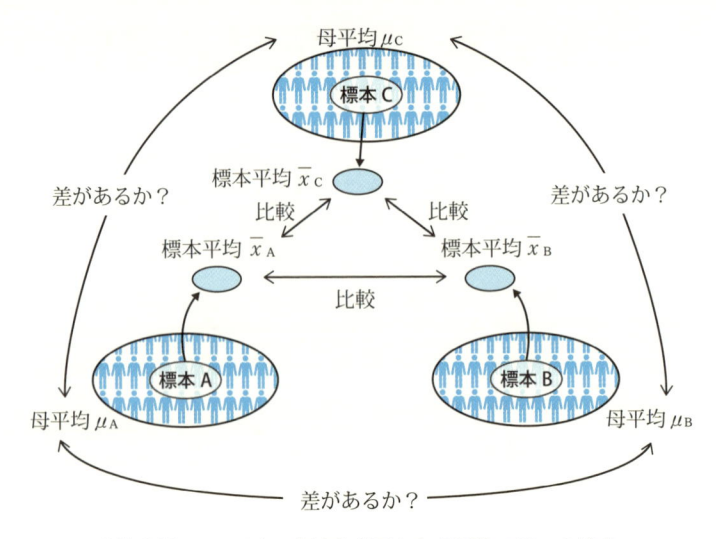

分散分析　3つ以上の標本を利用した母平均の違いの検定

■検定を繰り返すと「検定が甘くなる」

さて、再び例として新種の米と肥料の関係を取り上げましょう。

3つの肥料A、B、Cによる効果の差を調べたいならば、AとB、BとC、CとAの3回に分けてt検定を実行してもいいはず、とも考えられます。しかし、このように3つに分けると不都合が生じるのです！

その不都合を理解するために、実際に、AとB、BとC、CとAというように、3回に分けてt検定を実行してみましょう。有意水準を5％に設定し、3回の検定で少なくとも1つに肥料の効果に差があると判定される確率を求めてみることにします。

まず、1つひとつの比較で「効果に差がない」と判断される確率を求めましょう。有意水準が5％なので、次の確率になります。

$$1 - 0.05 = 0.95$$

よって、3回のt検定すべてで「効果に差がない」と判定される確率は次のように求められます。

$$0.95 \times 0.95 \times 0.95 = 0.8573\cdots$$

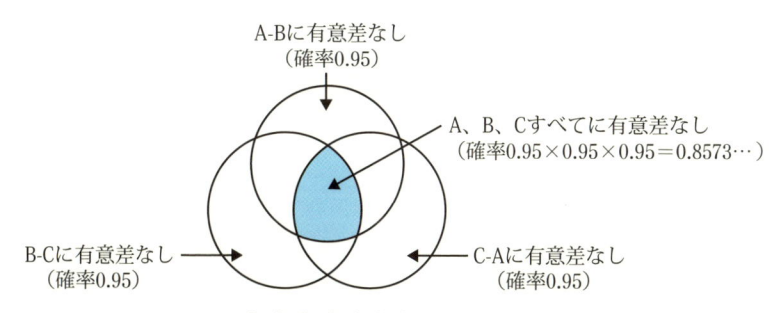

```
        A-Bに有意差なし
         （確率0.95）
            ↓
                        A、B、Cすべてに有意差なし
                        （確率0.95×0.95×0.95＝0.8573…）

 B-Cに有意差なし              C-Aに有意差なし
  （確率0.95）                （確率0.95）
```

すると、3回の t 検定で少なくとも1つに「効果に差がある」と判定される確率は、次のように求められます。

$$1-0.95\times0.95\times0.95 = 0.1426\cdots$$

これは、本来、5%の有意水準のつもりでスタートしたのに、14%の「有意水準」で検定されたことを意味します。**検定の評価が甘くなってしまった**のです！

検定というのは、繰り返すとこの問題は避けられません。ここに分散分析の活躍する場があります。**分散分析は1度に検定を実行する**ために、このような「繰り返す」ことでの検定の甘さが生まれる余地がありません。有意水準が5%なら、そのまま5%の精度で検定が実行できます。

MEMO
✓ 多重比較の落とし穴

分散分析が実行され、そこで「有意差がある」、すなわち「要因の違いの効果がある」と判断されたとしましょう。次には、どのグループとどのグループに「違いの効果がある」のかを確かめたくなります。そのときに行なわれる検定が**多重比較**です。

しかし、t検定の繰り返しと同様、同一の実験や試験の中で得られたデータに対して検定を繰り返すと、「有意」となる確率が高くなってしまいます。多重比較をする際も、このことに注意を払う必要があります。

3. 分散分析のしくみ
～データを要因の効果と統計誤差に分離

「3つ以上の標本から、元となる母平均の違いを同時に検定する」分散分析のしくみを考えてみましょう。

分散分析のしくみを考えてみましょう。そのために、再び、新種の米栽培と肥料の関係を調べることにします。下図のような$1a$（アール＝100 m^2）に区切られた12区画の田に3種の肥料A、B、Cを施し、収穫量を調べます。

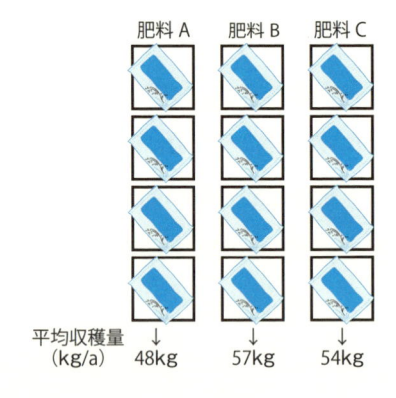

肥料	A	B	C	全体平均
平均収穫量(kg/a)	48	57	54	53

前項では、平均値をまとめた上の表しか提示しませんでしたが、この「平均値の表」では分散分析ができません。というのは、分散分析をするためには、この平均値の元になった資料、すなわち個票データが必要となるからです。

いま、この元の資料として次の2つの資料ⅠとⅡが存在したとします。共に上の「平均収穫量」の表にまとめられる資料です。

資料Ⅰ	肥料		
区画	A	B	C
1	49	56	51
2	47	54	55
3	46	61	57
4	50	57	53
平均	48	57	54

(kg/a)

資料Ⅱ	肥料		
区画	A	B	C
1	41	56	43
2	51	43	64
3	42	61	56
4	58	68	53
平均	48	57	54

(kg/a)

実際の12の田の区画で示すと、下図のように収穫が得られたことを示します。

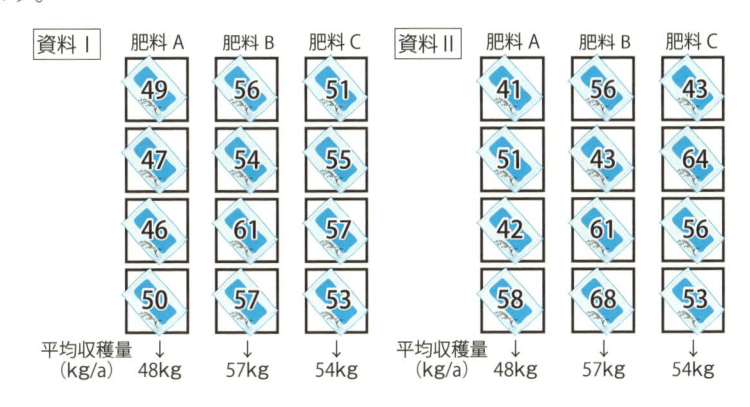

資料Ⅰ　肥料A　肥料B　肥料C
49　56　51
47　54　55
46　61　57
50　57　53
平均収穫量　↓　↓　↓
(kg/a)　48kg　57kg　54kg

資料Ⅱ　肥料A　肥料B　肥料C
41　56　43
51　43　64
42　61　56
58　68　53
平均収穫量　↓　↓　↓
(kg/a)　48kg　57kg　54kg

今後は、肥料Aに所属する4つのデータを**グループA**と呼び、肥料Bに所属するデータをグループB、肥料Cに所属するデータをグループCと呼ぶことにします。

さて、肥料の効果は、「グループ間の平均値の違い」に現れると考えられます。各グループは肥料の違い以外は同一条件だからです。こう考えると、これらの資料Ⅰ、Ⅱのどちらからも、次の仮説は正しいと思えます。

　　仮説H_1：「肥料の違いに効果がある」

肥料の種類が異なると、平均収穫量も異なっているからです。

ところで、この仮説H_1は、左の資料Ⅰと右の資料Ⅱのどちらに対してより説得力があるでしょうか。数値だけではわかりにくいので、棒グラフに示してみましょう。グラフの縦軸は各区画の収穫量を表わしています。

3. 分散分析のしくみ　　243

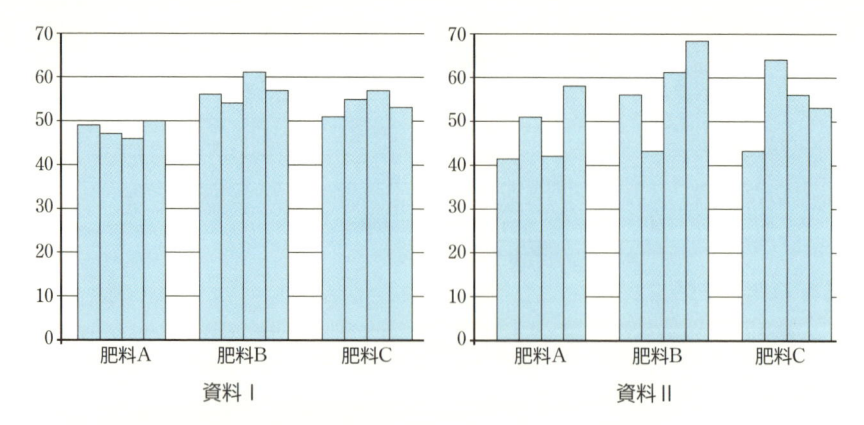

グラフを見ると、右の資料IIの方で、「グループ間の平均値の違い」に比べてグループ内の**個体差が大きい**ことがわかります。各グループは同一条件で得られたデータなので、グループ内の個体差は「**統計誤差**」と解釈されます。

すると、どうでしょうか。右の資料IIに関していうと、仮説H_1に反対する次のような仮説が、にわかに説得性を帯びてくるのです。

　　　仮説H_0：「肥料の違いの効果はない」

統計誤差が大きい分、肥料の違いによる差異（すなわち「グループ間の平均値の違い」）はかき消され、「肥料の違いによる効果は偶然だ」という反論が生まれやすくなるのです。

それに対して左の資料Iでは、「グループ間の平均値の違い」に比べてグループ内の個体差（すなわち統計誤差）は小さいことが理解できます。肥料の違いごとに「まとまっている」のです。「肥料の違いの効果がある」という仮説H_1を擁護しやすい資料なのです。

以上から次のことがわかります。

「『グループ間の平均値の違い』に比べ、『統計誤差』が相対的に小さいほど、『肥料の違いの効果がある』が採択されやすい」

これが「分散分析の哲学」になります。後はこの統計誤差が相対的に大きいか小さいかを数学的に表現すればよいことになります。

|肥料ごとの平均の違い|グループ内の誤差|

H₁の説得力大

|肥料ごとの平均の違い|グループ内の誤差|

H₁の説得力小

■「肥料の違いによる効果」を式で表現してみると？

「分散分析の哲学」にある「グループ間の平均値の違い」と「統計誤差」との大小関係を調べるには、具体的に式で表わす必要があります。

まず、「グループ間の平均値の違い」を式で表現してみましょう。これは「肥料の違いによる効果」を表わすもので、単純に肥料についての互いの差で表わせそうに見えます。次のようにです。

$$\begin{cases} 肥料Aの収穫量の平均値 - 肥料Bの収穫量の平均値 \\ 肥料Bの収穫量の平均値 - 肥料Cの収穫量の平均値 \\ 肥料Cの収穫量の平均値 - 肥料Aの収穫量の平均値 \end{cases}$$

しかし、これらは採用されません。統計的に扱う武器がないからです。その代わりに、次の式を「肥料の違いによる効果」を表わす式として採用します。これらは、「平均値の偏差」で、偏差は統計学的に扱う武器があります。というのは、偏差は変動や分散に通じているからです。

$$\begin{cases} 肥料Aの収穫量の平均値 - 全体平均 \\ 肥料Bの収穫量の平均値 - 全体平均 \\ 肥料Cの収穫量の平均値 - 全体平均 \end{cases}$$

一般的に表現してみましょう。資料に影響を与える「要因の違いの効果」を表わす式としては、次の式が用いられます。

要因の違いの効果 =「グループ平均」-「全体平均」… (1)

これは、グループ平均の偏差であり、**グループ間偏差**と呼ばれます。このグループ間偏差は、**水準間偏差**、**群間偏差**とも呼ばれます。

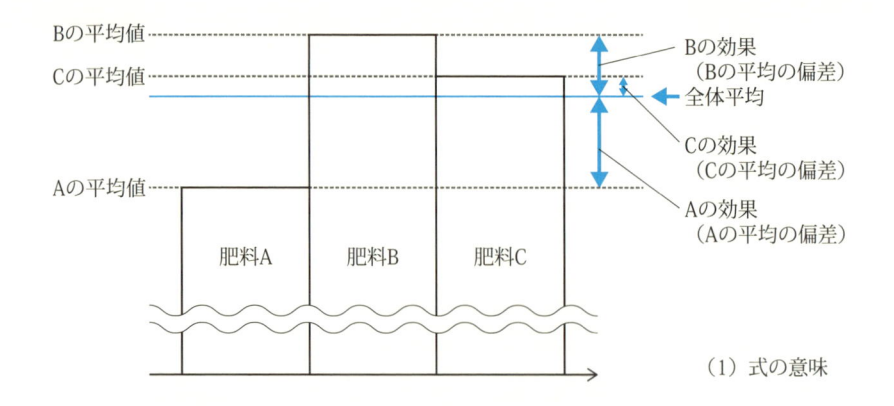

(1) 式の意味

■「グループ内の統計誤差」を式で表現してみると

次に、グループ内の統計誤差を式で表わしてみましょう。(1)を導いたのと同じ理由で、各グループ内の偏差を「統計誤差の式」として採用します。

統計誤差＝「データ値」－「グループ平均」… (2)

これを**グループ内偏差**（**水準内偏差**、**群内偏差**ともいう）と呼びます。下図は資料Ⅰの肥料A（すなわちグループA）の4番目のデータについて、(2)の統計誤差を示したものです。

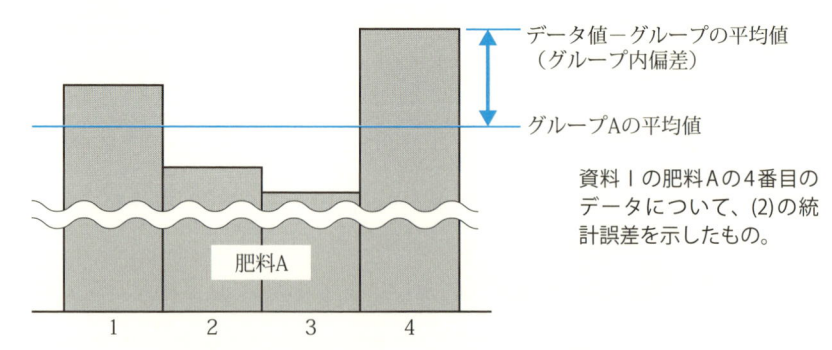

資料Ⅰの肥料Aの4番目のデータについて、(2)の統計誤差を示したもの。

これら統計誤差の値が資料全体に対して小さければ、グループの結束は固いことになります。逆に、この値が資料全体に対して大きければ、グループはバラバラとなり、その結束は弱いことになります。

■「分散分析モデル」で考えてみる

　いろいろ難しいことを述べてきましたが、図に示すと単純です。要するに、データを全体平均、要因の効果、統計誤差に分割したのです。実際、(1)、(2)を式として見て加えてみましょう。

　　　　要因の違いによる効果＋統計誤差＝データ値－全体平均

移項して次の式が得られます。

　　　　データ値＝全体平均＋要因の違いによる効果＋統計誤差　… (3)

これから次のことがわかります。

　　　分散分析はデータの値を(1)、(2)を利用して「全体平均」、「要因
　　　の違いによる効果」、「統計誤差」に分ける分析法である。

下の図が「**分散分析のモデル**」を表わす図です。

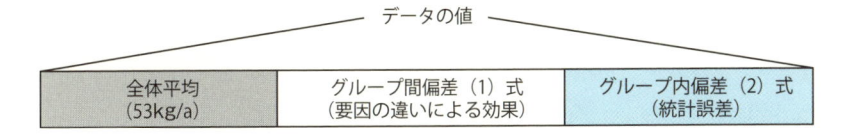

全体平均 (53kg/a)	グループ間偏差 (1) 式 (要因の違いによる効果)	グループ内偏差 (2) 式 (統計誤差)

データの値

■資料全体の(1)、(2)の量を数値化するには変動を利用

　先の「分散分析の哲学」で調べたように「肥料の違いによる効果」(1)と「グループ内の統計誤差」(2)の大小のバランスが全体としてどちらに傾くかで、肥料の違いの効果の有無が検定できます。

　そこで最初に思いつくのが変動です。**変動**とは偏差の平方和のことでした。資料全体で(1)、(2)の量を調べるには、最もわかりやすい量です。実際に変動（すなわち偏差平方和）を求めてみましょう。

　まず、資料Ⅰについて、グループ間偏差とグループ内偏差の変動を調べてみます。そのために、元の資料を(3)に従って「グループ間偏差」と「グループ内偏差」の2つに分離してみましょう。「全体平均」は、いま調べている資料では53（kg/a）です。

元の資料Ⅰ	肥料		
区画	A	B	C
1	49	56	51
2	47	54	55
3	46	61	57
4	50	57	53
平均	48	57	54

グループ間偏差	肥料		
区画	A	B	C
1	−5	4	1
2	−5	4	1
3	−5	4	1
4	−5	4	1

グループ内偏差	肥料		
区画	A	B	C
1	1	−1	−3
2	−1	−3	1
3	−2	4	3
4	2	0	−1

これらの表から、資料Ⅰ（243ページ）についてのグループ間偏差の変動 Q_1 とグループ内偏差の変動 Q_2 が求められます。

$$\left.\begin{aligned}Q_1 &= 4\{(-5)^2+4^2+1^2\}=168\\ Q_2 &= \{1^2+(-1)^2+(-2)^2+2^2\}+\{(-1)^2+(-3)^2+4^2+0^2\}\\ &\quad +\{(-3)^2+1^2+3^2+(-1)^2\}=56\end{aligned}\right\}\cdots(4)$$

これら Q_1、Q_2 を資料Ⅰについての**グループ間変動**、**グループ内変動**と呼びます。Q_1、Q_2 が資料全体についての「肥料の効果」と「偶然の効果」を表わしているのです。

同様にして、資料Ⅱ（243ページ）についても、(3)式に従って「グループ間偏差」「グループ内偏差」の2つに分離してみましょう。

元の資料Ⅱ	肥料		
区画	A	B	C
1	41	56	43
2	51	43	64
3	42	61	56
4	58	68	53
平均	48	57	54

グループ間偏差	肥料		
区画	A	B	C
1	−5	4	1
2	−5	4	1
3	−5	4	1
4	−5	4	1

グループ内偏差	肥料		
区画	A	B	C
1	−7	−1	−11
2	3	−14	10
3	−6	4	2
4	10	11	−1

これらの表から、資料Ⅱについてのグループ間変動 Q_1、グループ内変動 Q_2 が求められます。

$$\left.\begin{aligned}Q_1 &= 4\{(-5)^2+4^2+1^2\}=168\\ Q_2 &= \{(-7)^2+3^2+(-6)^2+10^2\}+\{(-1)^2+(-14)^2+4^2+11^2\}\\ &\quad +\{(-11)^2+10^2+2^2+(-1)^2\}=754\end{aligned}\right\}\cdots(5)$$

各グループの平均値が等しい資料Ⅰと資料Ⅱとはグループ間変動 Q_1 は当然同一です。しかし、グループ内変動 Q_2 は資料Ⅱが資料Ⅰの10倍以上

になっています。統計誤差が大きいことを反映しているのです。

■変動は資料の持つ情報

ここで面白い関係を確認してみましょう。資料Ⅰについての変動Qを求めてみます（2章§8）。全体の平均値が53なので、変動Qは次のように算出されます。

$$Q = (49-53)^2 + (47-53)^2 + (46-53)^2 + (50-53)^2 + \cdots + (53-53)^2 = 224$$

次に、(4)から資料Ⅰについてのグループ間変動Q_1とグループ内変動Q_2の和を求めてみましょう。

$$Q_1 + Q_2 = 168 + 56 = 224$$

資料の変動と、「グループ間変動＋グループ内変動」は一致するのです。

資料Ⅱについても確かめてみましょう。資料Ⅱについての変動Qは、全体の平均値が53なので、次のように算出されます。

$$Q = (41-53)^2 + (51-53)^2 + (42-53)^2 + (58-53)^2 + \cdots + (53-53)^2 = 922$$

次に、(5)から資料Ⅰについてのグループ間変動Q_1とグループ内変動Q_2の和を求めてみましょう。

$$Q_1 + Q_2 = 168 + 754 = 922$$

ここでも、資料の変動と、グループ間変動とグループ内変動の和は一致するのです。

以上の性質は偶然ではありません。すなわち、次の性質は一般的に成立するのです。

資料の変動Q＝グループ間変動Q_1＋グループ内変動Q_2　…(6)

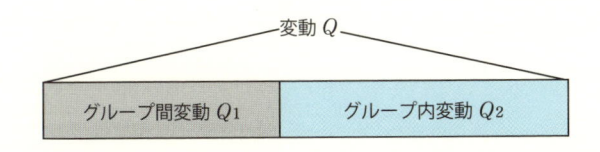

変動とは、平均値からのバラつきの平方和でした。推測統計学の大きな目標は「資料の持つバラつきをいかに説明するか」です。したがって、統計学的にいうと、バラつきの合体である変動は「資料の持つ情報」といえるでしょう。その情報を説明し利用するのが統計学と考えられるからです。

このように変動を「資料の持つ情報」と考えると、上の式(6)は次のように解釈されます。

資料の情報Qは各グループの情報Q_1と偶然による情報Q_2からなる

変動を資料の持つ情報と捉えるアイデアは、多変量解析など、統計学のさまざまな応用分野で活用される考え方です。このような見方で分散分析を捉え直すのも面白いでしょう。

■変動をどう比較するか？

資料Ⅰ及びⅡについて、「肥料の違いによる効果」の総量である「グループ間変動」Q_1と、「統計誤差」の総量である「グループ内変動」Q_2が求められました。

　　資料Ⅰ：$Q_1 = 168$、$Q_2 = 56$

　　資料Ⅱ：$Q_1 = 168$、$Q_2 = 754$

確かに、資料Ⅰでは肥料の効果を示すQ_1が相対的に大きいので、肥料の違いの効果があったといえそうです。それに対して、資料Ⅱでは肥料の効果を示すQ_1が相対的に小さいので、肥料の違いの効果があったとはいい切れません。しかし、「いえそうです」では科学になりません。「いえる」「いえない」と断言しなければならないのです。そこで登場するのがF分布による検定です。

4. F検定で何ができる？
～分散で表わされた効果を比較する

「グループ間の変動＞グループ内の変動」あるいはその逆を判別する方法が F 検定です。

■ F 分布の定理とは何か

なんとか、肥料の効果と偶然の効果が数値化できました。これらをどう扱うと、肥料の効果と偶然の効果の大小が判別できるのでしょうか。そこで利用されるのが、**F 分布の定理**です（F 分布そのものついては《分布 - Ⅰ》（203ページ）参照）。

「F 分布」の定理

等分散の正規母集団から抽出した2つの標本について、それらから算出した不偏分散を $s_1{}^2$、$s_2{}^2$ とする。$s_1{}^2$、$s_2{}^2$ の自由度が順に k_1、k_2 とするとき、次の量 F は自由度 k_1，k_2 の F 分布に従う。

$$F = \frac{s_1{}^2}{s_2{}^2} \cdots (1)$$

帰無仮説「H_0：肥料の違いの効果はない」のもとでは、この定理にある「等分散の母集団」の仮定が保証されます。すなわち、この定理を用いて、グループ間変動 Q_1 とグループ内変動 Q_2 の大小を議論できるのです。

F 分布の定理を利用するには「**不偏分散の自由度**」を求める必要がありますので、前項のグループ間偏差とグループ内偏差を見てみましょう。

次ページの「グループ間偏差」の表を見てください。肥料A、B、Cのデータの3つの平均値なので、3つの値から成り立っています。しかし、これらは偏差の集まりなので、加え合わせると0になるという性質があります。そこで、自由に動ける値の数は2個(＝3−1)です。以上から、グループ間偏差を構成する数値の自由度は2、したがってそこから算出される

元の資料 I			
	肥料		
区画	A	B	C
1	49	56	51
2	47	54	55
3	46	61	57
4	50	57	53
平均	48	57	54

グループ間偏差			
	肥料		
区画	A	B	C
1	−5	4	1
2	−5	4	1
3	−5	4	1
4	−5	4	1

グループ内偏差			
	肥料		
区画	A	B	C
1	1	−1	−3
2	−1	−3	1
3	−2	4	3
4	2	0	−1

「グループ間変動」の自由度も2になります。

「グループ間変動」の自由度 = 2 … (2)

次に「グループ内偏差」の表を見てください。肥料A、B、Cについて各々4つの数値から構成されていますが、各グループの偏差から成り立っているので加えて0になるため、自由に動けるのは各々3(=4−1)です。したがって、「グループ内偏差」の表全体で、自由に動ける数値は3×3(=3×(4−1))で、そこから算出される「グループ内変動」の自由度も9(=3×3)になります。

「グループ内変動」の自由度 = 9 … (3)

■変動を自由度で割ったものが「不偏分散」

前ページの F 分布の定理は不偏分散の比に関する分布ですから、この定理を利用するには、前項で求めた変動から不偏分散を算出しなければなりません。ここで利用されるのが変動と不偏分散の関係です（4章§4参照）。

$$不偏分散 = \frac{変動}{自由度}$$

そこで、グループ間変動 Q_1 とグループ内変動 Q_2 とし、それらから得られる不偏分散を順に s_1^2、s_2^2 とすると、(2)、(3)から、次のように不偏分散の値が得られます。

$$s_1^2 = \frac{Q_1}{2},\ s_2^2 = \frac{Q_2}{9} \ \cdots (4)$$

■F検定を実行すると

いよいよ、分散分析のクライマックスです。F分布の定理を使う準備が整いました。この肥料の問題に即して、その定理を再表現してみましょう。

> (4)から得られる次の量Fは、自由度2, 9のF分布に従う：$F = \dfrac{s_1^2}{s_2^2}$

この定理を利用して、次の帰無仮説を有意水準5%で検定してみます。

　　仮説H_0：「肥料の違いの効果はない」

自由度2, 9のF分布の上側5%点は《分布-Ⅰ》（203ページ）より次のようにExcelで求められ、

	A	B	C	D
1		F分布のパーセント点		
2			m	n
3		自由度	2	9
4				
5		p	下側5%点	上側5%点
6		0.05	0.05	4.26

上側5%点は4.26なので、棄却域は次のように表わされます。

　　棄却域：$F \geq 4.26$ … (5)

次にFの値（F値）を算出してみましょう。前項の結果から、

　　$Q_1 = 168$、 $Q_2 = 56$

よって、(4)から　　$s_1^2 = \dfrac{Q_1}{2} = \dfrac{168}{2} = 84$、 $s_2^2 = \dfrac{Q_2}{9} = \dfrac{56}{9} = 6.22$ … (6)

これからF値が算出されます。

$$F = \dfrac{s_1^2}{s_2^2} = \dfrac{84}{6.22} = 13.5 \cdots (7)$$

この値は棄却域(5)に含まれています。したがって、帰無仮説H_0は棄却されることになります。対立仮説「肥料の違いの効果がある」ことが認め

られたことになります。

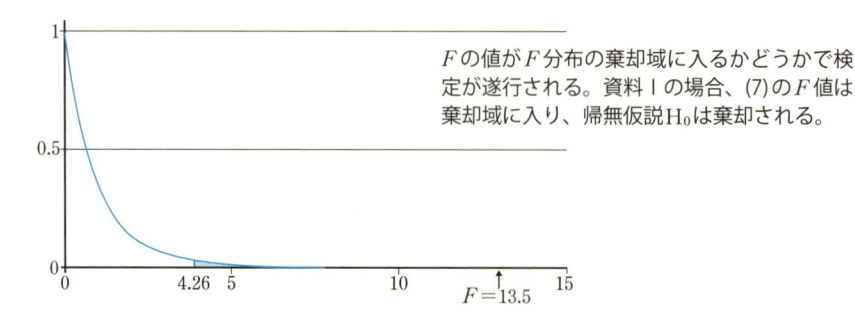

Fの値がF分布の棄却域に入るかどうかで検定が遂行される。資料Iの場合、(7)のF値は棄却域に入り、帰無仮説H_0は棄却される。

$F = 13.5$

■ 分散分析をするための条件とは

　以上が分散分析の考え方のすべてです。注意すべきことは、最後にF分布の定理を利用した検定（F検定）を用いていることです。この定理が成立する対象は「正規母集団」です。そこで、分析対象にするデータは正規分布に従うことが必要です。この仮定に合わないデータ分析には、ここで調べた分散分析は利用できないのです。

> **MEMO**
> ☑ **資料IIについて分散分析**
>
> ここでは資料Iについて分散分析を行ない、「肥料の違いの効果がある」ことを確認しました。資料IIではどうでしょうか。(6)、(7)に対応する値の計算結果だけを示しましょう。
>
> $s_1{}^2 = \dfrac{Q_1}{2} = \dfrac{168}{2} = 84$、$s_2{}^2 = \dfrac{Q_2}{9} = \dfrac{754}{9} = 83.8$、$F = \dfrac{s_1{}^2}{s_2{}^2} = \dfrac{84}{83.8} = 1.00$
>
> このF値は(5)の棄却域に入っていません。よって、資料IIでは、帰無仮説「肥料の違いの効果はない」は棄却できないのです。

5. 一元配置の分散分析
～その分析手順は公式化されている

ここまでの話は「一元配置の分散分析」とも呼ばれるもの。その基本的な考え方を、この章の最後にまとめておきましょう。

■手順をまとめておこう

肥料の効果の違いを確かめるために、実験結果を通して、分散分析の基本的な考え方を述べてきました。結果として、次のように要約されることがわかります。

(I) グループ間偏差の平方和（すなわちグループ間変動）が要因の効果を表現する
(II) グループ内偏差の平方和（すなわちグループ内変動）が統計誤差を表わす。
(III) (I)、(II)で求めた分散比から、F分布による検定を行なう。

以上の考え方は分散分析のバックボーンとなります。

これまでは実験、すなわち米の栽培に影響を与えるものとして「肥料」という要因を1つだけ考えました。このように、1つの要因だけを仮定する分散分析のことを**一元配置の分散分析**と呼びます。

区画	A	B	C
1	49	56	51
2	47	54	55
3	46	61	57
4	50	57	53

肥料／要因は一つだけ
要因を構成するグループに含まれるデータ数は同一。

この章の最後として、これまで調べてきたことを「一元配置の分散分析」として公式化しておきましょう。

一元配置の分散分析は、これまでの議論からわかるように、次の手順(i)〜(v)を追うことで実行できます。

「一元配置の分散分析」を考える手順

(i) 帰無仮説「要因の違いによる効果の差はない」を設定し、有意水準αを決める。

(ii) 実験を行ない、右表のようにグループごとにn個のデータを得る（グループ数はkとする）。

要因				
X_1	...	X_i	...	X_k
n個のデータ	...	n個のデータ	...	n個のデータ

(iii) 各データを下図のように分解する。要因Xの「グループ間偏差」は要因の違いの効果を示す。「グループ内偏差」は統計誤差を表わす。

データの分解

全体平均	要因Xのグループ間偏差（要因Xの違いによる効果）	グループ内偏差（統計誤差）

(iv) (iii)の図に示された各偏差の変動を求める。さらに、「グループ間偏差」の自由度が$k-1$、「グループ内偏差」（統計誤差）の自由度が$k(n-1)$であることを利用して、それらの不偏分散s_1^2、s_2^2を算出する。

(v) 分散比$F = \dfrac{s_1^2}{s_2^2}$は自由度$k-1$, $k(n-1)$のF分布に従う。そこで、このFの値を求め、F分布の有意水準αの棄却域にあるかを調べる。棄却域にあれば帰無仮説を棄却する。

例題 新種の豆栽培で3つの肥料A、B、Cの効果に差があるかを検定するために、右の収穫量の資料を得ました。一元配置の分散分析を用いて、次の帰無仮説を有意水準5%で検定してください。

仮説H_0：肥料の違いによる差異はない。

A	B	C
5	4	4
7	5	3
6	4	2
6	5	4
7	4	3

（単位はkg/a）

(**解**) 資料の各データを「手順(ⅲ)」のように分割します。まず全体平均を求めましょう。

　　　全体平均 = 4.6

次に「グループ間偏差」と「グループ内偏差」を求めます。

　　　　グループ間偏差 = 「グループ平均」 - 「全体平均」
　　　　グループ内偏差 = 「データ値」 - 「グループ平均」

グループ平均 6.2 から全体平均 4.6 を引いた値

データ 5 からグループ平均 6.2 を引いた値

資料

	A	B	C
	5	4	4
	7	5	3
	6	4	2
	6	5	4
	7	4	3
平均	6.2	4.4	3.2

グループ間偏差

A	B	C
1.6	-0.2	-1.4
1.6	-0.2	-1.4
1.6	-0.2	-1.4
1.6	-0.2	-1.4
1.6	-0.2	-1.4

グループ内偏差

A	B	C
-1.2	-0.4	0.8
0.8	0.6	-0.2
-0.2	-0.4	-1.2
-0.2	0.6	0.8
0.8	-0.4	-0.2

「グループ間偏差」、「グループ内偏差」から得られる各々の変動 Q_1、Q_2 は、この表から次のように算出されます。

$$Q_1 = 5\{1.6^2 + (-0.2)^2 + (-1.4)^2\} = 22.8$$
$$Q_2 = (-1.2)^2 + 0.8^2 + (-0.2)^2 + \cdots + 0.8^2 + (-0.2)^2 = 6.8$$
　　　　　　　　　　　　　　　　　　　　　　　　　　　$\cdots$ (1)

まとめ(ⅳ)から、

　　　Q_1 の自由度は $3 - 1 = 2$、　Q_2 の自由度は $3 \times (5 - 1) = 12$　$\cdots$ (2)

なので、それらの不偏分散は s_1^2、s_2^2 は、次のように算出されます。

$$s_1^2 = \frac{22.8}{2} = 11.4, \quad s_2^2 = \frac{6.8}{12} = 0.567 \quad \cdots (3)$$

s_1^2 は「肥料の効果」を表わし、s_2^2 は「偶然性」を表わしますが、そのどちらが確率的に見て大きいかを判断しなければなりません。それには、まとめ(ⅴ)に示したように、不偏分散の比（F 値）を求めます。

$$F 値 = \frac{s_1^2}{s_2^2} = \frac{11.4}{0.567} = 20.12 \quad \cdots (4)$$

Fの値は自由度2，12のF分布に従いますが、有意水準5％の棄却域は次の通りです*。

$$F \geq 3.89 \cdots (5)$$

上記F値20.12はこの棄却域に入っています。こうして、仮説「H_0：肥料の違いによる差異はない」は棄却され、肥料の違いの影響が認められることになります。**(答)**

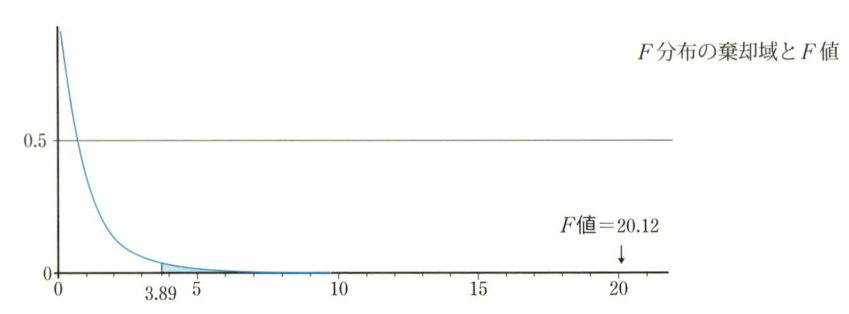

F分布の棄却域とF値

F値＝20.12

分散分析はとても複雑です。そこで、欄を埋めるだけで分散分析が実行できる便利な表が準備されています。それが**分散分析表**です。次の表は上記例題の分散分析表ですが、数値の意味を例題で確認しましょう**。

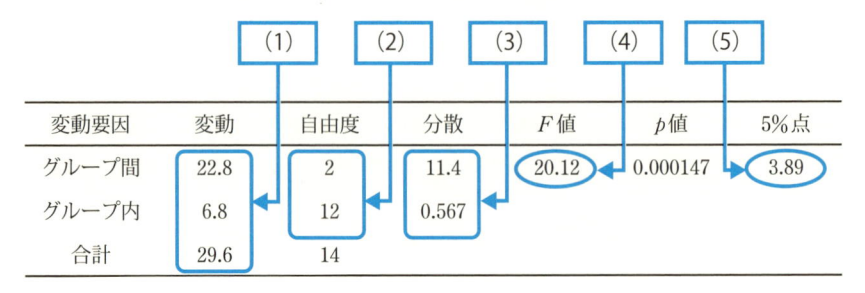

変動要因	変動	自由度	分散	F値	p値	5％点
グループ間	22.8	2	11.4	20.12	0.000147	3.89
グループ内	6.8	12	0.567			
合計	29.6	14				

(1) (2) (3) (4) (5)

■「多元配置」の分散分析もある

先ほどの例題では、豆の収穫量に対する肥料A、B、Cの効果を調べました。ところで、豆の生育には、肥料以外にもいろいろなものが考えられ

*203ページ《分布-I》参照。
**欄の中の「p値」はF値に対する上側p値です（3章§10）。これが有意水準より小さいことから検定結果を出すことも可能です。

ます。そこで、複数の要因を仮定した分析が必要となります。当然、分散分析はそのような場合にも対応できます。このように複数の要因を仮定した分散分析を**多元配置の分散分析**と呼びます。とくに2つの要因を仮定した分散分析を**二元配置の分散分析**と呼びます。

多元配置の分散分析は「繰り返しのある」場合と「繰り返しがない」場合に区別されます。

繰り返しのない場合とは、各要因の個々の構成要素に1つのデータしか得られていない資料を対象にする分散分析です。以下に例示した資料がその例です。

湿度 \ 肥料	A	B	C	D
低	6.6	8.9	8.4	10.0
中	8.7	8.2	11.3	14.4
高	8.5	8.4	12.5	15.4

繰り返しのない二元配置の分散分析の資料。同一要因に1つのデータのみが配置されている。

それに対して、**繰り返しのある**場合とは、各要因の個々の構成要素に複数のデータが得られている資料を対象にする分散分析です。次の表はその例ですが、各々に3つのデータが得られています。

温度 \ 肥料	A	B	C	D
高	11.03	8.75	9.45	6.18
高	13.17	11.25	9.46	8.92
高	11.53	6.31	7.97	10.73
中	13.04	13.70	10.63	8.59
中	11.45	11.67	13.66	9.75
中	12.76	11.34	13.43	7.59
低	10.39	12.98	8.02	9.53
低	10.06	10.58	8.68	10.42
低	13.02	9.98	12.74	8.00

繰り返しのある二元配置の分散分析の資料。同一要因に複数のデータが配置されている。すなわち、同一条件のデータが複数得られている場合である。

これらの分散分析も、これまで調べてきた考え方がそのまま活かされます。それについては、次章で調べることにします。

統計メモ: 分散分析に固有な言葉を覚えよう

　分散分析で利用される「専門用語」を調べておきましょう。

　まず「要因」という言葉を調べます。本文では「要因」という言葉を普通名詞的に用いていますが、分散分析では特別な意味が与えられます。すなわち、実験に影響を及ぼすものとして特別に注目するものを**要因**と呼ぶのです。この要因は**因子**とも呼ばれます。

　要因を具体的に構成するものを**水準**と呼びます。先の「米の栽培」の例では、肥料A、B、Cの3つがこの水準に相当します。水準の数は3つ以外でもよく、4水準、5水準なども考えられます。

肥料		
A	B	C

3水準

→

因子			
水準1	水準2	…	水準l

l水準

　これまで、たとえば「グループAに属するデータ」と呼んできたものは、この水準という言葉を用いて、「水準Aに属するデータ」と表現されることになります。また、要因や統計誤差を表現する偏差として、これまで次のように表現してきました。

　　　要因の違いの効果＝「グループ平均」－「全体平均」

　　　統計誤差＝「データ値」－「グループ平均」

　これらは、「水準」という言葉を用いると、次のようにも表現されます。

　　　要因の違いによる効果＝水準平均－全体平均

　　　統計誤差＝データの値－水準平均

　これらは順に**水準間偏差**、**水準内偏差**と呼ばれることになります。

9章
もう一歩進んだ「分散分析」をマスターする

1. 繰り返しのない二元配置の分散分析
～「一元配置」の簡単な応用

8章では1要因だけの分散分析を調べましたが、この章では2要因になったときの話をしてみましょう。

■ 繰り返しのない二元配置の分散分析とは

いよいよ、二元配置の分散分析を調べることにしましょう。とくに本項では「繰り返しのない二元配置の分散分析」を調べることにします。これは、2つの要因の効果の有無を調べるための分析法で、次のように、2つの要因 X、Y の各構成要素を共有するデータが1つしか存在しない場合です。

	要因 Y				
		Y_1	...	Y_j	...	Y_k
要因 X	...	...	...	...	...	...
	X_i	...	...	a	...	...
	...	...	...	...	...	...

要因 X、Y の成分を順に X_i、Y_j とすると、これら2つの成分 X_i、Y_j に該当するデータは1つのみ。

次の具体例を利用して、どんな分析法かを調べることにしましょう。

例題 新種の豆栽培で、「肥料」と「土壌の湿度」の効果に差があるかを調べるための実験を行ない、右の結果を得ました。肥料は4種A、B、C、D、土壌の湿度は高、中、低の3種とします（単位はkg /a）。

		肥料			
		A	B	C	D
湿度	低	6.6	8.9	8.4	10.0
	中	8.7	8.2	11.3	14.4
	高	8.5	8.4	12.5	15.4

この資料から、次の帰無仮説を有意水準5%で検定してください。

　　帰無仮説 H_{10}：土壌の湿度の違いによる効果はない

　　帰無仮説 H_{20}：肥料の違いによる効果はない

ただし、データは正規分布に従うと仮定します。

■グループ間変動を算出する

8章で調べたように、分散分析では、グループ間偏差の平方和（すなわちグループ間変動）が要因の効果を表現すると考えます。この考えに従って、「湿度の効果」を表わすグループ間変動 Q_{11}、「肥料の効果」を表わすグループ間変動 Q_{12} を求めてみます。

最初に、全体の平均値を求めましょう。

　　　全体平均 = 10.1 　… (1)

次に、「湿度の効果」を表わすグループ間変動 Q_{11} を求めましょう。それには、資料を湿度の資料と見て湿度のグループ間偏差を求めます。

グループ平均8.5から、(1)の全体平均を引いた値

湿度の資料

湿度					平均
低	6.6	8.9	8.4	10.0	8.5
中	8.7	8.2	11.3	14.4	10.7
高	8.5	8.4	12.5	15.4	11.2

湿度のグループ間偏差

湿度				
低	−1.6	−1.6	−1.6	−1.6
中	0.5	0.5	0.5	0.5
高	1.1	1.1	1.1	1.1

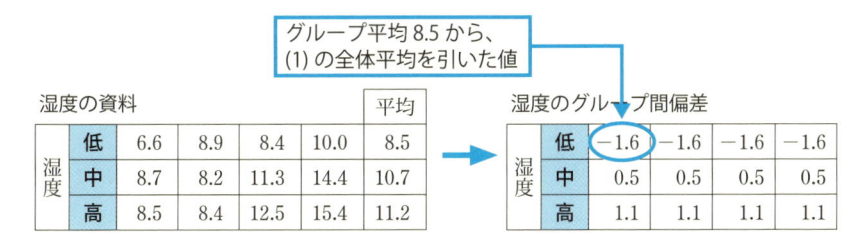

表1.「湿度」を構成する各グループの平均値から全体平均(1)を引いた右の表（すなわちグループ間偏差）が、各グループの要因の効果を表わす。なお、計算の丸めの誤差のために、小数最下位で数値がズレているところがあるのはご容赦願いたい。以下も同様である。

この「湿度のグループ間偏差」の平方和が「湿度の効果」を表わすグループ間変動 Q_{11} になります。

$$Q_{11} = 4\{(-1.6)^2 + 0.5^2 + 1.1^2\} = 16.61 \cdots (2)$$

同様に、「肥料の効果」を表わすグループ間変動 Q_{12} を求めましょう。それには、資料を肥料の資料と見て肥料のグループ間偏差を求めます（表2）。

この「肥料のグループ間偏差」の平方和が「肥料の効果」を表わすグループ間変動 Q_{12} になります。

$$Q_{12} = 3\{(-2.2)^2 + (-1.6)^2 + 0.6^2 + 3.2^2\} = 53.05 \cdots (3)$$

1. 繰り返しのない二元配置の分散分析

以上(2)、(3)で、要因の効果を表わす**グループ間変動**が求められました。

肥料の資料

肥料			
A	B	C	D
6.6	8.9	8.4	10.0
8.7	8.2	11.3	14.4
8.5	8.4	12.5	15.4
平均 7.9	8.5	10.7	13.3

グループ平均7.9から、(1)の全体平均を引いた値

肥料のグループ間偏差

肥料			
A	B	C	D
−2.2	−1.6	0.6	3.2
−2.2	−1.6	0.6	3.2
−2.2	−1.6	0.6	3.2

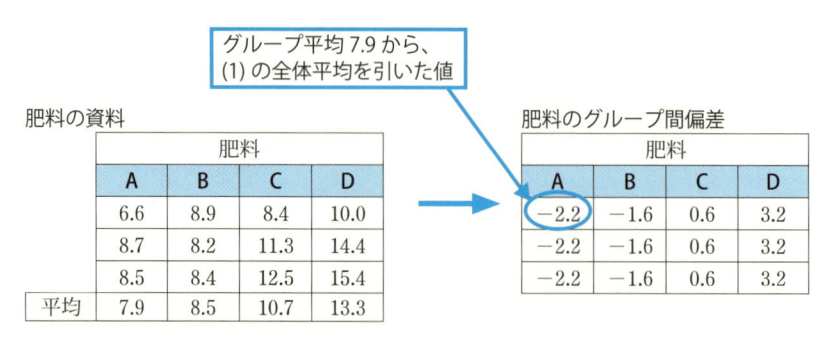

表2.「肥料」を構成する各グループの平均値から全体平均(1)を引いた右表（すなわちグループ間偏差）が、各グループに対する要因の効果を表わす。

■統計誤差の算出

資料の統計誤差を調べることにします。統計誤差は「同一要因のデータの偏差平方和」で表わされます。しかし、同一要因を持つデータは、いまの場合1つです。そこで、この偏差を算出することはできません。「1つのデータの偏差」など意味がないからです。

		肥料			
		A	B	C	D
湿度	低	6.6	8.9	8.4	10.0
	中	8.7	8.2	11.3	14.4
	高	8.5	8.4	12.5	15.4

たとえば、「肥料がBで湿度が『中』」という同一要因を持つデータは1つ。

そこで、分散分析のモデルを利用します。図で示すと次のように表わされるモデルです。

データ

全体平均	グループ間偏差 （要因の違いによる効果）	統計誤差

図1. 一元配置の分散分析のモデル

8章で示したモデルと異なるのは、「要因の違いによる効果」が2種あることです。湿度と肥料による違いです。そこで、次のようにアレンジされます。

264　9章　もう一歩進んだ「分散分析」をマスターする

|データ| 全体平均 | 湿度の違い
による効果 | 肥料の違い
による効果 | 統計誤差 |

図2. 繰り返しのない二元配置の分散分析のモデル

では、このモデルで「統計誤差」を求めてみましょう。

この図1の「湿度の違いによる効果」、「肥料の違いによる効果」は先の表1（「湿度のグループ間偏差」の表）、表2（「肥料のグループ間偏差」の表）で算出してあります。

湿度のグループ間偏差

湿度	低	-1.6	-1.6	-1.6	-1.6
	中	0.5	0.5	0.5	0.5
	高	1.1	1.1	1.1	1.1

肥料のグループ間偏差

肥料				
A	B	C	D
-2.2	-1.6	0.6	3.2
-2.2	-1.6	0.6	3.2
-2.2	-1.6	0.6	3.2

表3. グループ間偏差の表

全体平均も(1)で算出してあります。これら全体平均と表3の各「グループ間偏差」をデータ値から引けば、図2に示すモデルから、各データに含まれる「統計誤差」が算出されることになります。計算してみましょう。

データ6.6から、(1)の全体平均、表3のグループ平均-1.6、-2.2引いた値

		肥料			
		A	B	C	D
湿度	低	0.3	2.0	-0.7	-1.6
	中	0.2	-0.8	0.0	0.6
	高	-0.5	-1.2	0.7	1.0

表4. 統計誤差の表

この表の平方和が「統計誤差」を表わす変動 Q_2 になります。

$$Q_2 = \{0.3^2 + 0.2^2 + (-0.5)^2 + 2.0^2 + (-0.8)^2 + (-1.2)^2 + \cdots + 1.0^2\}$$
$$= 11.73 \quad \cdots (4)$$

■不偏分散を求める

分散分析のクライマックスはF分布による検定（**F検定**）です。前章で調べたように、それを利用するには不偏分散を求めなければなりません。不偏分散とは、これまで(2)～(4)で求めた変動をその自由度で割った値です。

$$不偏分散 = \frac{変動}{自由度}$$

まず、湿度と肥料の効果の不偏分散を調べましょう。前ページの表3を見てください。湿度のグループ数は3ですが、偏差の和は0という条件があるので、「湿度のグループ間偏差」の自由度は2(＝3−1)です。同様に、肥料のグループ数は4ですが、偏差の和は0という条件があるので、「肥料のグループ間偏差」の自由度は 3(＝4−1) です。

「湿度」の自由度＝3−1＝2、「肥料」の自由度＝4−1＝3 … (5)

よって、それらの不偏分散s_{11}^2、s_{12}^2は次のように算出されます。

$$s_{11}^2 = \frac{Q_{11}}{3-1} = \frac{16.61}{2} = 8.31、\quad s_{12}^2 = \frac{Q_{12}}{4-1} = \frac{53.05}{3} = 17.68 \cdots (6)$$

次に、統計誤差の不偏分散を調べてみましょう。前ページの表4を見てください。合計3×4＝12の数値から構成されていますが、その表の求め方からわかるように、行、および列の和は0になります。したがって、行について2の自由度(＝3−1)、列について3の自由度(＝4−1)となり、計6(＝(3−1)(4−1)) の自由度となります。

統計誤差の自由度＝(3−1)(4−1)＝6 … (7)

よって、(4)から、統計誤差の不偏分散s_2^2が次のように求められます。

$$s_2^2 = \frac{Q_2}{(3-1)(4-1)} = \frac{11.73}{6} = 1.96 \cdots (8)$$

■F検定を実行する

不偏分散が求められたので、F分布の定理を利用する準備が整いました。

「F分布」の定理

等分散の正規母集団から抽出した2つの標本について、それらから算出された不偏分散を$s_1{}^2$、$s_2{}^2$とする。$s_1{}^2$、$s_2{}^2$の自由度が順にk_1、k_2とするとき、次の量Fは自由度k_1, k_2のF分布に従う。

$$F = \frac{s_1{}^2}{s_2{}^2} \cdots (9)$$

帰無仮説のもとでは、前提である等分散性が保証されます。この定理がそのまま利用できるのです。そこで不偏分散の比（F値）を求めてみましょう。(6)、(8)を(9)に代入して、

$$F_1 = \frac{s_{11}{}^2}{s_2{}^2} = 4.249、F_2 = \frac{s_{12}{}^2}{s_2{}^2} = 9.046 \cdots (10)$$

これらFは順に自由度2, 6、自由度3, 6のF分布に従う値です。そこで、F分布の有意水準5%の棄却域*を調べてみましょう。

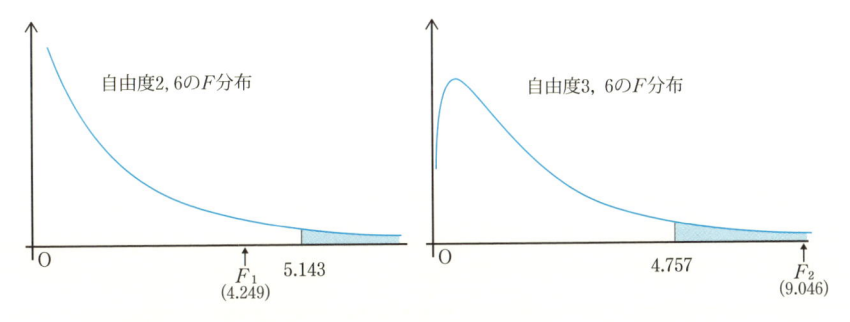

自由度2, 6のF分布：$F \geq 5.143$ … (11)

自由度3, 6のF分布：$F \geq 4.757$ … (12)

「湿度の違いによる効果」から生まれた$F_1 = 4.249$は棄却域（11）に入っていませんが、「肥料の違いによる効果」から生まれた$F_2 = 9.046$は棄

---

*棄却域の境界値はF分布の上側5%点と一致します。詳細は203ページ《分布-I》参照。

却域（12）に入っています。

以上から、「仮説H_{10}：土壌の湿度の違いによる効果はない」は棄却できず、土壌の湿度の違いの効果は認められないことになります。それに対して、「仮説H_{20}：肥料の違いによる効果はない」は棄却され、肥料の効果が認められることになります。**(答)**

以上が例題の解答です。基本的なアイデアは前章で調べた一元配置の分散分析と同じであることを確認してください。

前章でも調べたように、欄を埋めるだけで分散分析が実行できる表が分散分析表です。次の表は上記例題の分散分析表です。これらの数値の意味を262ページの例題をもとに確認しておきましょう。

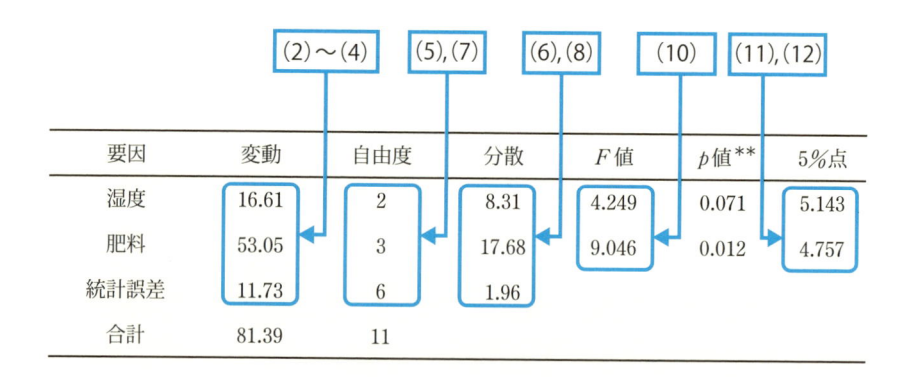

要因	変動	自由度	分散	F値	p値**	5%点
湿度	16.61	2	8.31	4.249	0.071	5.143
肥料	53.05	3	17.68	9.046	0.012	4.757
統計誤差	11.73	6	1.96			
合計	81.39	11				

（2）〜（4）：変動
（5),(7)：自由度
（6),(8)：分散
（10)：F値
（11),(12)：5%点

■ F分布のまとめ

繰り返しますが、2要因の場合でも、前項で調べた1要因の場合と考え方は変わりません。各データから「グループ間偏差」と「統計誤差」を分離し、それらから算出される不偏分散をF分布で検定するのです。そこで、二元配置の分散分析は次のようにまとめられます。

**欄の中の「p値」はF値に対する上側p値です（3章§10）。これが有意水準より小さいことから検定結果を出すことも可能です。これらp値、F値の算出法については203ページ《分布-I》参照。

「F分布」を考える手順

(i) 帰無仮説「要因の違いによる効果の差はない」を設定し、棄却のための有意水準αを決める。

		要因Y		
		Y_1	...	Y_l
要因X	X_1	1個	...	1個
	...	...	...	...
	X_k	1個	...	1個

(ii) 実験を行ない、2要因X、Yの各群に1個のデータを取得する***。ここで、要因X、Yの種類はk個、l個とする。

(iii) 各データを下図のように分解する。ここで、要因X及び要因Yの「グループ間偏差」は各要因の違いの効果を示す。

データの分解

全体平均	要因Xのグループ間偏差 (要因Xの違いによる効果)	要因Yのグループ間偏差 (要因Yの違いによる効果)	グループ内偏差 (統計誤差)

(iv) 要因X及びYの「グループ間偏差」の自由度が順に$k-1$, $l-1$であることを利用して、X、Yの違いの効果の不偏分散$s_{11}{}^2$、$s_{12}{}^2$を求める。また、「統計誤差」の自由度が$(k-1)(l-1)$であることを利用して不偏分散$s_2{}^2$を算出する。

全体平均	要因Xのグループ間偏差 自由度$k-1$	要因Yのグループ間偏差 自由度$l-1$	統計誤差 自由度$(k-1)(l-1)$

(v) $F_1 = \dfrac{s_{11}{}^2}{s_2{}^2}$、$F_2 = \dfrac{s_{12}{}^2}{s_2{}^2}$はそれぞれ自由度$k-1$, $(k-1)(l-1)$、自由度$l-1$, $(k-1)(l-1)$のF分布に従う。そこで、各F値を求め、有意水準αの棄却域にあるかを調べる。棄却域にあれば帰無仮説を棄却する。

***資料は正規母集団から抽出されると仮定します。ちなみに、全体平均の自由度を1とすると、(iv)の自由度の総和はデータ数$k \times l$に一致します。これは他の分散分析でも当てはまります。

2. 繰り返しのある二元配置の分散分析
～交互作用がわかる解析術

1要因の分散分析のアイデアが2要因でも使えました。さらに「繰り返しのある」資料について2要因の場合を調べます。

■「交互作用」という要因間の絡み合いを調べる

繰り返しのある資料とは一般的に次のように同一要因を共有するデータが複数存在する資料をいいます。

		要因 Y				
		Y_1	...	Y_j	...	Y_l
要因 X	X_1	n個	...	n個	...	n個
	...	...	...	...	...	...
	X_i	n個	...	n個	...	n個
	...	...	...	...	...	...
	X_k	n個	...	n個	...	n個

要因 X は X_1、X_2、…、X_k から成り立つとする。要因 Y は Y_1、Y_2、…、Y_l から成り立つとする。また、同一の要因の成分を持つデータは n 個存在するとする（n は2以上）。この n を**繰り返し数**と呼ぶ。

「繰り返しのある二元配置の分散分析」はこのような資料を分析し、各要因の効果の有無を調べます。この分析の考え方はこれまで調べた「一元配置の分散分析」「繰り返しのない二元配置の分散分析」と基本的に同じですが、「繰り返しのある」場合には、「交互作用」という要因間の絡み合いの効果を調べることができます。

では、次の具体例を利用して、「繰り返しのある二元配置の分散分析」とはどんなものかを調べることにしましょう。

> **例題** 新種の豆栽培で、「肥料」「土壌の湿度」の効果に差があるか否かを検定するために実験し、次の資料を得ました（次ページの表）。肥料は3種A、B、C、土壌の湿度は高、低の2種とします。この資料を用いて、「肥料」、「土壌の湿度」について分散分析してください。ただし、データは正規分布に従うことを仮定します。

		肥料		
		A	B	C
湿度	低	4.5	9.0	9.0
		4.5	6.0	10.5
		7.5	7.5	12.0
		6.0	9.0	10.5
	高	4.5	4.5	4.5
		7.5	6.0	6.0
		3.0	7.5	4.5
		6.0	4.5	3.0

(単位はkg/a)

■「グループ間変動」を算出する

すでに述べてきたように、分散分析ではグループ間偏差の平方和が要因の効果を表現すると考えます。そこで、まず、「湿度の効果」を表わすグループ間変動 Q_{11}、「肥料の効果」を表わすグループ間変動 Q_{12} を求めてみましょう。

最初に、全体の平均値を求めておきます。

全体平均 $m_T = 6.56$ … (1)

次に、「湿度の効果」を表わすグループ間変動 Q_{11} を調べます。まず、与えられた表を湿度の単独の資料と見て、各グループの平均値を求め、(1)の全体平均を引き、「湿度のグループ間偏差」を求めます。

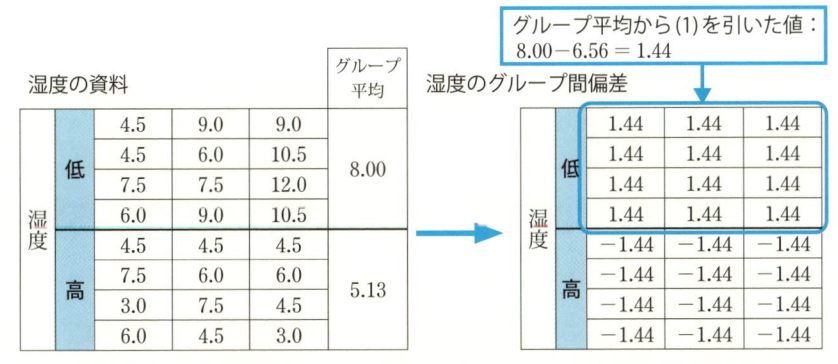

グループ平均から(1)を引いた値：
$8.00 - 6.56 = 1.44$

湿度の資料					グループ平均
湿度	低	4.5	9.0	9.0	8.00
		4.5	6.0	10.5	
		7.5	7.5	12.0	
		6.0	9.0	10.5	
	高	4.5	4.5	4.5	5.13
		7.5	6.0	6.0	
		3.0	7.5	4.5	
		6.0	4.5	3.0	

湿度のグループ間偏差			
湿度 低	1.44	1.44	1.44
	1.44	1.44	1.44
	1.44	1.44	1.44
	1.44	1.44	1.44
湿度 高	−1.44	−1.44	−1.44
	−1.44	−1.44	−1.44
	−1.44	−1.44	−1.44
	−1.44	−1.44	−1.44

表1.「湿度のグループ間偏差」の表。「湿度」の各グループの平均値から全体平均を引いたものが、湿度の効果を表わす。計算の丸め誤差のために、小数位で数値がズレている箇所があるのはご容赦願いたい。以下も同様である。

2. 繰り返しのある二元配置の分散分析

この「湿度のグループ間偏差」の表の平方和が「湿度の効果」を表わすグループ間変動 Q_{11} になります。

$$Q_{11} = 12\{1.44^2 + (-1.44)^2\} = 49.59 \cdots (2)$$

さらに、「肥料の効果」を表わすグループ間変動 Q_{12} を調べます。与えられた表を肥料の単独の資料と見て、各グループの平均値を求め、(1)の全体平均を引き、「肥料のグループ間偏差」を求めます。

グループ平均から(1)を引いた値：
$5.44 - 6.56 = -1.13$

肥料の資料

	肥料		
	A	B	C
	4.5	9.0	9.0
	4.5	6.0	10.5
	7.5	7.5	12.0
	6.0	9.0	10.5
	4.5	4.5	4.5
	7.5	6.0	6.0
	3.0	7.5	4.5
	6.0	4.5	3.0
グループ平均	5.44	6.75	7.50

湿度のグループ間偏差

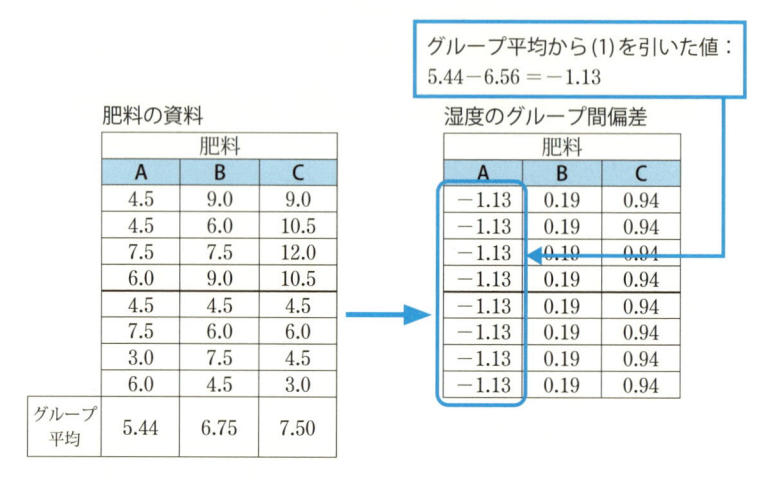

肥料		
A	B	C
−1.13	0.19	0.94
−1.13	0.19	0.94
−1.13	0.19	0.94
−1.13	0.19	0.94
−1.13	0.19	0.94
−1.13	0.19	0.94
−1.13	0.19	0.94
−1.13	0.19	0.94

表2.「肥料のグループ間偏差」の表。「肥料」の各グループの平均値から全体平均を引いたものが、肥料の効果を表わす。

この「肥料のグループ間偏差」の表の平方和が「肥料の効果」を表わすグループ間変動 Q_{12} になります。

$$Q_{12} = 8\{(-1.13)^2 + 0.19^2 + 0.94^2\} = 17.44 \cdots (3)$$

以上で要因の効果を表わすグループ間変動が求められました。

■「統計誤差」を算出する

統計誤差を調べることにします。統計誤差は「同一条件を持つデータの偏差平方和」で表わされます（8章§3）。いまの場合、同一の要因を持つ4つずつの平均値を求め、各データの値から引けば、各データの中の統計誤差が求められます。

湿度が「低」で、肥料が「A」のグループ平均
$$\frac{(4.5+4.5+7.5+6.0)}{4}=5.63$$

湿度が「低」で、肥料が「A」のグループ平均5.63をデータ4.5から引いた値：4.5−5.63＝−1.13

資料

	A	B	C
低	4.5	9.0	9.0
	4.5	6.0	10.5
	7.5	7.5	12.0
	6.0	9.0	10.5
高	4.5	4.5	4.5
	7.5	6.0	6.0
	3.0	7.5	4.5
	6.0	4.5	3.0

同一条件のグループ平均

	A	B	C
低	5.63	7.88	10.50
	5.63	7.88	10.50
	5.63	7.88	10.50
	5.63	7.88	10.50
高	5.25	5.63	4.50
	5.25	5.63	4.50
	5.25	5.63	4.50
	5.25	5.63	4.50

統計誤差

	A	B	C
低	−1.13	1.13	−1.50
	−1.13	−1.88	0.00
	1.88	−0.38	1.50
	0.38	1.13	0.00
高	−0.75	−1.13	0.00
	2.25	0.38	1.50
	−2.25	1.88	0.00
	0.75	−1.13	−1.50

表3.「統計誤差」の表。各データの値から同一の要因を持つグループの平均を引いたものが統計誤差を表わす。

この「統計誤差」の表の平方和が資料全体の統計誤差を表わす変動Q_2になります。

$$Q_2 = \{(-1.13)^2+(-1.13)^2+1.88^2+0.38^2\}$$
$$+\{1.13^2+(-1.88)^2+(-0.38)^2+1.13^2\}$$
$$+\cdots+\{0.00^2+1.50^2+0.00^2+(-1.50)^2\}=38.81 \quad \cdots(4)$$

■「交互作用」を算出する

ここでたとえば元の資料の左上の資料、すなわち土壌の湿度が「低」で、肥料が「A」の4つのデータの最初のデータ4.5に着目してみましょう。

(1)から全体平均は6.56、表1から、「湿度のグループ間偏差」は1.44、表2から「肥料のグループ間偏差」は−1.13、表3から「統計誤差」は−1.13です。すると、次の不一致の関係が成立しています。

データ値$4.5 \neq 6.56+1.44+(-1.13)+(-1.13) \quad \cdots(5)$

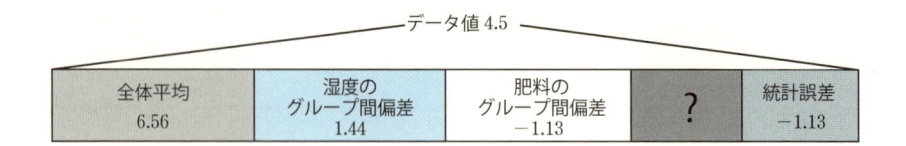

```
┌──────── データ値 4.5 ────────┐
│ 全体平均 │ 湿度の      │ 肥料の       │ ? │ 統計誤差 │
│  6.56   │ グループ間偏差│ グループ間偏差 │   │  −1.13  │
│         │   1.44      │   −1.13      │   │         │
```

これまで調べてきた分散分析では、このような不一致は起こっていません。データ値と各種偏差の和とは一致するのです。

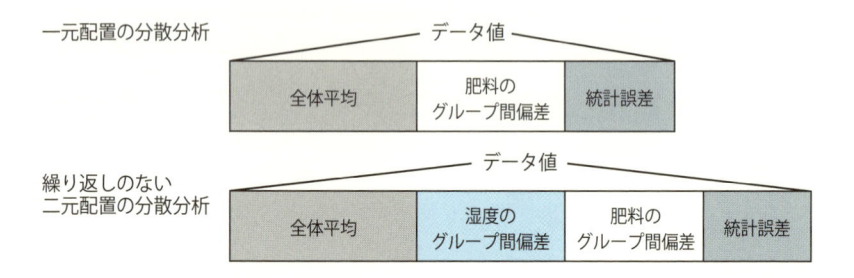

一元配置の分散分析
```
           ┌──── データ値 ────┐
           │全体平均│肥料の     │統計誤差│
           │        │グループ間偏差│      │
```

繰り返しのない
二元配置の分散分析
```
           ┌──────── データ値 ────────┐
           │全体平均│湿度の      │肥料の      │統計誤差│
           │        │グループ間偏差│グループ間偏差│       │
```

(5)で示された不一致はどう解釈すればよいでしょうか。その不一致の違いこそが**交互作用**と呼ばれる効果です。

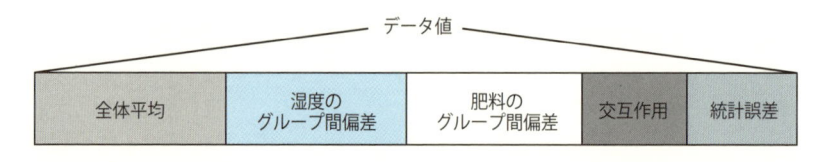

```
     ┌──────────── データ値 ────────────┐
     │全体平均│湿度の      │肥料の      │交互作用│統計誤差│
     │        │グループ間偏差│グループ間偏差│        │        │
```

図1. 交互作用

交互作用は「湿度」と「肥料」の2つの効果が絡み合った効果と解釈できます。繰り返しのある データでは、この効果が確かめられることが重要です。2つの要因の相互作用を統計的に検証できるからです。

交互作用は複数の要因を調べる実験では非常に重要です。たとえば医薬の世界において、血圧の薬とガンの薬の「飲み合わせ」が悪いと患者にとって重大な危機を招きます。このような要因の相互作用を調べられるのは、この分散分析の大きな利点です。

では、この図1に従って、「交互作用」を求めてみましょう。図1の全

体平均は(1)に、「湿度のグループ間偏差」、「肥料のグループ間偏差」は表1、2に、「統計誤差」は表3に求められています。これらを元の資料から引けば、「交互作用」を示す表が得られることになります。

交互作用

		肥料		
		A	B	C
湿度	低	−1.25	−0.31	1.56
		−1.25	−0.31	1.56
		−1.25	−0.31	1.56
		−1.25	−0.31	1.56
	高	1.25	0.31	−1.56
		1.25	0.31	−1.56
		1.25	0.31	−1.56
		1.25	0.31	−1.56

表4.「交互作用」の表。各データの値から、全体平均（(1)式）とこれまで求めた各偏差の値（表1～3）を引いた値が、交互作用を表わす。

　この交互作用のデータの平方和が「交互作用」の大きさを表わす変動 Q_{13} になります。

$$Q_{13} = 4\{(-1.25)^2+(-0.31)^2+1.56^2+\cdots+(-1.56)^2\} = 32.81\cdots \quad (6)$$

こうして交互作用の量を表わす変動が求められました。

■不偏分散を求め、F 検定を実行する

　分散分析の最後は F 分布による検定（F 検定）ですが、それを利用するには不偏分散（4章§4）を求めなければなりません。不偏分散とは、これまで(2)～(4)、(6)で求めた変動を、その自由度で割った値です。

　「湿度のグループ間偏差」、「肥料のグループ間偏差」の表1、2を見てみましょう。

表1. 湿度のグループ間偏差

湿度			
低	1.44	1.44	1.44
	1.44	1.44	1.44
	1.44	1.44	1.44
	1.44	1.44	1.44
高	−1.44	−1.44	−1.44
	−1.44	−1.44	−1.44
	−1.44	−1.44	−1.44
	−1.44	−1.44	−1.44

表2. 肥料のグループ間偏差

肥料		
A	B	C
−1.13	0.19	0.94
−1.13	0.19	0.94
−1.13	0.19	0.94
−1.13	0.19	0.94
−1.13	0.19	0.94
−1.13	0.19	0.94
−1.13	0.19	0.94
−1.13	0.19	0.94

　左の表1「湿度のグループ間偏差」では2種の値からできていますが、偏差からできているので和が0、すなわち自由度は次のようになります。

　　　湿度のグループ間偏差の自由度＝2−1＝1 … (7)

　表2の「肥料のグループ間偏差」では3種の値からできていますが、これも偏差からできているので和が0、すなわち自由度は次のようになります。

　　　肥料のグループ間偏差の自由度＝3−1＝2 … (8)

　次に、「統計誤差」、「交互作用」の表3、4を見てみましょう。

表3. 統計誤差

湿度		肥料		
		A	B	C
低		−1.13	1.13	−1.50
		−1.13	−1.88	0.00
		1.88	−0.38	1.50
		0.38	1.13	0.00
高		−0.75	−1.13	0.00
		2.25	0.38	1.50
		−2.25	1.88	0.00
		0.75	−1.13	−1.50

表4. 交互作用

湿度		肥料		
		A	B	C
低		−1.25	−0.31	1.56
		−1.25	−0.31	1.56
		−1.25	−0.31	1.56
		−1.25	−0.31	1.56
高		1.25	0.31	−1.56
		1.25	0.31	−1.56
		1.25	0.31	−1.56
		1.25	0.31	−1.56

　表3の「統計誤差」では、同一要因の2×3＝6つのグループから構成されています。そのグループを構成する4つのデータは、和が0である偏差から構成されているので、4−1＝3の自由度です。したがって、

　　　統計誤差の自由度＝2×3×(4−1)＝18 … (9)

　表4の「交互作用」では2×3＝6種の値からできていますが、行および

列の和が0になるので、自由度は次のようになります。

$$\text{交互作用の自由度} = (2-1)\times(3-1) = 2 \cdots (10)$$

以上(7)〜(10)で求めた自由度で、該当する変動(2)〜(6)を割れば、湿度、肥料、交互作用、統計誤差の各不偏分散 $s_{11}{}^2$、$s_{12}{}^2$、$s_{13}{}^2$、$s_2{}^2$ が得られます。

$$s_{11}{}^2 = \frac{Q_{11}}{2-1} = \frac{49.59}{1} = 49.59、\quad s_{12}{}^2 = \frac{Q_{12}}{3-1} = \frac{17.44}{2} = 8.72 \cdots (11)$$

$$s_{13}{}^2 = \frac{Q_{13}}{(2-1)(3-1)} = \frac{32.81}{2} = 16.41 \cdots (12)$$

$$s_2{}^2 = \frac{Q_2}{2\cdot 3(4-1)} = \frac{38.81}{18} = 2.16 \cdots (13)$$

不偏分散が求められたので、次の F 分布の定理を利用する準備が整いました。F 分布の定理（前項）を利用します。

さて、ここで、検定すべき帰無仮説を確認しましょう。

　　仮説 H_{10}：土壌の湿度の違いによる効果はない。

　　仮説 H_{20}：肥料の違いによる効果はない。

　　仮説 H_{30}：肥料と土壌の湿度の交互作用はない。

これらの帰無仮説のもとでは、F 分布の定理が使える前提である「等分散の正規母集団」の等分散性が保証され、定理が利用できます。そこで不偏分散の比（F 値）を求めてみましょう。

$$\left. \begin{array}{l} F_1 = \dfrac{s_{11}{}^2}{s_2{}^2} = \dfrac{49.59}{2.16} = 23.00、\quad F_2 = \dfrac{s_{12}{}^2}{s_2{}^2} = \dfrac{8.72}{2.16} = 4.04 \\ \\ F_3 = \dfrac{s_{13}{}^2}{s_2{}^2} = \dfrac{16.41}{2.16} = 7.61 \end{array} \right\} \cdots (14)$$

(7)〜(10)で求めた自由度から、これらは順に自由度1, 18、自由度2, 18、自由度2, 18、の F 分布に従います。このとき、F 分布の有意水準5％の棄却域*は次の通りです。

---

*棄却域の境界は F 分布の上側5％点となります。求め方は203ページ《分布-I》参照。

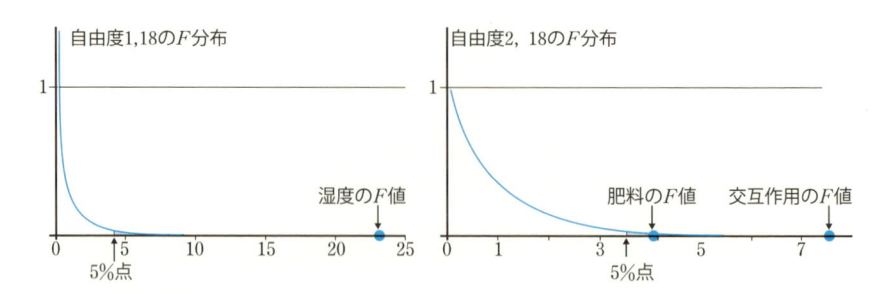

$$\left.\begin{array}{l}\text{自由度1, 18の}F\text{分布}: F \geqq 4.41 \\ \text{自由度2, 18の}F\text{分布}: F \geqq 3.55\end{array}\right\} \cdots (15)$$

すべてのF値が棄却域にあることがわかりましたので、湿度、肥料、交互作用の各効果の帰無仮説H_{10}、H_{20}、H_{30}は棄却されます。これらの効果が認められたのです。**(答)**

以上が繰り返しのある**二元配置の分散分析**です。複雑ですが、重要な統計解析法です。そこで、欄を埋めるだけで分散分析が実行できる分散分析表を示しておきます。次の表は上記例題の分散分析表ですが、本項の例を利用してこれらの数値の意味を確かめてみましょう**。

変動要因	変動	自由度	分散	F値	p値	5%点
湿度	49.59	1	49.59	23.00	0.000	4.41
肥料	17.44	2	8.72	4.04	0.035	3.55
交互作用	32.81	2	16.41	7.61	0.004	3.55
統計誤差	38.81	18	2.16			
合計	138.66	23				

列ラベル対応: (2)〜(4), (6) → 変動 ; (7)〜(10) → 自由度 ; (11)〜(13) → 分散 ; (14) → F値 ; (15) → 5%点

** 欄の中の「p値」はF値に対する上側p値です（203ページ《分布-I》参照）。これが有意水準より小さいことから検定結果を出すことも可能です。

「繰り返しのある二元配置の分散分析」を考える手順

(i) 帰無仮説「要因の違いによる効果の差はない」、「要因間の交互作用はない」を設定し、棄却のための有意水準αを決める。

(ii) 実験を行ない、2要因X、Yの各群にn個（$n>1$）のデータを取得する。ここで、要因X、Yの種類はk、lとする。nは**繰り返し数**と呼ばれる。

		要因Y		
		Y_1	…	Y_l
要因X	X_1	n個	…	n個
	…	…	…	…
	X_k	n個	…	n個

(iii) 各データを下図のように分割する。ここで、要因X及びYの「グループ間偏差」は各要因の違いの効果を示す。「交互作用」は要因X、Yの絡み合いの効果を表わす。

データの分解

全体平均	要因Xのグループ間偏差（要因Xの違いの効果）	要因Yのグループ間偏差（要因Yの違いの効果）	交互作用（X,Yの絡み合いの効果）	統計誤差
	自由度$k-1$	自由度$l-1$	自由度$(k-1)(l-1)$	自由度$kl(n-1)$

(iv) (iii)の図に従い各効果の変動と自由度を求める。それらを利用して要因X、Yの違いの効果、交互作用の効果、統計誤差を表わす不偏分散s_{11}^2、s_{12}^2、s_{13}^2、s_2^2を算出する。

(v) $F_1=\dfrac{s_{11}^2}{s_2^2}$、$F_2=\dfrac{s_{12}^2}{s_2^2}$、$F_3=\dfrac{s_{13}^2}{s_2^2}$はそれぞれ自由度$k-1, kl(n-1)$、自由度$l-1, kl(n-1)$、自由度$(k-1)(l-1), kl(n-1)$の$F$分布に従う。そこで、各$F$値を求め、有意水準$\alpha$の棄却域にあるかどうかを調べる。棄却域にあれば帰無仮説を棄却する。

3. 対応のある分散分析
～「一元配置のデータ」を「二元配置で解析」

分散分析のキホンをマスターすれば応用は簡単。ここでは「対応のある資料」について応用してみます。

■「独立ではないデータ」の処理方法は？

これまでは、正規母集団から独立に得られたデータから構成されていることを前提としましたが、実際には次のような場合もあります。

下の資料は、ある自動車メーカーの自動車に4つの改良A～Dを施し、乗り心地を10人のユーザーに10点満点で評価してもらった結果です。

番号	乗り心地			
	A	B	C	D
1	6	6	6	8
2	6	6	9	8
3	6	7	8	7
4	6	6	7	7
5	8	6	7	8
6	7	7	7	7
7	5	6	7	8
8	6	7	7	8
9	5	9	7	7
10	7	8	6	8

A、B、C、Dの各群は互いに独立ではない。このような資料を分散分析したいときに利用されるのが「対応のある分散分析」である。

この資料を構成する**データは独立ではない**、といえます。なぜなら、横1行は1人についてのデータだからです。このような資料の分散分析を**対応のある分散分析**と呼びます。以下では、この「対応のある」場合の一元配置の分散分析について、調べてみましょう。

> **例題** 上の資料をもとに、対応のある一元配置の分散分析を行ない、次の帰無仮説を有意水準5%で検定してください。
>
> 帰無仮説H_0：4つの改良による効果に違いはない。

「対応のある分散分析」はデータ名を1つの要因とみなすことで実行されます。この例でいうと、データ番号を「要因」とみなし、番号のそれぞれを「要因の構成要素」と考えるのです。わかりにくければ、データ番号を「個体差」とみなしてください。そうすれば、それぞれの番号は「個体差の要因をもたらす構成要素」と考えられるでしょう。

このように捉えると、この例題は実は「一元配置の分散分析」ではなく、要因が1つ増えた「二元配置の分散分析」となります。すなわち、本章§1で調べた「繰り返しのない二元配置の分散分析」とみなせるのです。

■繰り返しのない二元配置の分散分析を実行

では、「繰り返しのない二元配置の分散分析」を実行してみましょう。

最初に全体平均を求めます。

　　　　全体平均 $m_T = 6.925$ … (1)

次に、「改良」のグループ間偏差を求めるため、グループ毎の平均値を求め、(1)の全体平均を引きます。

Aのグループ平均6.2から(1)を引いた値：6.2−6.925＝−0.725

乗り心地

	A	B	C	D
	6	6	6	8
	6	6	9	8
	6	7	8	7
	6	6	7	7
	8	6	7	8
	7	7	7	7
	5	6	7	8
	6	7	7	8
	5	9	7	7
	7	8	6	8
平均値	6.2	6.8	7.1	7.6

「改良」のグループ間偏差
乗り心地

A	B	C	D
−0.725	−0.125	0.175	0.675
−0.725	−0.125	0.175	0.675
−0.725	−0.125	0.175	0.675
−0.725	−0.125	0.175	0.675
−0.725	−0.125	0.175	0.675
−0.725	−0.125	0.175	0.675
−0.725	−0.125	0.175	0.675
−0.725	−0.125	0.175	0.675
−0.725	−0.125	0.175	0.675
−0.725	−0.125	0.175	0.675

表1.「改良のグループ間偏差」の表。「改良」を構成する各グループの平均値から全体平均(1)を引いたものが、改良の違いの効果を表わす。

3. 対応のある分散分析

この「改良のグループ間偏差」の平方和が、資料全体の「改良の効果」を表わすグループ間変動 Q_{11} になります。

$$Q_{11} = 10\{(-0.725)^2 + (-0.125)^2 + 0.175^2 + 0.675^2\} = 10.275 \cdots (2)$$

続いて、「番号の効果」を表わすグループ間偏差を求めてみましょう。資料を番号の効果の資料と見て、グループ毎の平均値を求め、(1) の全体平均を引きます。

番号1平均6.50から(1)を引いた値： $6.50 - 6.925 = -0.425$

平均値

番号					平均値
1	6	6	6	8	6.50
2	6	6	9	8	7.25
3	6	7	8	7	7.00
4	6	6	7	7	6.50
5	8	6	7	8	7.25
6	7	7	7	7	7.00
7	5	6	7	8	6.50
8	6	7	7	8	7.00
9	5	9	7	7	7.00
10	7	8	6	8	7.25

「番号」のグループ間偏差

番号				
1	−0.425	−0.425	−0.425	−0.425
2	0.325	0.325	0.325	0.325
3	0.075	0.075	0.075	0.075
4	−0.425	−0.425	−0.425	−0.425
5	0.325	0.325	0.325	0.325
6	0.075	0.075	0.075	0.075
7	−0.425	−0.425	−0.425	−0.425
8	0.075	0.075	0.075	0.075
9	0.075	0.075	0.075	0.075
10	0.325	0.325	0.325	0.325

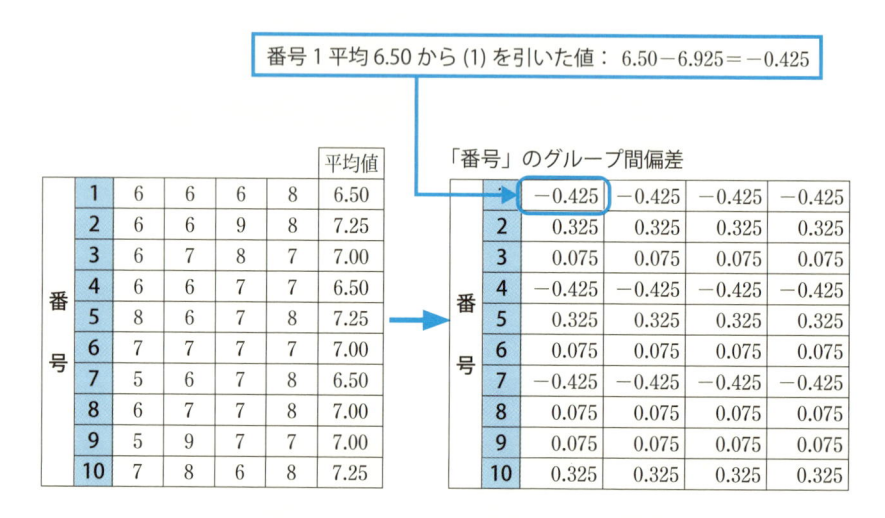

表2.「番号のグループ間偏差」の表。「番号」を要因とみなし、それを構成する各グループの平均値から全体平均を引いたものが、「番号の要因」の効果を表わす。

さらに統計誤差の効果を調べることにします。これは各データから、全体平均 (1)、「改良」のグループ間偏差（表1）、「番号」のグループ間偏差（表2）、の3者を引き去った値から構成されます。

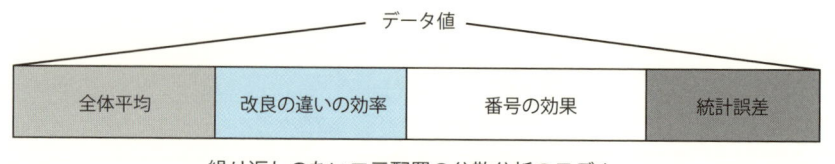

データ値: 全体平均 | 改良の違いの効率 | 番号の効果 | 統計誤差

繰り返しのない二元配置の分散分析のモデル

実際、計算してみましょう。これが**統計誤差**になります。

> 「改良」が「A」で、番号が「1」の統計誤差はデータ値6から、全体平均（6.925）、改良のグループ間偏差（−0.725）、番号のグループ間偏差（−0.425）の3者を引いたもの。

統計誤差

1	0.225	−0.375	−0.675	0.825
2	−0.525	−1.125	1.575	0.075
3	−0.275	0.125	0.825	−0.675
4	0.225	−0.375	0.325	−0.175
5	1.475	−1.125	−0.425	0.075
6	0.725	0.125	−0.175	−0.675
7	−0.775	−0.375	0.325	0.825
8	−0.275	0.125	−0.175	0.325
9	−1.275	2.125	−0.175	−0.675
10	0.475	0.875	−1.425	0.075

表3. 統計誤差の表

この表の平方和が資料の統計誤差を表わす変動Q_2になります。

$$Q_2 = \{0.225^2 + (−0.525)^2 + (−0.275)^2 + \cdots + (−0.675)^2 + 0.075^2\}$$
$$= 22.975 \quad \cdots (3)$$

■不偏分散を求め、F検定を実行する

F分布による検定（F検定）を利用するために不偏分散を求めましょう。「改良」のグループ間変動の自由度は、本章§1で調べたように次のようになります。

$$\left.\begin{array}{l} 「改良」Q_{11}の自由度 = 4−1 = 3 \\ 統計誤差Q_2の自由度 = (4−1)(10−1) = 27 \end{array}\right\} \cdots (4)$$

これから、「改良」「統計誤差」を表わす不偏分散s_{11}^2、s_2^2は、

$$s_{11}^2 = \frac{Q_{11}}{4−1} = \frac{10.275}{3} = 3.425,\ s_2^2 = \frac{Q_2}{(4−1)(10−1)} = \frac{22.975}{27} = 0.851 \cdots (5)$$

と求められます。帰無仮説のもとでは、これらの不偏分散の比（F値）

$$F_1 = \frac{s_{11}^2}{s_2^2} = 4.025 \quad \cdots (6)$$

は自由度3，27のF分布に従う値です。そこで、F分布の有意水準5％の棄却域を調べてみましょう。境界値は上側5％点（求め方については203ページ《分布-I》参照）として計算できます。

$$\text{自由度3，27の}F\text{分布の棄却域}：F \geq 2.960 \cdots (7)$$

(6)で求めたF値4.025はこの棄却域$F \geq 2.960$に入っています。すなわち、帰無仮説は棄却されることになります。「改良」A、B、C、Dの違いが確かめられたのです。**(答)**

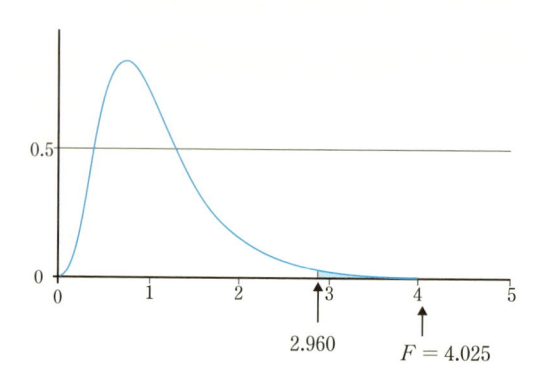

■番号の効果について

余談ですが、「番号の効果」を表わすグループ間変動Q_{12}を求めてみましょう。「番号のグループ間偏差」の表（表2）の平方和が「番号の効果」を表わすグループ間変動Q_{12}になります。

$$Q_{12} = 4\{(-0.425)^2 + 0.325^2 + \cdots + 0.075^2 + 0.325^2\} = 3.525 \cdots (8)$$

この自由度は、番号が10個から構成されているので（本章§1参照）、

$$Q_{12}\text{の自由度} = 10 - 1 = 9 \cdots (9)$$

よって、Q_{12}から不偏分散s_{12}^2と統計誤差との分散比F_2が次のように得られます。

$$s_{12}^2 = \frac{Q_{12}}{10-1} = \frac{3.525}{9} = 0.392、\quad F_2 = \frac{s_{12}^2}{s_2^2} = 0.460 \cdots (10)$$

このF_2の値は自由度9，27のF分布に従う値です。このF分布の上側

5%の棄却域は次のように求められます。

$$\text{自由度3,27の}F\text{分布の棄却域：}F \geq 2.250 \cdots (11)$$

(10)のF値0.460はこの棄却域$F \geq 2.250$に入っていません。このことは「個体差が資料に及ぼす効果はない」ことを示すものです。資料の価値からすると好ましい結果です。なお、本題の要因である「改良」とは異なる次元の内容であることに留意してください。

■分散分析表を埋める

分散分析表は欄を埋めるだけで分散分析が実行できる表です。次の表は上記例題の分散分析表です。今回の例題を利用して、これらの数値の意味を確かめておきましょう。

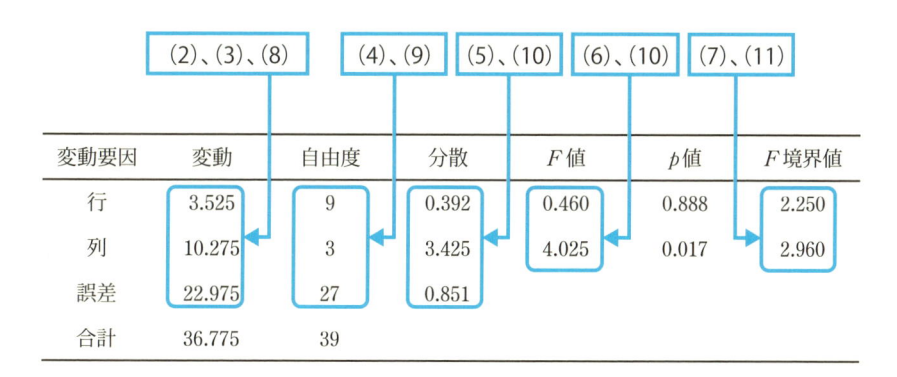

変動要因	変動	自由度	分散	F値	p値	F境界値
行	3.525	9	0.392	0.460	0.888	2.250
列	10.275	3	3.425	4.025	0.017	2.960
誤差	22.975	27	0.851			
合計	36.775	39				

列見出しの対応:
- 変動: (2)、(3)、(8)
- 自由度: (4)、(9)
- 分散: (5)、(10)
- F値: (6)、(10)
- F境界値: (7)、(11)

対応のあるデータに関する一元配置の分散分析について、その方法をまとめておきます。

「対応のある二元配置の分散分析」を考える手順

(i) 対応のあるデータに番号をつけ、この番号を1要因と捉える。

(ii) 調べたい要因に(i)で付加した番号の要因を加え、見かけ上「繰り返しの無い二元配置の分散分析」を実行する。

(iii) 目的となる要因の分析結果に着目する。

MEMO
✓ ブロック因子と乱塊法

実験の目的となる要因ではないのですが、実験の精度を向上させるために便宜的に取り入れる要因を**ブロック因子**といいます。

たとえば、ある穀物の栽培で肥料の効果を調べる実験をする際、穀物の「種の大きさ」による違いを考慮に入れることで、実験の精度が向上する場合があります。このとき、「種の大きさ」は実験の目的ではないのですが、それを因子に取り込みます。これが「ブロック因子」です。この9章§3でデータ番号を要因として加えて分析したのも、ブロック因子の考え方です。

ブロック因子を取り込んだ分散分析のことを**乱塊法**（らんかい）と呼ぶ場合があります。数学的な扱いは、その因子を増やした分散分析と同一となります。

10章
「ベイズ統計」は人間の経験も取り入れる統計学

1. ベイズ統計のための確率論
～「条件付き確率」がベイズの特色

ベイズ統計のスタートは「条件付き確率」ですが、そもそもこの「確率」はこれまでの確率とどう違うのでしょうか。

■「同時確率」を計算する

この章で説明するベイズ理論は、「**条件付き確率**」が出発点だといわれています。聞き慣れない「条件付き確率」とはどんな確率なのでしょうか。それを知るために、3章の「確率の基本」を簡単に復習してみましょう。

いま、サイコロを1個投げたとき、Aを「4以下の目の出る事象」とすると、事象Aの起こる確率$P(A)$は、次のようになります。

$$P(A) = \frac{\text{事象}A\text{の起こる場合の数}}{\text{起こりうるすべての場合の数}} = \frac{4}{6} = \frac{2}{3}$$

次に、2つの事象A、Bがあり、これらA、Bが同時に起こる事象を$A \cap B$と表わし、この事象$A \cap B$が起こる確率を

$P(A \cap B)$

と表わします。これを事象A、Bの**同時確率**と呼びます。当然ですが、同時確率では、次の関係が成立します。

$P(A \cap B) = P(B \cap A)$

> **例題1** サイコロを1個投げたとき、Aを「4以下の目の出る事象」、Bを「偶数の目の出る事象」とします。このとき、確率$P(A \cap B)$を求めてみましょう。

（解）$A \cap B$は「4以下で、かつ偶数の目の出る事象」を表わします。すなわち、AとBが同時に起こるのは、「2と4の目が出る場合」です。そこで、答は次のようになります。

288　10章 「ベイズ統計」は人間の経験も取り入れる統計学

$$P(A \cap B) = \frac{2}{6} = \frac{1}{3} \quad \text{(答)}$$

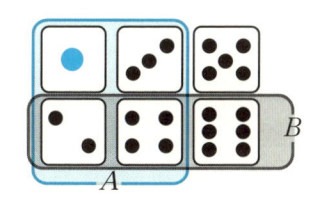

> **例題2** A を「サイコロを1個投げたとき5以上の目の出る事象」とします。また、B を「コインを1枚投げたとき表の出る事象」とします。このとき、確率 $P(A \cap B)$ を求めてみましょう。

(解) 今回は、「サイコロの目が5以上で、なおかつコインが表である」事象が $A \cap B$ です。ところで、サイコロを1個投げ、コインを1枚投げたとき、起こりうるすべての場合は次の12通りです。

> (1, 表)　(2, 表)　(3, 表)　(4, 表)　(5, 表)　(6, 表)
> (1, 裏)　(2, 裏)　(3, 裏)　(4, 裏)　(5, 裏)　(6, 裏)

このとき、「5以上の目の出る事象」A と「表の出る事象」が同時に起こる事象 $A \cap B$ は図の網を掛けた場合の2通りしかありません。したがって、

$$P(A \cap B) = \frac{2}{12} = \frac{1}{6} \quad \text{(答)}$$

■「条件付き確率」を計算する

一般に、「ある事象 A が起こった」という条件のもとで、「事象 B の起こる確率」を、A のもとで B の起こる**条件付き確率**といいます。それを記号 $P(B \mid A)$ で表わします。

条件付き確率 $P(B \mid A)$ はわかりにくい記号です。しかし、ベイズの理論では、これが本質的に重要な意味を持つので、これをしっかり理解しておく必要があります。

> **例題3** ジョーカーを除いた1組のトランプから1枚のカードを無作為に抜いたとき、そのカードがハートである事象をA、絵札である事象をBとします。このとき、条件付き確率$P(B|A)$、$P(A|B)$、同時確率$P(B \cap A)(= P(A \cap B))$の3つの確率をそれぞれ求めてください。

1枚抜いたとき、ハートのときをA、絵札のときをBとする。

(解) 最初に、問題文にある確率の記号の意味を確かめてみましょう。

$P(B|A)$ = 抜いた1枚がハートのとき(A)、それが絵札である(B)確率
$P(A|B)$ = 抜いた1枚が絵札のとき(B)、それがハートである(A)確率
$P(A \cap B)$ = 抜いたカードがハート(A)で、かつ絵札(B)の確率

まず、3者の中で一番理解しやすい同時確率$P(A \cap B)(= P(B \cap A))$を求めてみましょう。

$$P(A \cap B) = 「抜いたカードがハートでかつ絵札」の確率 = \frac{3}{52}$$

分母の52は、ジョーカーを除いた1組のトランプから1枚のカードを抜いたときの場合の数(要するにトランプの枚数)を表わしています。分子の3は抜いた1枚が「ハート(A)で、かつ絵札(B)」である場合の数(すなわち、「ハートの絵札」の枚数)を表わしています。

次に、条件付き確率$P(B|A)$を調べてみましょう。抜いた1枚がハート(A)の場合の数は13通りで、その1枚が絵札(B)である場合の数は3通りなので、条件付き確率である$P(B|A)$は次のように求められます。

$$P(B|A) = \frac{3}{13}$$

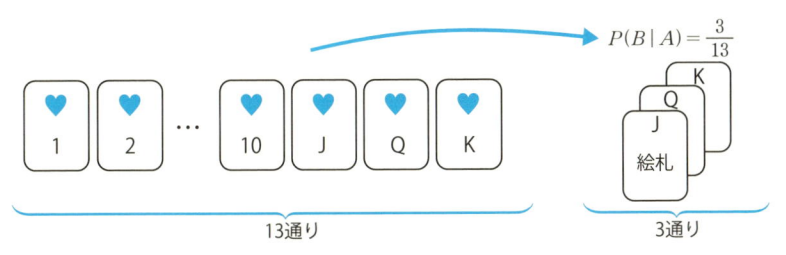

ハートであるとき、それが絵札である確率が$P(B|A)$。

最後に$P(A|B)$を調べてみましょう。抜いた1枚が絵札（B）の場合の数は12通りで、その1枚がハート（A）である場合の数は3通りなので、条件付き確率の意味から、$P(A|B)$は次のように求められます。

$$P(A|B) = \frac{3}{12} = \frac{1}{4}$$

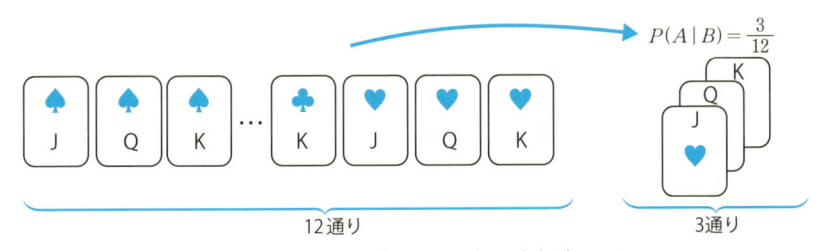

絵札であるとき、それがハートである確率が$P(A|B)$。

以上が解答です。**(答)**

■分数として「条件付き確率」の記号を考える

「ある事象Aが起こったという条件のもとで、次に事象Bの起こる確率」を意味する「条件付き確率」の記号$P(B|A)$は、なんともわかりにくい記号です。そこで、頭の中で次のように書き換えます。

$$P(B/A)$$

すなわち、「|」を多少斜めにして「/」（スラッシュ記号）にするのです。
このように「B/A」と分数にする（アタマの中で）ことで、「Aが起こったときに、Bの起こる」という主従の関係がつかみやすくなります。

1. ベイズ統計のための確率論

2. 乗法定理
～「条件付き確率」に活躍の場を提供

確率論のキホンは「乗法定理にある」といわれます。ベイズ統計でも活躍する乗法定理とはどのようなものでしょうか。

■2段構えの乗法定理

　ベイズ統計の基本は、ベイズの定理にあります。そのベイズの定理は確率の「乗法定理」から導き出せますので、ここでは乗法定理について調べてみましょう。前項で扱った例題3をそっくり再掲します。

> **例題再掲**　ジョーカーを除いた1組のトランプから1枚のカードを無作為に抜いたとき、そのカードがハートである事象をA、絵札である事象をBとします。このとき、条件付き確率$P(B|A)$、$P(A|B)$、同時確率$P(B \cap A)(= P(A \cap B))$の3つの確率をそれぞれ求めてください。

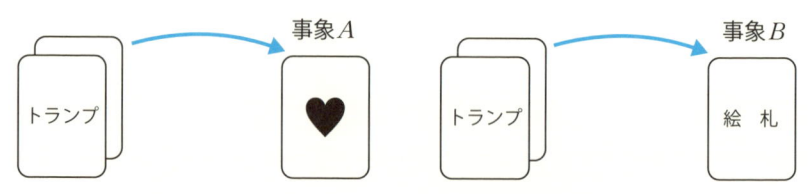

　　　事象A　　　　　　　　　　事象B
　トランプ → ♥　　　　　トランプ → 絵札

1枚抜いたとき、ハートのときをA、絵札のときをBとする。

前項ではこの例題の$P(A \cap B)$を次のように求めました。

$$P(A \cap B) = 「抜いたカードがハートで、かつ絵札」の確率 = \frac{3}{52}$$

カード枚数が52通り（分母）で、そのうちハートの絵札は3通りなので、当然でしょう。さて、右辺の分数を変形してみます。

$$P(A \cap B) = \frac{3}{52} = \frac{13}{52} \times \frac{3}{13} \quad \cdots (1)$$

この右辺の$\frac{13}{52}$は「抜いたカードがハート(A)である」確率$P(A)$です。カード枚数が52で、そのうちハートが13枚だからです。また、その次の$\frac{3}{13}$は「抜いたカードがハート(A)のときに、それが絵札(B)である」確率$P(B|A)$です。すなわち、(1)は次のようにも書けるのです。

$$P(A \cap B) = P(A)P(B|A) \quad \cdots (2)$$

これを言葉で解釈すると、次のようにいえます。

「ハートで、かつ絵札のカード」を抜く確率$P(A \cap B)$は、「ハートを抜く確率$P(A)$」と、「ハートから抜いたカードが絵札である確率$P(B|A)$」の積となる……と。

考えてみると当然です。「ハートで絵札」のカードを抜くには、①「ハート」を抜き、②そのハートから「絵札」を抜くという2段構えが必要だからです。これが**乗法定理**で、ベイズ統計の出発点となる公式です。

確率の乗法定理

乗法定理：$P(A \cap B) = P(A)P(B|A) \quad \cdots (3)$

| AとBが同時に起こる確率 | = | Aが起こる確率 | × | Aが起こったときにBが起こる確率 |

■壺の中の赤玉・白玉を取り出す

例題 中の見えない2つの壺A、Bがあり、壺Aには赤玉が3個、白玉が7個入っていて、壺Bには赤玉が6個、白玉が4個入っています。いま、壺から玉1個を取り出したとき、それが壺Aの赤玉である確率を求めてください。ただし、壺Aと壺Bの選ばれる確率は2：1とします。

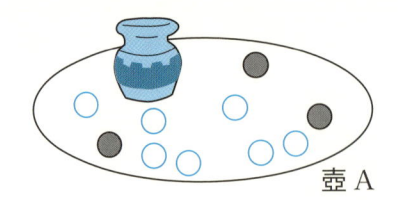

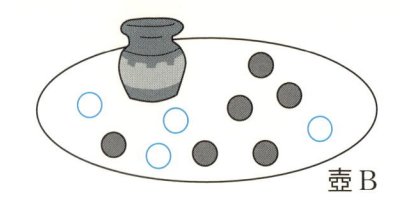

(**解**) 玉を1個取り出したとき、それが壺Aからである事象をA、それが赤玉（red ball）である事象をRとします。このとき、求めたい確率は「同時確率」なので$P(A \cap R)$と表わせます。すると、乗法定理(3)から、

$$P(A \cap R) = P(A)P(R|A) \cdots (4)$$

さて、題意の「壺Aと壺Bの選ばれる確率は2：1」から、「壺Aが選ばれる確率$P(A)$」は次のように書けます。

$$P(A) = \frac{2}{3} \cdots (5)$$

また、条件付き確率$P(R|A)$は「壺Aから赤玉を取り出す」確率のことです。壺Aには赤玉が3個、白玉が7個（計10個）ですから、次のように書けます。

$$P(R|A) = \frac{3}{10} \cdots (6)$$

(5)、(6)を上記の乗法定理(4)に代入して、解答が得られます。

$$P(A \cap R) = P(A)P(R|A) = \frac{2}{3} \times \frac{3}{10} = \frac{1}{5} \quad (\textbf{答})$$

「壺Aの赤玉である確率」は、①まず壺Aを選択し、②次に壺Aから赤玉を取り出す、という2段階で考えられます。(4)の右辺はその手順を式（①×②）で表わしています。

3. ベイズの定理
～ベイズの理論の出発点となる定理

ベイズ統計の最もキホンとなるのが「ベイズの定理」。この公式さえ理解していれば、ベイズ統計も使いこなせます。

■この公式がすべての出発点だ

ベイズの理論は「ベイズの定理」と呼ばれるたった1つの公式が出発点となりますので、その出発点となる公式を説明しておきましょう。前項では、2つの事象A、Bについて、2段階（右辺）で結果を出す乗法定理を理解しました。

乗法定理：$P(A \cap B) = P(A)P(B \mid A)$ … (1)

実は、この乗法定理の式から**ベイズの定理**を導き出せるのです。まず、A、Bには何の条件もないので、(1)のAとBの役割を入れ替えても式は成立します。

$P(A \cap B) = P(B \cap A) = P(B)P(A \mid B)$ … (2)

当然、(1)の右辺と、(2)の右辺は等しいので、

$P(A)P(B \mid A) = P(B)P(A \mid B)$

上式を右辺の$P(A \mid B)$について解くと、次の公式が得られます。ただし、$P(B) \neq 0$とします。これが**ベイズの定理**です。

ベイズの定理

ベイズの定理：$P(A \mid B) = \dfrac{P(B \mid A)P(A)}{P(B)}$ … (3)

意外なほどあっさりと証明されてしまいましたが、これなら「ベイズの公式」としてもよさそうに見えますが、もうひとひねりが待っているのです。

■ひとひねりすれば「ベイズの公式」へ

「ベイズの定理」(3)で、A、Bは事象、すなわち「確率的に起こること」であり、特段の意味があるわけではありません。そこで、A、Bに統計学で使いやすいような意味を付与します。すなわち、「ベイズの定理」(3)において、Aを統計データの**前提条件**（Hypothesis）と解釈し、Bをそのときに得られる**データ**（Data）と解釈するのです。

$A =$ 「前提条件（Hypothesis）」
$B =$ 「データ（Data）」

この解釈を明示するために、ベイズの定理(1)を次のように書き変えます。

ベイズの基本公式

ベイズの基本公式：$P(H|D) = \dfrac{P(D|H)P(H)}{P(D)}$ … (4)

この(4)は単にベイズの定理(3)のAをHに、BをDに書き換えただけの式です。しかし、名は体を表わすといいます。このように書き換え、解釈し直すことで、データ分析の「魔法の杖」に変身するのです。

この(4)式は、ベイズの理論でデータ分析する際の出発点となる式です。そこで、本書では**ベイズの基本公式**と呼ぶことにします。

この(4)を言葉で表現すると、次のようになります。

> データDが得られたとき、条件Hが成立した確率
> $= \dfrac{\text{条件}H\text{のもとでデータ}D\text{が得られる確率} \times \text{条件}H\text{が成立した確率}}{\text{データ}D\text{が得られる確率}}$

数式の(4)より、多少は馴染みやすい表現になっているでしょう。

■事前確率・事後確率・尤度

ベイズの基本公式(4)には今後よく利用する3種の確率が含まれています。

まず(4)の右辺分子第1項の$P(D|H)$を見てください。これは条件Hのもとでデータの得られる「尤もらしさ」、すなわち「条件Hのもとでの確率」を表わします。そこで、この確率を**尤度**と呼びます。

次に尤度の右隣にある$P(H)$を見てください。データDの影響を受けない、分析前の前提条件Hの成立確率で、**事前確率**と呼びます。

左辺にある$P(H|D)$は**事後確率**と呼ばれます。データDを考慮した分析後の前提条件Hの成立確率と考えられるからです。この**事後確率を求めることが、ベイズ理論の大きな目標**になります。

以上、紹介した言葉をまとめておきましょう。

確率の記号	名称	意味
$P(H|D)$	事後確率	データDが得られたときに前提条件Hが成立していた確率
$P(D|H)$	尤度	前提条件HのもとでデータDが得られる確率
$P(H)$	事前確率	データDを得る前の前提条件Hの成立確率

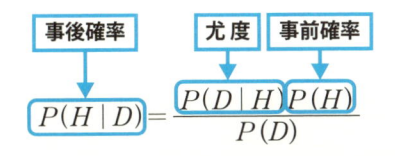

$$P(H|D) = \frac{P(D|H)P(H)}{P(D)}$$

（事後確率）＝（尤度）（事前確率）／$P(D)$

■原因をたどっていく「原因の確率」

一般の確率論で考えると、前提条件Hのもとで、データが得られる確率$P(D|H)$を議論します。ところが、ベイズの基本公式(4)は、それを反転しています。データからその前提条件（データの原因）をたどる確率$P(H|D)$を与える公式なのです。この意味で、(4)の左辺$P(H|D)$をデー

タ D の**原因の確率**と呼びます。

結果の確率

$H \xrightarrow{P(D|H)} D$
前提条件（原因）　　結果（データ）

原因の確率

$D \xrightarrow{P(H|D)} H$
結果（データ）　　前提条件（原因）

先に、$P(H|D)$ を「事後確率」と呼ぶことを調べましたが、文脈によって、同じ確率の呼び名が異なることに留意してください。

以下に、ベイズの基本公式の利用法を確認します。わかりにくい公式ですが、使ううちに馴染んできます。

■トランプの問題でベイズの定理を確認

前項のトランプの類題で、ベイズの定理を確認してみましょう。

> **例題1** ジョーカーを除いた1組のトランプから1枚のカードを無作為に抜いたとき、そのカードがハートである事象を H、絵札である事象を D とします。抜いたカードが絵札であったとき、それがハートである確率 $P(H|D)$ を求めてください。

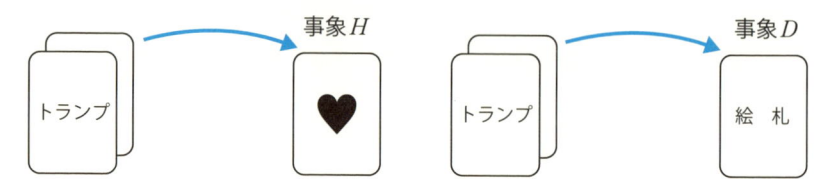

（解）データ D は「抜いたカードが絵札であった」こと、前提条件 H は「カードがハートである」ことです。

カードの総枚数は52、絵札の枚数は12、ハートの枚数は13、ハートの絵札の枚数は3なので、次のように確率が求められます。

$$P(H) = P(♡) = \frac{13}{52}、P(D) = P(絵札) = \frac{12}{52}、P(D|H) = P(絵札|♡) = \frac{3}{13}$$

これらをベイズの定理(4)に代入して、次のように答が得られます。

$$P(H \mid D) = P(♡ \mid 絵札) = \frac{\frac{3}{13} \times \frac{13}{52}}{\frac{12}{52}} = \frac{3}{13} \times \frac{13}{52} \div \frac{12}{52} = \frac{1}{4} \quad \textbf{(答)}$$

■気象予報の問題でベイズの定理を確認

天気予報の例題で、ベイズの定理の使い方を確かめてみましょう。言い回しが**ベイズらしい**問題です。

> **例題2** ある地域の気象統計では、4月1日に曇りの確率は0.6、翌2日に雨の確率は0.4である。また、1日に曇りのときに翌2日が雨の確率は0.5である。この地域で、4月2日が雨のときに前日の1日が曇りの確率を求めてみましょう。

(解) H、Dを次のように約束します。実際、「1日が曇り」は前提条件、「2日が雨」がその結果としてのデータと捉えられます。

$$H \cdots (前提)\ 1日は曇、\quad D \cdots (データ)\ 2日は雨$$

すると、求めたい確率は次のように条件付き確率で表現できます。

$$P(H \mid D) = P(1日曇り \mid 2日雨) = 「2日が雨のときに1日が曇りの」確率$$

ここで、ベイズの定理(4)を用います。

$$P(H \mid D) = \frac{P(D \mid H)P(H)}{P(D)} = \frac{P(2日雨 \mid 1日曇り)P(1日曇り)}{P(2日雨)} \quad \cdots (5)$$

題意に「4月1日に曇りの確率は0.6、翌2日に雨の確率は0.4」とあります。

4月1日 曇り 確率 0.6　　4月2日 雨 確率 0.4

よって、次のようにセットできます。

3. ベイズの定理

$$P(H) = P(1日曇り) = 「1日が曇り」の確率 = 0.6 \quad \cdots (6)$$
$$P(D) = P(2日雨) = 「2日が雨」の確率 = 0.4 \quad \cdots (7)$$

また、題意に「1日に曇りのときに翌2日が雨の確率は0.5」とあるので、

$$P(D|H) = P(2日雨|1日曇り)$$
$$= 「1日が曇りのときに2日が雨」の確率 = 0.5 \cdots (8)$$

これら(6)〜(8)をベイズの基本公式(5)に代入して、次の答が得られます。

$$P(H|D) = \frac{P(D|H)P(H)}{P(D)} = \frac{0.5 \times 0.6}{0.4} = \frac{3}{4} \quad (答)$$

通常、**確率は未来を予測する**のに利用されるものです。しかし、この例題でわかるように、**ベイズ理論では過去の確率を求めることが可能**なのです。これはベイズの理論の大きな特徴の一つです。「原因の確率」と呼ばれるゆえんでもあります。

■壺の例題でベイズの定理を確認する

壺から玉を取り出す問題は、ベイズ理論の基本モデルとしてよく利用されます。前項の例題を少しアレンジした次の例題で、ベイズの基本定理の使い方を調べてみましょう。

> **例題3** 中の見えない2つの壺A、Bがあり、壺Aには赤玉が3個、白玉が7個入っています。壺Bには赤玉が6個、白玉が4個入っています。どちらかの壺から玉1個を取り出したとき、赤玉であったとすると、その赤玉が壺Aから取り出したものである確率を求めてください。ただし、壺Aと壺Bの選ばれる確率は2：1とします。

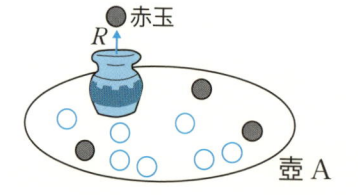

（**解**）玉を1個取り出したとき、それが壺Aからである事象をH_A、壺Bからである事象をH_B、それが赤玉である事象をDとします。このとき、求めたい確率は$P(H_A|D)$と表わされます。

$P(H_A|D)=$「取り出した玉が赤玉であったとき、壺Aから」の確率

なお、ここではベイズの基本公式(4)を使いやすくするために、前項の例題に用いた記号を変更しています。

さて、ベイズの基本公式(4)から、

$$P(H_A|D) = \frac{P(D|H_A)P(H_A)}{P(D)} \cdots (9)$$

ここで、題意の「壺Aと壺Bの選ばれる確率は2：1」ですから、玉が壺A、Bから選ばれる確率$P(H_A)$、$P(H_B)$は次のように書けます。

$$P(H_A) = \frac{2}{3}、\ P(H_B) = \frac{1}{3} \cdots (10)$$

また、「壺Aから赤玉を取り出す」確率$P(D|H_A)$と、「壺Bから赤玉を取り出す」確率$P(D|H_B)$は次の値を持ちます（前項（§2）例題）。

$$P(D|H_A) = \frac{3}{10}、\ P(D|H_B) = \frac{6}{10} \cdots (11)$$

さて、(9)の分母$P(D)$ですが、求め方にコツがあります。赤玉は壺Aまたは壺Bから取り出されるので、赤玉が取り出される確率$P(D)$は次のように2つの確率の和として表わされます。

$$P(D) = P(D \cap H_A) + P(D \cap H_B) \cdots (12)$$

$P(D \cap H_A)$は「壺Aから赤玉を取り出す」確率、$P(D \cap H_B)$は「壺Bから赤玉を取り出す」確率を表わしています。

さて、確率の乗法定理から、(12)右辺の各項は次のように分解されます。この(12)や(13)を**全確率の定理**（または**全確率の公式**）と呼びます。

$$P(D) = P(H_A)P(D|H_A) + P(H_B)P(D|H_B) \cdots (13)$$

(10)、(11)をこの(13)の右辺に代入すると、$P(D)$が算出されます。

$$P(D) = \frac{2}{3} \times \frac{3}{10} + \frac{1}{3} \times \frac{6}{10} = \frac{12}{30} \cdots (14)$$

以上、(10)、(11)、(14)から、(9)の左辺が求められました。

$$P(H_A \mid D) = \frac{P(D \mid H_A)P(H_A)}{P(D)} = \frac{\frac{3}{10} \times \frac{2}{3}}{\frac{12}{30}} = \frac{1}{2} \quad \textbf{(答)}$$

4. 人間的なベイズの理論？
～数学的に厳密ではない？

「ベイズ理論は厳密ではない」と非難される点が、実は「ベイズ理論の融通性を保証する」ことにつながっている？

■なぜ、ベイズ理論は厳密ではないといわれるのか

　ベイズの理論は**人間の感性に合致する確率論**といわれます。それはどんな意味なのでしょうか。ベイズの理論の基本となる「ベイズの基本公式」は次のようなものでした。

$$P(H|D) = \frac{P(D|H)P(H)}{P(D)} \quad \cdots (1)$$

　ここで、Hは「前提条件」を、Dはそれから生まれた「データ」を表わします。そして、その前提が成立するときの確率$P(H)$を**事前確率**、その前提HのもとでデータDが得られる確率$P(D|H)$を**尤度**と呼ぶことも調べました。

　さて、ベイズの理論の大きな特徴は「事前確率」の存在です。これまでの例では、題意から事前確率$P(H)$を定めることができましたが、実際には、これが不明確なことがあります。このことが「ベイズ理論は厳密ではない」という非難を生むことになりますが、逆にベイズ理論の融通性を保証することにもなるのです。このことを、2つの例で調べてみましょう。

■ベイズ理論の特徴①「理由不十分の原則」

　ベイズの理論の特徴の1つである「理由不十分の原則」を紹介します。従来の確率論では対応できない問題にも、ベイズの理論は果敢に挑戦できる例となります。

　次の 例題1 は前項の 例題3 に似ていますが、最後の「ただし書き」、す

なわち「壺Aと壺Bの選ばれる確率は2：1とする」が削除されています。この例題で、理由不十分の原則がどのようなものか調べることにします。

> **例題1** 中の見えない2つの壺A、Bがあり、壺Aには赤玉が3個、白玉が7個入っています。壺Bには赤玉が6個、白玉が4個入っています。どちらかの壺から玉1個を取り出したとき、赤玉であったとすると、その赤玉が壺Aから取り出したものである確率を求めてください。

（解） 前項と同様、玉を1個取り出したとき、それが壺Aからである事象を H_A、壺Bからである事象を H_B、それが赤玉である事象を D とします。このとき、求めたい確率は $P(H_A|D)$ と表わされます。すると、ベイズの基本公式（1）は次のように書き表わされます。

$$P(H_A|D) = \frac{P(D|H_A)P(H_A)}{P(D)} \quad \cdots (2)$$

ここで問題が発生します。玉が壺A、Bから選ばれる確率（事前確率）$P(H_A)$、$P(H_B)$ が求められないのです。前項の 例題3 では、それが与えられていました！　数学的には、ここで「解答不可能」となります。

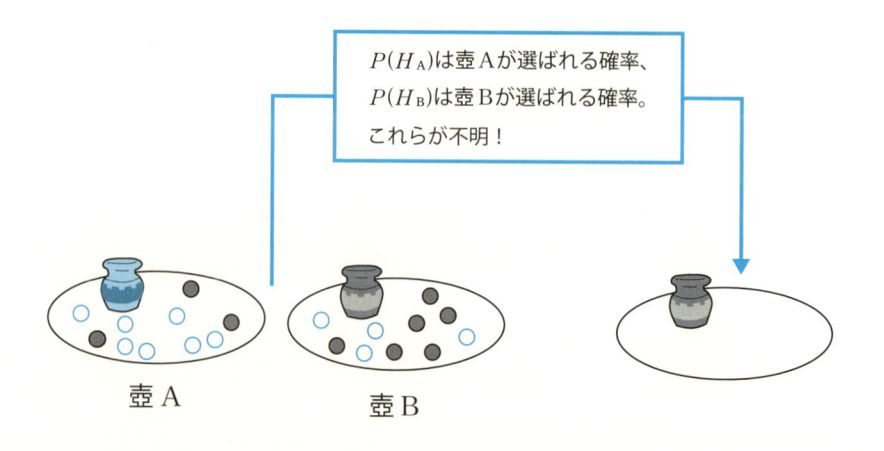

$P(H_A)$は壺Aが選ばれる確率、$P(H_B)$は壺Bが選ばれる確率。これらが不明！

壺A　　壺B

しかし、実際の問題では、このような条件不足はよくあることです。逆に、すべてが完璧に与えられていることのほうが少ないくらいです。そのような問題に対して、「解決不可能」と対処するのは困ります。ベイズの理論の良いところは、そのような問題に対して柔軟に対応できることです。ベイズの理論では次のように考え、道を開きます。

「条件が与えられていないのなら、それらの確率は等確率」

この考え方を**理由不十分の原則**と呼びます。いまの例でいうと、玉が壺A、Bから選ばれる確率が不明なので、「1 : 1」の割合と考え、次のように事前確率を $\frac{1}{2}$ ずつに設定してみました。

$$P(H_A) = \frac{1}{2}、P(H_B) = \frac{1}{2} \cdots (3)$$

以下は前項（§3）の例題3の解答と同様です。簡単におさらいをしながら、解答を進めましょう。

まず尤度 $P(D|H_A)$、$P(D|H_B)$ を調べます。これは前項の例題3と同じです。

$$P(D|H_A) = \frac{3}{10}、P(D|H_B) = \frac{6}{10} \cdots (4)$$

ベイズの基本公式(1)において、分母 $P(D)$ は次のように2つの確率の和として表わされます。

$$P(D) = P(D \cap H_A) + P(D \cap H_B)$$

確率の乗法定理から、右辺各項は次のように分解されます。

$$P(D) = P(H_A)P(D|H_A) + P(H_B)P(D|H_B)$$

これに(3)、(4)を代入して、$P(D)$ が算出されます。

$$P(D) = \frac{1}{2} \times \frac{3}{10} + \frac{1}{2} \times \frac{6}{10} = \frac{9}{20} \cdots (5)$$

以上、(3)〜(5)をベイズの基本公式(2)に代入して、

$$P(H_A|D) = \frac{P(D|H_A)P(H_A)}{P(D)} = \frac{\frac{3}{10} \times \frac{1}{2}}{\frac{9}{20}} = \frac{3}{10} \times \frac{1}{2} \div \frac{9}{20} = \frac{1}{3}$$ **(答)**

「理由不十分の原則」は、「もし理由が無ければ、とりあえず等確率に設定しておこう」という、ある意味で乱暴な原則です。しかし、このような乱暴性を数学に取り込めることこそ、ベイズの理論の優れているところなのです。

■ベイズ理論の特徴②「経験を活かせる」

「特徴①」で条件がすべて与えられていなくても、何とか解答を導き出せることを調べました。その性質を積極的に生かすと、カンや経験を活かせる確率論を展開できます。それを次の例題で確かめてみましょう。

> **例題2** 指名手配の犯人が10時着の電車でS駅に降りるという情報を直前になって入手しましたが、そのときに直行できる警察官は1人しかいません。S駅には東口・中央口・西口の3つの改札口があり、広さと混雑度から逮捕できる確率は順に0.5、0.2、0.6といいます。その警察官はどこで待機すれば一番犯人を逮捕する確率が高いでしょうか。なお、改札口が東口・中央口・西口の順に並んでいるとき、犯人は順に4：3：3の割合で出口を選ぶ性質があることが経験的に知られているとします。

もし、最後の経験情報が無ければ、逮捕確率の一番高い西口に待機するのが最善です。どうやって、その経験情報を活かせばよいのでしょうか。
(解) データDを「犯人が逮捕される」、原因H_E、H_C、H_Wを順に「東改札口を出る」、「中央改札口を出る」、「西改札口を出る」と考えます。すると、次の確率が最大な改札口に、警察官は待機するのがベストということになります。なお、H_E、H_C、H_Wの添え字「E、C、W」はそれぞれ

east（東）、center（中央）、west（西）の頭文字です。

$P(H_E|D)$ =「犯人が逮捕されたとき、そこが東口であった」確率

$P(H_C|D)$ =「犯人が逮捕されたとき、そこが中央口であった」確率

$P(H_W|D)$ =「犯人が逮捕されたとき、そこが西口であった」確率

これらにベイズの基本公式を応用してみましょう。

$$\left. \begin{array}{l} P(H_E|D) = \dfrac{P(D|H_E)P(H_E)}{P(D)}、P(H_C|D) = \dfrac{P(D|H_C)P(H_C)}{P(D)} \\ P(H_W|D) = \dfrac{P(D|H_W)P(H_W)}{P(D)} \end{array} \right\} \cdots (6)$$

さて、この右辺を構成する確率を求めてみましょう。それぞれの式の分子の第1項は、次の意味と値を持ちます。

$$\left. \begin{array}{l} P(D|H_E) = \text{「犯人が東口を出て逮捕される」確率} = 0.5 \\ P(D|H_C) = \text{「犯人が中央口を出て逮捕される」確率} = 0.2 \\ P(D|H_W) = \text{「犯人が西口を出て逮捕される」確率} = 0.6 \end{array} \right\} \cdots (7)$$

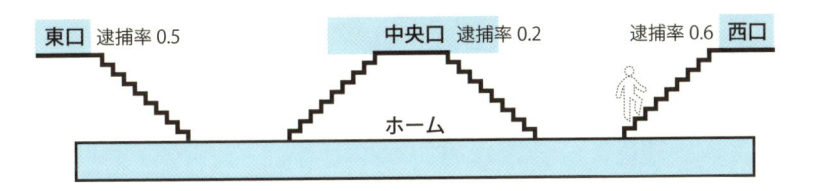

分子の第2項を見てみましょう。ここで、次の経験が活かされます。

> 改札口が東口・中央口・西口の順に並んでいるとき、犯人はその順に4:3:3の割合で出口を選ぶ性質がある。

すなわち、犯人が改札口を選ぶ確率$P(H_E)$、$P(H_C)$、$P(H_W)$が経験から次のように設定できるのです。

$$P(H_E) = \frac{4}{10} = 0.4、P(H_C) = \frac{3}{10} = 0.3、P(H_W) = \frac{3}{10} = 0.3 \cdots (8)$$

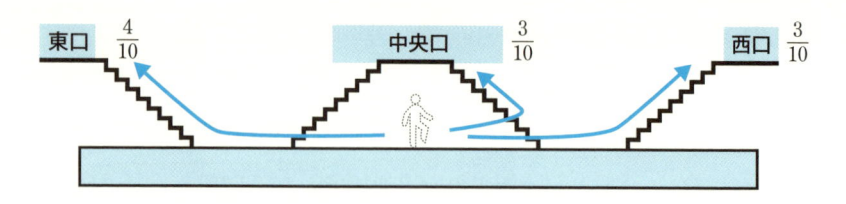

東口 $\frac{4}{10}$　中央口 $\frac{3}{10}$　西口 $\frac{3}{10}$

(7)、(8)を(6)に代入して、

$$P(H_E|D) = \frac{0.5 \times 0.4}{P(D)} = \frac{0.20}{P(D)}、P(H_C|D) = \frac{0.2 \times 0.3}{P(D)} = \frac{0.06}{P(D)}$$

$$P(H_W|D) = \frac{0.6 \times 0.3}{P(D)} = \frac{0.18}{P(D)}$$

$\cdots$ (9)

右辺の分母の$P(D)$は共通の正の数なので、分子が0.20という一番大きい$P(H_E|D)$が最大の確率になります。すなわち、直行した1人の警察官は「東口に待機する」のがベストである、ということがわかります。**(答)**

ベイズの理論では曖昧(あいまい)なもの、経験的なものなど、人間的な感性が混在する分野に数学的分析を実行することができます。ベイズの理論が経済学や心理学、人工知能などの分野で活躍する理由はここにあります。

MEMO

☑ **ベイズの定理の分母**

(9)では、あえて右辺分母の$P(D)$を計算しませんでした。ベイズの理論の応用では、多くの場合、この分母$P(D)$を計算する必要はありません。というのは、この例題でもそうですが、確率の最大なもの、最小なものを予想するときには、この分母$P(D)$を求める必要はないからです。

ちなみに、(9)の確率の和は1になるはずです。そこで、

$$P(H_E|D) + P(H_C|D) + P(H_W|D) = \frac{0.20}{P(D)} + \frac{0.06}{P(D)} + \frac{0.18}{P(D)} = 1$$

これから、$P(D) = 0.44$ が簡単に得られます。

5. ベイズ統計学の考え方
～母数を確率変数と解釈してみる

ベイズの基本公式の使い方を前項で調べましたが、それが統計学とどのように関係してくるのでしょうか。

■ 何が従来の統計学と大きく違うのか

　統計学で利用される確率分布はいくつかの「母数」（パラメータ）で規定されるのが普通です。たとえば、正規分布は平均値と分散で決定されますが、これら平均値や分散が「母数」と呼ばれるものです。ベイズの理論はその母数の扱い方が従来の統計学と大きく異なります。

　ベイズの理論の基本は「ベイズの基本公式」で、次の公式でした。

$$P(H|D) = \frac{P(D|H)P(H)}{P(D)} \cdots (1)$$

　Dはデータを、Hはそのデータを生む前提条件を表わします。この意味は下図のように捉えることができます。この図は、データDを生むさまざまな前提条件があることを示しています。その前提条件の中で、得られたデータDがたまたま前提条件Hから生まれた確率を求める式がベイズの基本公式と考えることができるのです。

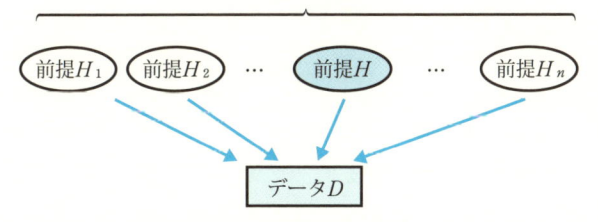

$P(H|D)$の意味。データDはいろいろな条件から生起されるが、たまたま条件Hから生起された確率が$P(H|D)$。

　ここで、この原因Hを広く解釈してみましょう。すなわち、次のように考えます。

確率分布の母数をベイズの基本公式(1)の前提条件Hと考える

統計データDを生むさまざまな確率分布がある中で、「そのデータDはある母数Hを持つ確率分布から生まれた」と解釈するのです。これがベイズ統計学の基本的スタンスとなります。

統計学の世界では、統計データは記号xで、確率分布の母数はθで表わされることが多いので、この解釈を明示するために、ベイズの基本公式(1)を次のように書き換えておくと便利です。

$$P(\theta \mid x) = \frac{P(x \mid \theta)P(\theta)}{P(x)} \cdots (2)$$

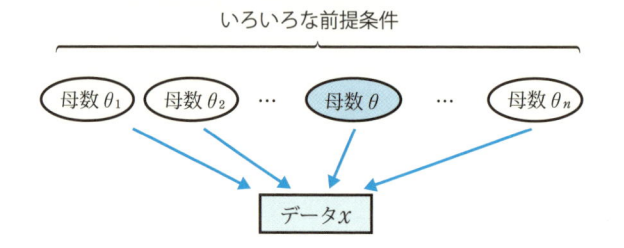

$P(\theta \mid x)$の意味。データxはいろいろな母数を持つ確率分布から生起されるが、たまたま母数θから生起された確率が$P(\theta \mid x)$。

(例) 平均値μ、分散1^2の正規分布に従う確率変数Xの値(すなわちデータ)がxとします。この分布は次のように表現できます。

$$f(x) = \frac{1}{\sqrt{2\pi}} e^{-\frac{(x-\mu)^2}{2}}$$

従来の統計学では、このμを固定して考えます。「平均値μのもとで、データxが生起する」と考えるのです。

ところが、ベイズ統計学では、μを「データxを生み出す前提」と捉えます。いろいろな平均値を持つ正規分布の中で、たまたま平均値μを持つ正規分布からデータxが生み出されたと考えるのです。この裏には、平均値μはいろいろな値をとること(すなわち確率変数になること)が仮定されています。

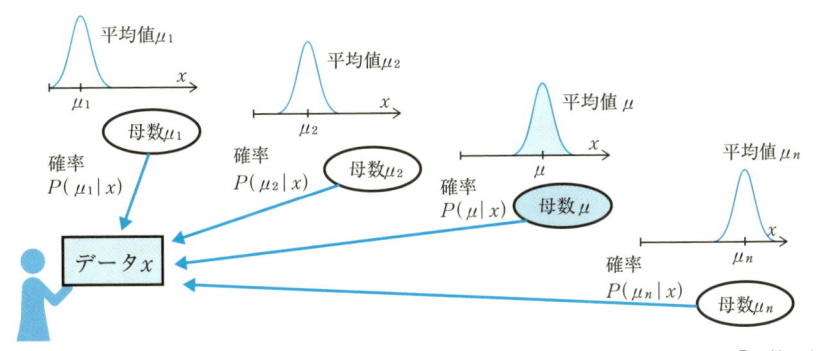

確率分布が正規分布のときの(2)の左辺の意味。母数θが平均値μであるとして、「母数μをベイズの基本公式(1)の前提条件Hと捉える」ことを示す図。

■尤度は確率分布を表わす関数と一致

(2)の尤度$P(x|\theta)$に着目してみましょう。この尤度は母数θが与えられたときにデータxが得られる確率です。すなわち、確率分布の関数を意味しています。尤度とは確率分布を与える関数そのものなのです。

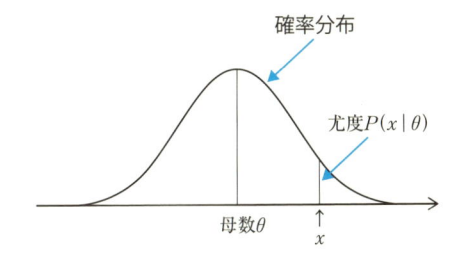

尤度とは母数θもとでデータxを与える確率値である。すなわち、確率分布を示す関数そのものである。xが連続的な値のときには、確率密度関数になる。

そこで、(2)の尤度$P(x|\theta)$は、θを母数とする確率分布を表わす関数の記号$f(x|\theta)$に変更したほうがわかりやすいでしょう。

$$P(\theta|x) = \frac{f(x|\theta)P(\theta)}{P(x)} \cdots (3)$$

ちなみに、平均値や分散などのように、母数θが連続的な値をとるとき、(3)の事前確率$P(\theta)$、事後確率$P(\theta|x)$は確率ではなく、確率密度関数と読み替える必要があります。

5. ベイズ統計学の考え方

■ベイズ統計学の基本公式

(3)の分母$P(x)$は、「データxが得られた確率」です。データxが得られたとき、それはある定数となります。そこで、(3)はさらに簡潔に次の(4)のように表現されます。今後は、この(4)を**ベイズ統計学の基本公式**と呼ぶことにします。ベイズ統計学の出発点となる大切な公式だからです。

ベイズ統計学の基本公式

xを「データの値」、θを「確率変数を規定する母数」とするとき、

ベイズ統計学の基本公式：$P(\theta|x) = kf(x|\theta)P(\theta)$ … (4)

ここで、kは定数（$= 1/P(x)$）である。

これまでは$P(\theta|x)$のことを事後確率、$P(\theta)$のことを事前確率と呼びました。ところで、(4)ではθは確率変数として扱われていますから、$P(\theta|x)$、$P(\theta)$はその分布を表わす関数とみなされます。

そこで、今後は$P(\theta|x)$のことを**事後分布**、$P(\theta)$のことを**事前分布**と呼ぶことにします。

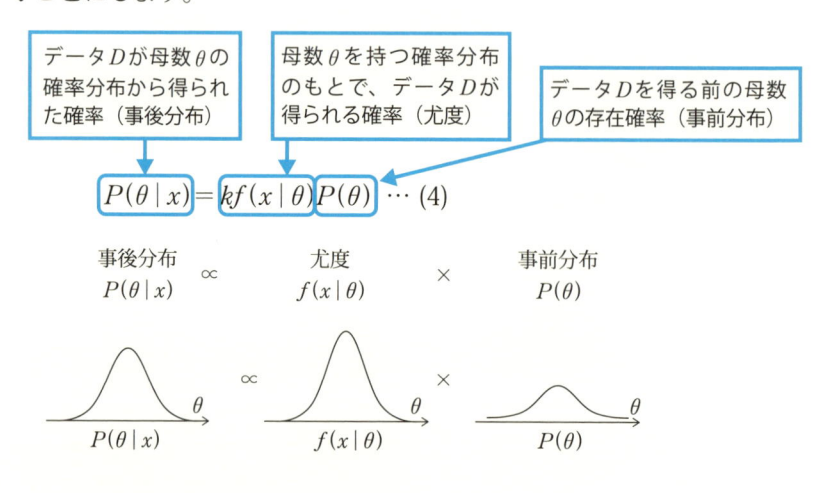

データDが母数θの確率分布から得られた確率（事後分布）　　母数θを持つ確率分布のもとで、データDが得られる確率（尤度）　　データDを得る前の母数θの存在確率（事前分布）

$P(\theta|x) = kf(x|\theta)P(\theta)$ … (4)

事後分布　　　　　　　尤度　　　　　　　　事前分布
$P(\theta|x)$　$\propto$　$f(x|\theta)$　$\times$　$P(\theta)$

以下、この公式(4)の使い方を調べましょう。

6. ベイズ統計学を使ってみる
～「母数が確率変数」の意味

いよいよベイズ統計学を実践に使うために、いくつかの例題を解いて「ベイズ統計学」を実感してみましょう。

「ベイズの基本公式」の前提条件Hを母数θと読み替えることで、「ベイズ統計学の基本公式」が得られました。しかし、この読み替えの意味には、ピンとこない所があります。また、平均値や分散などの「母数」が確率変数として扱われることにも「?」と思われるかもしれません。

■問題を整理すると

> **例題** ある工場でつくられるチョコレート菓子の内容量xは正規分布に従い、分散は1^2であることがわかっています。製品の1つを抽出して調べたところ、その内容量xは101gでした。このとき、この工場からつくられる製品内容量の「平均値μの確率分布」を求めてみましょう。

ベイズ統計学の主要目標は母数である平均値μの分布を求めることです。その意味をこの例題で調べてみます。

準備として、前項で調べた「ベイズ統計学の基本公式」を確認します。

$$P(\theta\,|\,x) = kf(x\,|\,\theta)P(\theta) \quad (k は定数) \cdots (1)$$

いまの例の場合、母数θには平均値μが、データxには「内容量$x=101$」が対応します。したがって、この公式は次のように表わされます。

$$P(\mu\,|\,101) = kf(101\,|\,\mu)P(\mu) \cdots (2)$$

■事後分布の意味

まず、(2)の左辺の「事後分布」$P(\mu|101)$を見てみましょう。これは、さまざまな平均値を持つ正規分布（分散は1^2）がある中で、データ「$x=101$」が平均値μの正規分布から生起されたときの確率密度を表わします。これが目標となる事後分布です。下図で、この意味を確認してください。

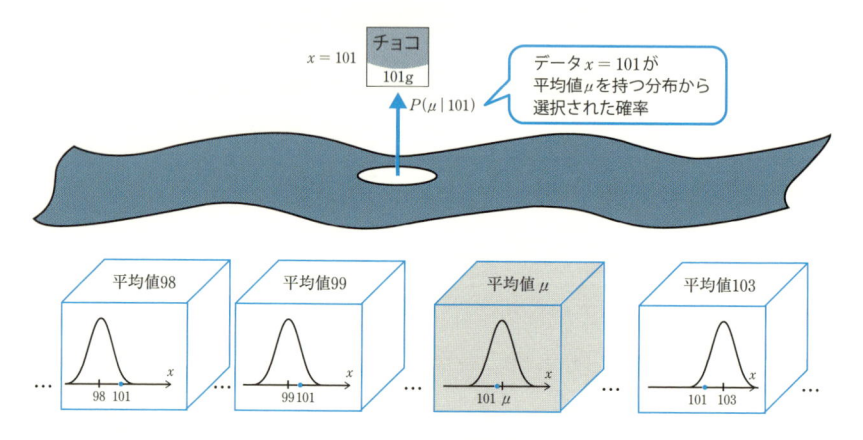

母数である平均値μはいろいろな値をとることができる（図では値μ以外に98、99、103を例示している）が、各平均値の値に対して正規分布が対応している。データ「$x=101$」はその中のどの正規分布から生じたデータかの確率を示すのが(2)式の左辺、すなわち平均値μの事後分布である。

■尤度の意味は何か

次に、(2)の右辺の「尤度」$f(101|\mu)$は、平均値μの正規分布（分散は1^2）から、$x=101$というデータが生起される確率密度を表わします。これは、母数μを持つ確率密度関数である

$$f(x) = \frac{1}{\sqrt{2\pi} \times 1} e^{-\frac{(x-\mu)^2}{2 \times 1^2}}$$

に、$x=101$を代入したときの値と一致します。

$$f(101 \mid \mu) = \frac{1}{\sqrt{2\pi}} e^{-\frac{(101-\mu)^2}{2}} \quad \cdots (3)$$

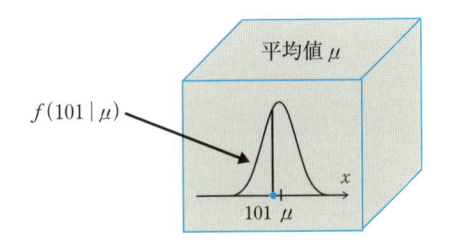

尤度は母数 μ を持つ確率密度関数

$$f(x) = \frac{1}{\sqrt{2\pi}\,\sigma} e^{-\frac{(x-\mu)^2}{2\sigma^2}} \quad (\sigma = 1)$$

の x に、データを代入した値と一致。

■事前分布の意味

(2)の右辺の事前分布 $P(\mu)$ を見てみましょう。これは、データを得る前に母数の現れやすさを示しています。すなわち、データを得る前に、どの平均値が起こりやすいかを示しているのです。

ところで、いま調べている例題では、平均値 μ について何も情報がありません。そこで、どれが特段選ばれやすいということも不明なので、次の**一様分布***を仮定します（理由不十分の原則）。

$$P(\mu) = 1 \quad \cdots (4)$$

事前分布 $P(\mu) = 1$ のグラフ。

厳密には、(4)は確率密度関数になっていません。規格化の条件「全確率が1」という条件を満たしていないからです。しかし、(1)、(2)からわかるように比だけが問題なので、事前分布をこのようにおいても不都合は生じません。

*一様分布の詳細については81ページ《分布-C》参照。

■ベイズ統計学の基本公式に代入

以上の結果(3)、(4)をベイズ統計学の基本公式(2)に代入してみましょう。

$$P(\mu \mid 101) = k \frac{1}{\sqrt{2\pi}} e^{-\frac{(101-\mu)^2}{2}} \times 1 \quad (kは定数) \cdots (5)$$

これがデータ「$x=101$」を得た後の、平均値μの確率分布（すなわち事後分布）です。

この(5)ではまだ比例定数kが決定されていません。この比例定数は「μについて確率の総和が1」という条件を利用して決定できます。

(5)の場合、μについて見ると、平均値101、分散1^2の正規分布を表わしているので、「確率の総和が1」という条件を満たすkは1になります。結果として次のように事後分布が確定します。

$$P(\mu \mid 101) = \frac{1}{\sqrt{2\pi}} e^{-\frac{(101-\mu)^2}{2}} \textbf{(答)} \cdots (6)$$

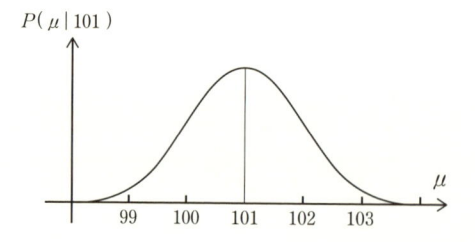

事後分布(6)のグラフ。事前分布が一様分布なので、結果的に尤度と同じになる。

これが例題の結論です。従来の統計学に慣れ親しんでいると、この(6)が答であることに違和感を持たれるかもしれません。

■ベイズ統計学は事後分布から情報を引き出す

例題の解である事後分布(6)を得ると、何ができるのでしょうか。答は簡単です。事後分布に、母数である平均値の情報が詰まっているので、それを利用して統計上必要な情報を算出できるのです。

たとえば、母平均の平均値と分散を調べてみましょう。先ほども調べたように、(6)はμについて平均値101、分散1^2の正規分布を表わしているので、明らかに次の答が得られます。

母平均μの平均値 $= 101$

母平均μの分散 $= 1^2$

母数についての情報がこのように得られるのです。この簡単な例からわかるように、ベイズ統計学では事後分布を求めることが本命となります。

■従来の統計学との比較

ベイズ統計学では、従来の統計学で調べたような推定や検定での煩わしい手続きは不要になります。「母平均の推定」という操作を通して、ベイズ統計学と従来の統計学との推定法の違いを調べてみましょう。

(Ⅰ) 従来の統計学

従来の統計学では、まず母数である平均値μを固定値として仮定します。「分散1^2の正規分布」という題意から、データxの確率密度関数$f(x)$は次のようにおくことができます。

$$f(x) = \frac{1}{\sqrt{2\pi}} e^{-\frac{(x-\mu)^2}{2}} \cdots (7)$$

ここで、従来の統計学は「**信頼度**」を設定します。いま、推定結果がどれくらい信頼できるかをパーセントで示したものです。ここでは、95%と設定しましょう。

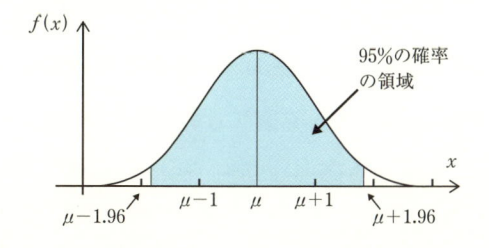

横軸はx。分散が1^2の正規分布(7)の場合、データxが $\mu-1.96 \leq x \leq \mu+1.96$ に入る確率は95%となる。(94ページ分布-D)

6. ベイズ統計学を使ってみる

この図から、データ「$x = 101$」がこの分布の95%の確率範囲に入るのは、

$$\mu - 1.96 \leqq 101 \leqq \mu + 1.96$$

変形して、

$$101 - 1.96 \leqq \mu \leqq 101 + 1.96$$

これから

$$99.04 \leqq \mu \leqq 102.96 \quad \cdots (8)$$

これが従来の統計学による母平均μの推定区間です。確認してほしいのは、μは定数として扱われていることです。

(Ⅱ) ベイズ統計学

これに対し、ベイズ統計学は同じ結論をシンプルに導出します。(6)から、平均値μが95%の確率で入る区間は簡単に求められます。正規分布の両側5%点を求めることで、下図のように境界が求められ、解答が得られます。

$$99.04 \leqq \mu \leqq 102.96 \quad \cdots (9)$$

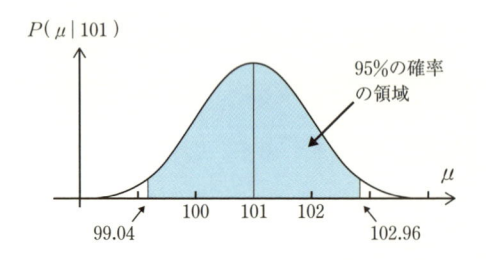

横軸はμ。
(6)の分布の場合、μが
$99.04 \leqq \mu \leqq 102.96$
に入る確率は95%。境界値は正規分布の両側5%点を求めることで得られる。

事後分布から攻めることで、簡単に(9)と同じ結論が得られるのです。(9)は**ベイズ信用区間**と呼ばれます。これは、確率を「確率を信頼の度合い」とも考えるベイズ統計学を活かしたネーミングです。「信頼区間の考え方」とは異なり、「この区間にμが入る確率は95%」とわかりやすく解釈できます。

■経験を活かせるベイズ統計学

　事前分布を(4)のように一様分布に仮定すると、ベイズ統計学の結論(9)は従来の統計学の結論(8)とは同一の結論を与えました。これは一般的にいえることです。ここに、ベイズ統計学の素晴らしさが隠れています。

　一様分布は、データを得る前に何も情報を得ていないとき採用した事前分布です。もし、経験やカンがあれば、この事前分布に情報として取り込めます。ベイズ統計学は、従来の統計学を内包しながら、さらに柔軟に応用範囲を広げられる可能性を持っているのです。

7. ベイズ統計学の有名な問題に挑戦
～典型問題をベイズ統計で解く

正規母集団から複数のデータを抽出し、分析するという典型的な標本問題にベイズ統計がどう対応するかを調べてみましょう。

■正規分布をベイズの理論に取り込む

前項では、正規分布に従う1個のデータについて、ベイズ統計学の対応法を調べましたが、ここでは複数のデータについて考えます。

工場のラインからつくられる製品の誤差の問題を取り上げてみましょう。これは前項で取り上げた問題の応用です。

> **例題** A工場でつくられる正味100gと記されたチョコレート菓子の内容量は正規分布に従い、分散は1^2であることがわかっています。製品を3つ抽出したところ、その内容量（g）は99、101、103でした。このとき、内容量の平均値μの確率分布を求めてみましょう。

準備として、「ベイズ統計学の基本公式」を確認します。

$$P(\theta \mid x) = kf(x \mid \theta)P(\theta)$$

この例題の場合、母数θには内容量の平均値μ（すなわち母平均）が、データxには「内容量$x = 99$、101、103」が対応します。したがって、この公式は次のように表わされます。

$$P(\mu \mid 99, 101, 103) = kf(99, 101, 103 \mid \mu)P(\mu) \quad \cdots (1)$$

これが本項の出発点となる式です。

(1)の左辺の「事後分布」$P(\mu \mid 99, 101, 103)$を見てみましょう。これは、さまざまな平均値を持つ正規分布（分散は1^2）がある中で、データD（$x = 99$、101、103）が母平均μの正規分布から生起されたときの確率密度を表わします。これが目標となる事後分布です。

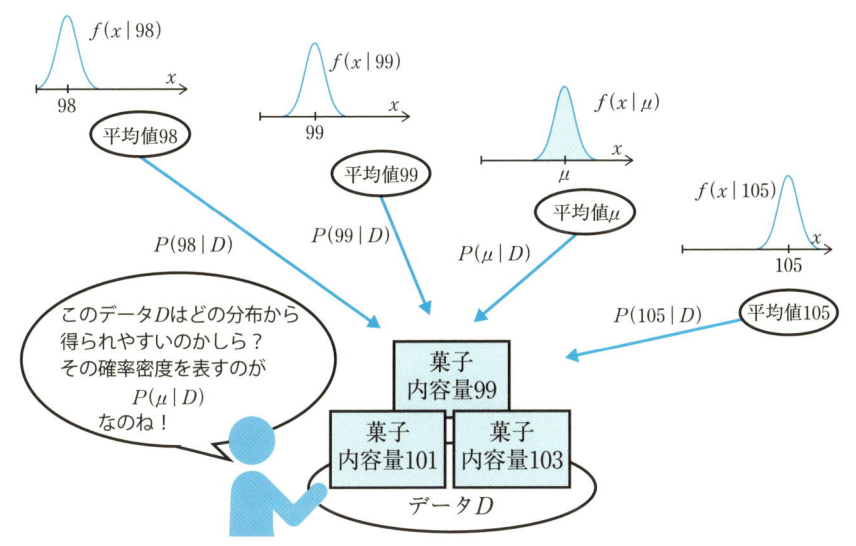

図中のテキスト:
- $f(x|98)$ 平均値98
- $f(x|99)$ 平均値99
- $f(x|\mu)$ 平均値μ
- $f(x|105)$ 平均値105
- $P(98|D)$, $P(99|D)$, $P(\mu|D)$, $P(105|D)$
- このデータDはどの分布から得られやすいのかしら？その確率密度を表すのが$P(\mu|D)$なのね！
- 菓子 内容量99、菓子 内容量101、菓子 内容量103
- データD

(1)の左辺$P(\mu|99, 101, 103)$は3つのデータ99、101、103がどの母平均を持つ分布から生起したかの確率分布（事後分布）を示す。

■尤度の算出

(1)の右辺第1項の「尤度」$f(99, 101, 103|\mu)$を見てみましょう。これは、母平均μの正規分布（分散は1^2）に従うデータから、$x = 99$、101、103という3つのデータが抽出される確率密度を表わします。

ところで、題意から分散は1^2なので、製品の内容量xは次の正規分布に従います。

$$f(x) = \frac{1}{\sqrt{2\pi}} e^{-\frac{(x-\mu)^2}{2}}$$

3つのデータは独立なので、「尤度」は次のように積の形で表わされます。

$$尤度\, f(99, 101, 103|\mu) = \frac{1}{\sqrt{2\pi}} e^{-\frac{(99-\mu)^2}{2}} \frac{1}{\sqrt{2\pi}} e^{-\frac{(101-\mu)^2}{2}} \frac{1}{\sqrt{2\pi}} e^{-\frac{(103-\mu)^2}{2}}$$

さて、右辺の計算を本文で追うのは大変なので、結果だけ次に示します（計算の詳細を知りたい方は、次ページの「**Memo**」を参照）。

MEMO
✓ 前ページの最後の式の計算方法

この式から(2)式へ導くには、指数法則 $a^m a^n = a^{m+n}$ が利用されます。腕に覚えのある読者は、次の手順を追ってみてください。

$$f(D \mid \mu) = \frac{1}{\sqrt{2\pi}} e^{-\frac{(99-\mu)^2}{2}} \frac{1}{\sqrt{2\pi}} e^{-\frac{(101-\mu)^2}{2}} \frac{1}{\sqrt{2\pi}} e^{-\frac{(103-\mu)^2}{2}}$$

$$= \left(\frac{1}{\sqrt{2\pi}}\right)^3 e^{-\frac{(99-\mu)^2}{2} - \frac{(101-\mu)^2}{2} - \frac{(103-\mu)^2}{2}}$$

ここで、右辺の e の指数部分を調べると、

$$\text{右辺の指数部分} = -\frac{(99-\mu)^2 + (101-\mu)^2 + (103-\mu)^2}{2}$$

$$= -\frac{3\mu^2 - 2 \times 303\mu + 30611}{2} = -\frac{3(\mu-101)^2}{2} + \text{定数}$$

よって、$f(D \mid \mu) = \left(\dfrac{1}{\sqrt{2\pi}}\right)^3 e^{-\frac{3(\mu-101)^2}{2} + \text{定数}}$

$$= \left(\frac{1}{\sqrt{2\pi}}\right)^3 e^{\text{定数}} e^{-\frac{(\mu-101)^2}{2 \times \frac{1}{3}}} \propto e^{-\frac{(\mu-101)^2}{2 \times \frac{1}{3}}}$$

$$\text{尤度 } f(99, 101, 103 \mid \mu) = c \times e^{-\frac{(\mu-101)^2}{2 \times \frac{1}{3}}} \quad (c \text{ は正の定数}) \cdots (2)$$

すなわち、平均値101、分散 $\frac{1}{3}$ の正規分布に比例します。

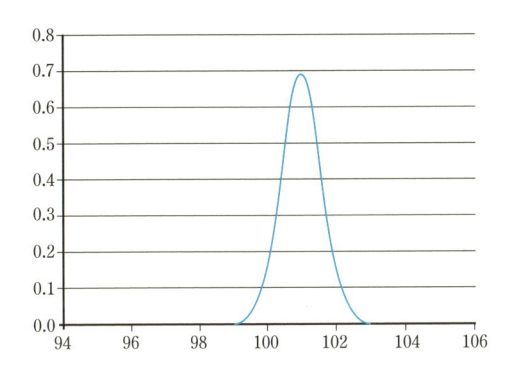

尤度(2)のグラフ。μ について平均値101、分散 $\frac{1}{3}$ の正規分布に比例。

■「とりあえず…」事前分布を設定してみる

(1)の右辺第2因数の「事前分布」について調べましょう。問題文に「正味100g」とあります。そこで、とりあえずデータ取得前に設定する母平均 μ の分布（すなわち事前分布 $P(\mu)$）は、平均値として100と設定すべきでしょう。しかし、分布の形は未知です。そこで、常識的ななだらかな山形の「分散 $2^2 (= 4)$ の正規分布」を仮定しましょう。

$$\text{事前分布 } P(\mu) = \frac{1}{\sqrt{2\pi} \times 2} e^{-\frac{(\mu-100)^2}{2 \times 4}} \cdots (3)$$

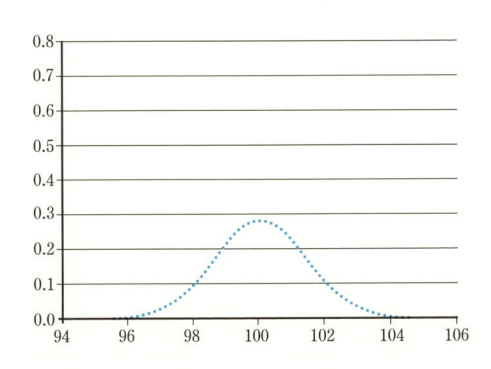

事前分布(3)のグラフ

7. ベイズ統計学の有名な問題に挑戦

なお、分散$2^2(=4)$には何ら数学的な意味はありません。経験を盛り込んだとりあえずの値です。これがベイズの理論の特徴なのです。

■事後分布を算出する

尤度(2)、事前分布(3)を「ベイズ統計学の基本公式」(1)に代入し、母平均μの事後分布を求めてみると、

$$P(\mu \mid 99, 101, 103) = kc \times e^{-\frac{(\mu-101)^2}{2 \times \frac{1}{3}}} \frac{1}{\sqrt{2\pi} \times 2} e^{-\frac{(\mu-100)^2}{2 \times 4}}$$

計算すると、次の形になります（記号∝は比例、の意）。

$$P(\mu \mid 99, 101, 103) \propto e^{-\frac{1}{2 \times \frac{4}{13}}(\mu-100.9)^2} \quad \cdots (4)$$

母平均μの事後分布$P(\mu \mid 99, 101, 103)$は、平均値100.9（厳密には$\frac{1312}{13}$）、分散$\frac{4}{13}$の正規分布に従っていることがわかります。**(答)**

次の図はこの事後分布(4)を、事前分布、尤度と重ねて描いたものです。事前分布の影響で山の形が尤度より多少鋭くなり、ピークは事前分布に引っ張られて左に少しシフトしています。

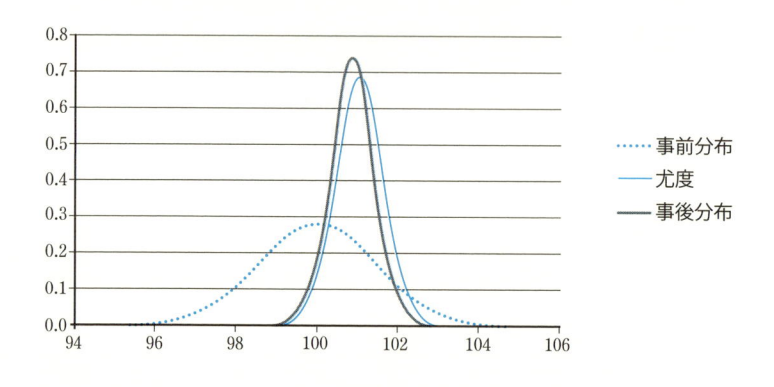

■事後分布から平均値のMAP推定

　ベイズの理論による推定や決定は、事後確率や事後分布を利用して行なわれます。例として、最も簡単な推定法である**MAP推定**（Maximum a posteriori：事後確率最大、の意）を紹介しましょう。これは「事後分布が最大になる母数が、真の母数である」と推定する方法です。

　事後分布(4)を見ればわかるように、次の値のときに母平均μの事後分布は最大になります。

$$\mu = 100.9 \quad (厳密には \frac{1312}{13})$$

こうして母平均μが推定されるのです。

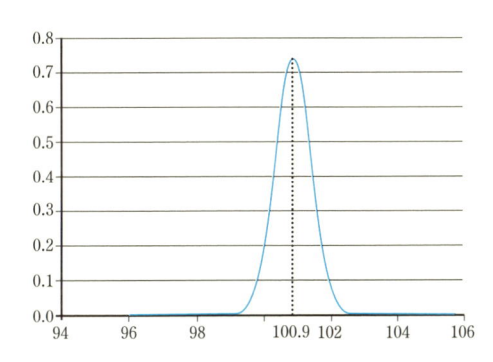

事後分布(4)は100.9で最大となる。よって、製品の内容量のMAP推定値は100.9。

　ちなみに、事前分布を一様分布にとれば、MAP推定値は3つの製品の内容量の平均値101g（すなわち標本平均）となることは(2)より明らかでしょう。これは従来の最尤推定法を用いた「点推定値」と一致します。

索 引

記 号
- μ ……………………… 63, 68
- σ ……………………… 62, 68

英数字
- 1次データ ……………… 25
- 2次データ ……………… 25
- 100pパーセント ……… 83
- $E(X)$ …………………… 68
- F分布 ………………… 203
- MAP推定 ……………… 325
- $n!$ ……………………… 60
- $P(A)$ …………………… 53
- p値 ………………… 89, 90, 94
- R ………………………… 27
- s ………………………… 44
- s^2 ……………………… 43
- t検定 ………………… 172
- t分布 ………………… 132
- t分布に関する定理 …… 72

あ
- 一元配置の分散分析 …… 255
- 一様分布 ………… 79, 81, 315
- 上側p値 ……………… 89, 90
- 上側100pパーセント点 ‥ 84
- ウェルチの検定 ………… 183
- 円グラフ ………………… 14
- 帯グラフ ………………… 14

か
- 回帰直線 ……………… 223
- 回帰分析 ……………… 222
- 階級 …………………… 32
- 階級値 ………………… 32
- 階級幅 ………………… 32
- χ^2検定 …………… 194
- χ^2分布 ………… 147, 150

- 階乗 …………………… 60
- ガウス分布 ……………… 77
- 確率分布 ………………… 64
- 確率分布表 ……………… 64
- 確率変数 ………………… 55
- 確率変数の標準化 ……… 96
- 確率密度関数 …………… 64
- 加法定理 ………………… 56
- 間隔尺度 ………………… 29
- 棄却域 ………………… 159
- 危険率 ………………… 158
- 記述統計学 ……………… 14
- 偽相関 ………………… 230
- 期待値 ………………… 68
- 帰無仮説 ……………… 157
- 共分散 ………………… 212
- 区間推定 ………… 118, 122
- 繰り返し数 …………… 270
- グループ間偏差 ……… 245
- グループ内偏差 ……… 246
- クロス集計表 ………… 208
- 群間偏差 ……………… 245
- 群内偏差 ……………… 246
- 決定係数 ……………… 228
- 検定 ………… 25, 116, 156
- 誤差分布 ………………… 77
- 個体 …………………… 26
- 個体名 ………………… 26
- 個票データ …………… 24

さ
- 最小2乗法 …………… 224
- 最小値 ………………… 48
- 最大値 ………………… 48
- 採択 …………………… 161
- 最頻値 ………………… 39
- 最尤推定法 ……… 118, 120
- 残差平方和 …………… 224

- 散布度 ………………… 41
- サンプリング ………… 100
- 試行 …………………… 52
- 事後確率 ………… 19, 297
- 事象 …………………… 52
- 事前確率 ………… 19, 297
- 下側p値 ……………… 91
- 下側100pパーセント点 ‥ 85
- 質的データ …………… 30
- 集計データ …………… 24
- 集合 …………………… 100
- 重心 …………………… 38
- 重相関係数 …………… 228
- 自由度 …………… 106, 136
- 主観 …………………… 19
- 受容 …………………… 162
- 順位データ …………… 220
- 順序尺度 ……………… 29
- 条件付き確率 ………… 288
- 信頼度 ………………… 123
- 水準間偏差 ……… 245, 260
- 水準内偏差 ……… 246, 260
- 推測統計学 ………… 14, 16
- 推定 ………… 25, 107, 116
- 数理統計学 …………… 20
- スチューデントのt分布
  ……………………… 139
- スピアマンの順位相関係数
  ……………………… 220
- 正規分布 ………… 65, 77
- 正規分布の再生性 ……… 78
- 正規母集団 …………… 103
- 正の相関 ……………… 211
- 説明変数 ……………… 222
- 全確率の定理 ………… 301
- 全事象 ………………… 52
- 全数調査 …………… 16, 98
- 相関係数 ……………… 217

326

相関図 …………… 210	ピアソンの積率相関係数	母数 …………… 103
相関はない ………… 211	…………… 217	母比率の検定 ……… 189
相対度数分布表……… 32	ヒストグラム ……… 34	母比率の推定 ……… 143
総変動 ……………… 42	左片側検定 ………… 163	母分散 ……………… 104
	非復元抽出 ………… 101	母平均 ……………… 104

た

大数の法則 ………… 113	標準化 ……………… 76	### ま
代表値 …………… 15, 36	標準正規分布 ……… 93	右片側検定 ………… 163
対立仮説 …………… 157	標準偏差 …………… 44	無作為 ……………… 16
多重比較 …………… 241	標本 …………… 18, 98	無作為抽出 ………… 100
多変量解析 ………… 20	標本調査 ………… 16, 98	名義尺度 …………… 29
中位数 ……………… 39	標本分布 …………… 105	メジアン …………… 39
中央値 ……………… 39	比例尺度 …………… 29	モード ……………… 39
抽出 ………………… 99	品質管理 …………… 18	目的変量 …………… 222
中心極限定理 …… 79, 112	頻度 ………………… 32	
点推定 ……………… 118	頻度論 ……………… 18	### や
統計解析 …………… 17	復元抽出 …………… 101	有意 ………………… 158
統計誤差 …………… 244	負の相関 …………… 211	有意水準 …………… 158
統計量 ……… 105, 107, 114	部分相関係数 ……… 233	尤度 …………… 297, 303
同時確率 …………… 288	不偏分散 …………… 108	尤度関数 …………… 120
等分散の検定 ……… 198	不偏分散の自由度…… 251	要素 …………… 26, 99
独立試行の定理……… 58	ブロック因子 ……… 286	要素名 ……………… 26
度数 ………………… 32	分散 ………………… 43	
度数分布表 ………… 31	分散分析 …………… 238	### ら
	分散分析のモデル…… 247	乱塊法 ……………… 286

な

二元配置の分散分析	分散分析表 ………… 258	離散データ ………… 28
…………… 259, 278	平均値と分散の加法性…… 71	離散変量 …………… 28
二項係数 …………… 60	ベイズ確率論 ……… 22	理由不十分の原則…… 305
二項係数 …………… 60	ベイズ信用区間……… 318	両側検定 …………… 163
二項分布 …… 61, 62, 159	ベイズ統計学 …… 22, 312	両側パーセント点…… 86
二項分布の正規分布近似	ベイズ統計論 …… 18, 22	両側p値 …………… 90
…………… 193	ベイズの定理 …… 19, 295	量的データ ………… 30
ネイピア数 ………… 77	ベルヌーイ分布…… 144, 145	累積相対度数分布表…… 33
	変曲点 ……………… 69	累積度数分布表……… 33

は

外れの基準 ………… 83	偏差 ………………… 41	累積分布関数 ……… 66
パーセント点 …… 83, 94	偏差値 ……………… 46	レンジ ……………… 48
バラつき具合 ……… 41	偏差平方和 ………… 42	連続データ ………… 28
反復試行 …………… 59	変動 …………… 42, 247	連続変量 …………… 28
反復試行の確率の定理…… 61	変量 ………………… 26	
	変量の変換公式……… 75	### わ
	棒グラフ …………… 15	和事象 ……………… 56
	母集団 ……………… 98	

327

著者略歴

涌井 貞美（わくい・さだみ）
1952年東京生まれ。東京大学理学系研究科修士課程修了後、富士通、神奈川県立高等学校の教員を経てサイエンスライターとして独立。とくに統計解析、多変量解析などに造詣が深い。わかりやすく、ていねいな解説に定評がある。
主な著書：『多変量解析がわかる』（技術評論社）、『Excelでスッキリわかるベイズ統計入門』（日本実業出版社）、『パソコンで遊ぶ数学実験』（講談社ブルーバックス）、『困ったときのパソコン文字解決字典』（誠文堂新光社）、『くらしの科学がわかる本』（自由国民社）、『「物理・化学」の法則・原理・公式がまとめてわかる事典』（ベレ出版）、ほか多数。

まずはこの一冊から　意味がわかる統計解析

2013年 2月25日	初版発行
2023年 3月25日	第8刷発行

著者	涌井 貞美
編集協力	シラクサ（畑中 隆）
カバーデザイン	B＆W⁺
図版・DTP	あおく企画

©Sadami Wakui 2013. Printed in Japan

発行者	内田 真介
発行・発売	ベレ出版
	〒162-0832　東京都新宿区岩戸町12 レベッカビル
	TEL.03-5225-4790　FAX.03-5225-4795
	ホームページ　http://www.beret.co.jp/
	振替 00180-7-104058

印刷	モリモト印刷株式会社
製本	根本製本株式会社

落丁本・乱丁本は小社編集部あてに送りください。送料小社負担にてお取り替えします。
本書の無断複写は著作権法上での例外を除き禁じられています。購入者以外の第三者による本書のいかなる電子複製も一切認められておりません。

ISBN 978-4-86064-345-4 C0041　　　　編集担当　坂東一郎